高等职业教育电子信息类专业系列教材

AutoCAD 电气设计
（第2版）

刘文臣　主编

孙乐美　杨济军
　　　　　　　　参编
马爱君　孙　悦

电子工业出版社

Publishing House of Electronics Industry

北京·BEIJING

内 容 简 介

AutoCAD 是美国 Autodesk 公司出品的计算机辅助设计软件，它在机械、建筑、电子、石油、化工、冶金、军事等领域均有广泛的应用。本书围绕 AutoCAD 2018 环境下的二维电气图纸设计进行了详细的讲解。全书共 6 章，第 1 章为 AutoCAD 电气设计概述；第 2 章介绍了电气图形符号的分类与绘制；第 3 章介绍了常用实用电路绘制；第 4 章介绍了变配电工程图绘制；第 5 章介绍了工控系统电气图绘制；第 6 章介绍了建筑电气工程图绘制。

本书以任务驱动和综合项目驱动的模式，通过实例完整地介绍了各种类型的电气设计的方法与技巧。电气图纸的绘制以最新国家制图标准为依据，力求图纸的规范性及与实际工作紧密结合，并融入了编者丰富的实践经验，使本书内容具有专业性强、操作性强、指导性强等特点。

本书可以作为高等职业院校电气自动化、电力工程、建筑电气工程、楼宇智能化系统工程及其他电气类相关专业的教学用书，同时也可作为工程技术人员的参考书。

图书在版编目（CIP）数据

AutoCAD 电气设计 / 刘文臣主编. —2 版. —北京：电子工业出版社，2022.1
ISBN 978-7-121-42781-7

Ⅰ. ①A… Ⅱ. ①刘… Ⅲ. ①电气设备－计算机辅助设计－AutoCAD 软件－高等学校－教材
Ⅳ. ①TM02-39

中国版本图书馆 CIP 数据核字（2022）第 014803 号

责任编辑：左　雅
印　　刷：北京盛通数码印刷有限公司
装　　订：北京盛通数码印刷有限公司
出版发行：电子工业出版社
　　　　　北京市海淀区万寿路 173 信箱　邮编　100036
开　　本：787×1 092　1/16　印张：15.75　字数：403 千字
版　　次：2014 年 12 月第 1 版
　　　　　2022 年 1 月第 2 版
印　　次：2025 年 2 月第 6 次印刷
定　　价：49.00 元

前　言

AutoCAD 是计算机辅助设计的经典软件,广泛应用于机械、建筑、电气等各个领域。电气设计主要涉及的行业有电力系统设计、电气工程设计、工控系统设计、建筑电气工程设计等。这些行业的设计和施工岗位需要大量熟练掌握 AutoCAD 的技术人员。

根据《国务院关于大力推进职业教育改革与发展的决定》(国发办〔2002〕16 号)文件的精神,高等职业教育应坚持以就业为导向、以提高能力为目标。编者经过多年的教学实践,逐步形成了贴近专业岗位应用实际,涵盖相关行业,以任务驱动和实际综合项目驱动作为基本授课方法的课程体系和教材编写模式。

本书围绕 AutoCAD 2018 环境下的二维电气图纸设计进行了详细的讲解,内容包括 AutoCAD 电气设计概述、电气图形符号的分类与绘制、常用实用电路绘制、变配电工程图绘制、工控系统电气图绘制、建筑电气工程图绘制等。

本书以任务驱动和综合项目驱动的模式,通过实例完整地讲述了各种类型的电气设计的方法与技巧。电气图纸的绘制以最新国家制图标准《电气工程 CAD 制图规则》(GB/T 18135—2008)和《电气简图用图形符号》(GB/T 4728—2005 或 2008 所有部分)为依据,力求图纸的规范性及与实际工作紧密结合,并融入了编者丰富的实践经验,使本书内容具有了专业性强、操作性强、指导性强等特点。

本书可以作为高等职业院校电气自动化、电力工程、建筑电气工程、楼宇智能化系统工程及其他电气类相关专业的教学用书,同时也可作为工程技术人员的参考书。

本书由山东电子职业技术学院刘文臣主编,参加编写工作的有山东电子职业技术学院马爱君(第 6 章)、杨济军(第 1 章)、山东省城乡规划设计研究院有限公司孙悦(第 3 章)、中国石油集团济柴动力有限公司孙乐美(第 4 章),其余内容由山东电子职业技术学院刘文臣编写并统稿。

本书提供电子教案、授课素材及上机练习答案,供读者参考之用。

由于编者水平有限,书中难免不妥之处,恳请读者批评指正。本书编者电子邮箱:liuwenchen@126.com。

编　者

目 录

CONTENTS

VI

第 1 章

AutoCAD 电气设计概述

电气科学技术的迅速发展，新产品新工艺的日益复杂及其设计工作量的急剧增加，促使电气技术文件的编制，特别是在电气制图中，逐渐使用 CAD 来替代手工设计。

AutoCAD 是美国 Autodesk 公司出品的计算机辅助设计软件，它在机械、建筑、电子、石油、化工、冶金、军事等很多领域均有广泛的应用。作为最具影响力的 CAD 应用软件之一，AutoCAD 2018 具有 CAD 技术所应具备的强大的图形处理和数据计算功能。同时，作为一个通用的计算机辅助设计平台，它还具有强大的人机交互能力和非常简便易学的操作方法，非常便于普通用户掌握。

1.1 AutoCAD 基础知识

1.1.1 AutoCAD 2018 简介

AutoCAD 于 1982 年首次推出，是一款拥有全球最领先技术的平面设计软件之一，在计算机辅助绘图领域中非常受欢迎，应用领域广泛。AutoCAD 2018 是 Autodesk 公司推出的，支持 Windows 7/8/10 等操作系统，除了演示图形、渲染工具、绘图与三维打印等功能，还能向用户提供实时信息和数据，便于设计。

1. AutoCAD 2018 新增功能

（1）高分辨率（4K）显示器支持。

光标、导航栏和 USC 图标等用户界面元素可以正确地显示在高分辨率（4K）显示器上。对大多数对话框、选项板和工具栏进行了适当调整，以适应 Windows 显示比例设置，可用于高分辨率显示器。因此，当在 Windows 显示特性中修改文字大小时，对话框和选项板将相应地缩放。

（2）PDF 文件增强导入。

AutoCAD 2018 提供 SHX 文本识别工具，用于表示 SHX 文字的已输入 PDF 几何图形，并将其转换为文字对象。菜单栏"插入"选项中的"识别 SHX 文字"工具，能够将 SHX 文字的几何对象转换成文字对象。

（3）屏幕外选择。

在 AutoCAD 2018 中，可在图形的一部分中打开选择窗口，然后平移并缩放到其他部分，同时保留屏幕外对象选择。在任何情况下，屏幕外选择都可按预期运作，相比以前版本屏幕外对象无法选择是一个很大的进步。

（4）合并文字。

菜单栏"插入"选项中的"合并文字"工具，可以将多个文字对象合并为单个多行文字对象。

（5）外部对照功能增强。

将外部文件附着到 AutoCAD 图形时，默认路径类型将设为"相对路径"，而非"完整路径"，在先前版本的 AutoCAD 中，如果宿主图形未命名（未保存），则无法指定参照文件的相对路径。在 AutoCAD 2018 中，可指定文件的相对路径，即使宿主图形未命名也可以指定。

2. 启动 AutoCAD

首先进行 AutoCAD 2018 版本的安装，安装完毕后，可以通过以下 3 种方法启动 AutoCAD。

（1）双击桌面上的 AutoCAD 2018 快捷图标，等待程序运行，启动 AutoCAD 2018，如图 1-1 所示。

图 1-1　双击 AutoCAD 2018 快捷图标等待程序运行

（2）单击"开始"按钮，在程序列表中选择 AutoCAD 2018 应用程序，启动 AutoCAD 2018，如图 1-2 所示。

图 1-2　"开始"中的程序列表

（3）双击 AutoCAD 文件，启动 AutoCAD 2018 应用程序。

AutoCAD 2018 启动后，将会出现如图 1-3 所示的初始界面。

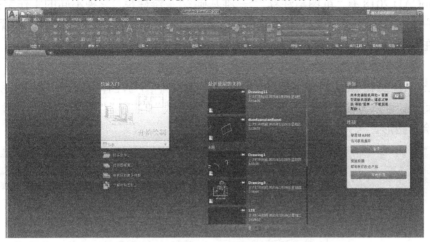

图 1-3　AutoCAD 2018 启动后初始界面

3．退出 AutoCAD

在使用完 AutoCAD 程序后，用户可以使用以下两种方法退出 AutoCAD 2018 应用程序。

（1）单击 AutoCAD 2018 应用程序窗口右上角的"关闭"按钮，关闭 AutoCAD 2018 应用程序，退出 AutoCAD，如图 1-4 所示。

图 1-4　窗口右上角的"关闭"按钮

（2）单击 AutoCAD 2018 应用程序窗口左上角的"菜单浏览器"按钮，在弹出的对话框中选择"退出 Autodesk AutoCAD 2018"命令，即可退出 AutoCAD 2018 应用程序，如图 1-5 所示。

图 1-5　单击"菜单浏览器"按钮打开的对话框

▶4．AutoCAD 工作空间

AutoCAD 2018 有"草图与注释""三维基础""三维建模"三种不同的工作空间模式，当然用户也可以进行自定义。不过建议广大用户，学会适应新版本的软件，根据自己的需要，在现有的三种工作模式之间进行选择，不必自定义。

（1）草图与注释空间。

AutoCAD 2018 默认状态下启动的工作空间就是草图与注释空间，如图 1-6 所示。在这个空间里，可以方便地使用工具栏上"绘图""修改""注释""图层""块""特性""组"等工具绘制图形。

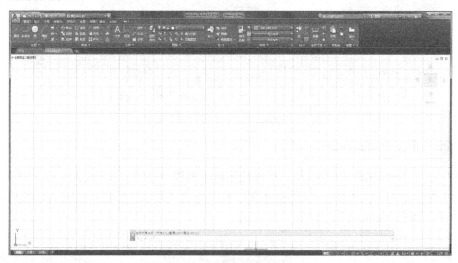

图 1-6　草图与注释空间

（2）三维基础空间。

单击"工作空间"图标，通过对话框选择"三维基础"，可以进入三维基础空间，如图 1-7 所示。在三维基础空间中能够方便地绘制基础的三维图形，还可以对三维图形进行修改和编辑。

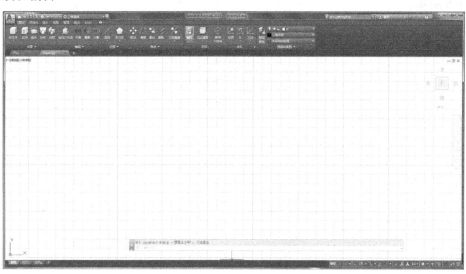

图 1-7　三维基础空间

（3）三维建模空间。

单击"工作空间"图标，通过对话框选择"三维建模"，可以进入三维建模空间，如图 1-8 所示。在三维建模空间中可以绘制复杂多样的三维图形，还可以对三维图形进行修改和编辑。

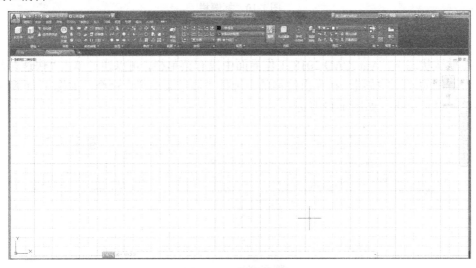

图 1-8　三维建模空间

1.1.2　AutoCAD 2018 工作界面

AutoCAD 2018 启动后，系统默认进入草图与注释空间，这也是 AutoCAD 2018 常用的工作空间。下面我们以草图与注释空间为例，介绍 AutoCAD 2018 的工作界面。该工作界面主要包含标题栏、菜单栏、功能区、绘图区、命令行、状态栏等几个部分，如图 1-9 所示。

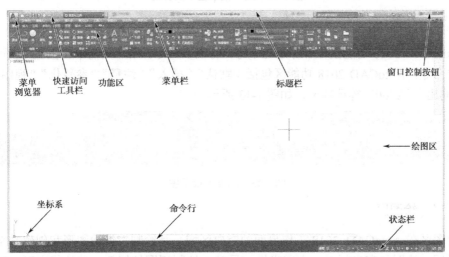

图 1-9　AutoCAD 2018 工作界面

1. 标题栏

标题栏位于 AutoCAD 2018 工作界面的顶部，用来显示程序名称和文件名等信息。

例如"Autodesk AutoCAD 2018　Drawing1.dwg"，其中"Autodesk AutoCAD 2018"表示的是程序名称，"Drawing1.dwg"表示的是文件名称，如图 1-10 所示。

图 1-10　标题栏

2. 菜单栏

在默认状态下，AutoCAD 2018 工作界面中没有菜单栏，可以通过单击"快速访问工具栏"右侧的" "按钮，在弹出的菜单中选择"显示菜单栏"命令，如图 1-11 所示，则菜单栏显示出来，如图 1-12 所示。

图 1-11　单击"快速访问工具栏"中" "按钮弹出的菜单

图 1-12　显示菜单栏中的界面

3. 功能区

AutoCAD 2018 功能区位于标题栏下方，有很多命令，用户只需单击按钮，就可执行相应的命令。AutoCAD 2018 功能区包括"默认""插入""注释""参数化""视图""管理""输出""A360"等选项卡，如图 1-13 所示。

图 1-13　功能区展示图

4. 绘图区

绘图区在 AutoCAD 2018 工作界面的空白区域，是绘制、编辑图形和创建文字及表格的区域。绘图区有坐标系、十字光标、导航、控制视图按钮等，默认状态下，绘图区为深灰色，如图 1-14 所示。

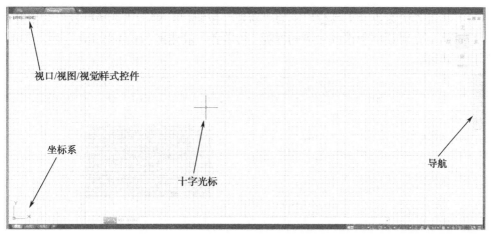

图 1-14　绘图区展示图

5. 命令行

命令行位于 AutoCAD 2018 工作界面的底部，主要用于输入命令和显示正在执行的命令和相关信息。执行命令时，可以在命令窗口中输入相关操作指令，按【Enter】键或空格键后系统将执行该命令，在命令执行过程中，命令窗口会提示下一步操作，按【Esc】键可以取消命令，退出操作，按【Enter】键或空格键确认参数输入，如图 1-15 所示。

图 1-15　命令行展示图

6. 状态栏

状态栏位于 AutoCAD 2018 工作界面的下方。状态栏左边有"模型""布局"选项卡，状态栏右边有"栅格""正交""极轴追踪""对象捕捉追踪""对象捕捉"等多个控制按钮，这些按钮在绘图过程中经常用到，使用时单击按钮激活（此时按钮显示为蓝色），就可启用该功能，再次单击按钮则关闭该项功能（此时按钮为灰色），如图 1-16 所示。

图 1-16　状态栏展示图

1.1.3　AutoCAD 2018 文件管理

在 AutoCAD 2018 中，文件的基本操作是使用 AutoCAD 绘图前要掌握的内容，下面为大家介绍使用 AutoCAD 新建文件、打开文件、保存文件和关闭文件的操作方法。

1. 新建文件

命令：新建。
作用：创建空白的图形文件
快捷命令：NEW/【Ctrl+N】。
新建命令的几种操作方法如下：

（1）单击"快速访问工具栏"中的"新建"按钮 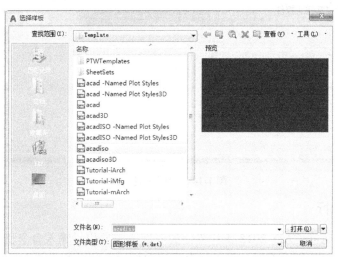，弹出"选择样板"对话框，如图1-17所示。在对话框中选择对应的样板（初学者一般选择"acadiso.dwt"）后，单击"打开"按钮即可。

图1-17 "选择样板"对话框

（2）在绘图区上方图形文件名称选项卡右侧单击"新图形"按钮 ，新建"Drawing1.dwg"图形文件，如图1-18所示。

（3）单击"菜单浏览器"按钮 ，弹出对话框，单击"新建"按钮，如图1-19所示。弹出"选择样板"对话框（如图1-17所示）。

（4）显示菜单栏，在菜单栏中单击"文件"选项，在弹出的菜单中选择"新建"命令，弹出"选择样板"对话框（如图1-17所示）。

（5）在命令行中输入"NEW"，按空格或【Enter】键确认，弹出"选择样板"对话框。

（6）按【Ctrl+N】快捷键，弹出"选择样板"对话框（如图1-17所示）。

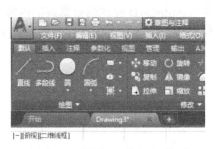

图1-18 "新图形"按钮 位置　　图1-19 单击"菜单浏览器"按钮 打开的对话框

▶2. 打开文件

命令：打开。

作用：打开现有图形文件。

快捷命令：OPEN/【Ctrl+O】。

打开命令的几种操作方法如下：

（1）单击"快速访问工具栏"中的"打开"按钮 ，弹出"选择文件"对话框，如图 1-20 所示。在该对话框中选择要打开的文件，单击"打开"按钮，也可以直接双击要打开的文件。

图 1-20 "选择文件"对话框

文件打开方式的选择：执行文件打开命令时，可以有 4 种打开方式。单击图 1-20 中"打开"按钮右侧的"▼"按钮，弹出下拉菜单，有 4 种方式可以选择，即"打开""以只读方式打开""局部打开""以只读方式局部打开"，如图 1-21 所示。

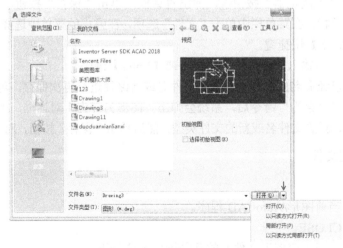

图 1-21 文件打开方式下拉菜单

（2）显示菜单栏，在菜单栏中单击"文件"选项，在弹出的菜单中选择"打开"命令。

（3）单击"菜单浏览器"按钮 ，弹出对话框，单击"打开"按钮。

（4）按【Ctrl+O】快捷键。

（5）在命令行中输入"OPEN"，按空格或【Enter】键确认。

3．保存文件

命令：保存。

作用：保存当前图形。

快捷命令：SAVE/【Ctrl+S】。

保存命令的几种操作方法如下：

（1）单击"快速访问工具栏"中的"保存"按钮 ，弹出"图形另存为"对话框，如图 1-22 所示。在该对话框中指定保存路径和文件名称，然后单击"保存"按钮，即可保存图形文件。如果图形已经保存过，则此时不会弹出"图形另存为"对话框，AutoCAD 将在原有图形基础上对图形重新进行保存。

图 1-22 "图形另存为"对话框

（2）单击"菜单浏览器"按钮 ，弹出对话框，单击"保存"按钮。

（3）显示菜单栏，在菜单栏中单击"文件"选项，在弹出的菜单中选择"保存"命令。

（4）按【Ctrl+S】快捷键。

（5）在命令行中输入"SAVE"，按空格或【Enter】键确认。

如果需要对已经命名的图形文件以新文件名或新路径进行再次保存，可以使用"另存为"命令。激活"另存为"命令后，系统会弹出"图形另存为"对话框，用户可以根据需要设置新的路径、新的文件名或新的文件类型，然后单击"保存"按钮，对文件进行保存。

4．关闭文件

命令：关闭。

作用：关闭当前图形/AutoCAD 程序。

快捷命令：CLOSE。

关闭命令（关闭当前图形文件）的几种操作方法如下：

（1）显示菜单栏，在菜单栏中单击"文件"选项，在弹出的菜单中选择"关闭"命令，此时关闭的是当前图形文件，AutoCAD 仍然保持开启状态。

（2）显示菜单栏，在菜单栏中单击"窗口"选项，在弹出的菜单中选择"关闭"命令。

（3）在绘图窗口中单击"关闭"按钮，如图 1-23 所示。

（4）单击"菜单浏览器"按钮，弹出对话框，单击"关闭"按钮。

（5）在命令行中输入"CLOSE"，按空格或【Enter】键确认。

以上 5 种操作方法，关闭的是当前图形文件。如果此图形文件已经保存过，单击"关闭"按钮时，图形文件则直接被关闭。如果此图形文件尚未被保存，单击"关闭"按钮时，系统会弹出对话框，提示用户保存文件，如图 1-24 所示。

图 1-23　绘图窗口"关闭"按钮

图 1-24　保存文件提示对话框

单击"是"按钮，AutoCAD 会保存改动后的图形并关闭该图形文件；单击"否"按钮，AutoCAD 不会保存改动后的图形并关闭该图形文件；单击"取消"，AutoCAD 会放弃当前操作。

如果我们想要关闭整个 AutoCAD 应用程序，则应按以下的方法进行操作。

（1）在菜单栏中单击"文件"选项，在弹出的菜单中选择"退出"命令，如图 1-25 所示。

图 1-25　单击菜单栏"文件"选项打开的菜单

（2）显示菜单栏，在菜单栏中单击"窗口"选项，在弹出的菜单中选择"全部关闭"命令，如图1-26所示。

图1-26　单击菜单栏"窗口"选项打开的对话框

（3）在命令行中输入"QUIT"或"EXIT"，按空格或【Enter】键确认。

（4）单击AutoCAD 2018工作界面右上角"关闭"按钮，如图1-27所示。

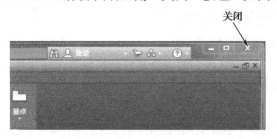

图1-27　AutoCAD 2018工作界面右上角"关闭"按钮

（5）单击"菜单浏览器"按钮，弹出对话框，单击"退出 Autodesk AutoCAD 2018"按钮，如图1-28所示。

图1-28　单击"菜单浏览器"按钮打开的对话框

1.1.4　AutoCAD 2018 命令调用

AutoCAD 2018应用程序中有很多命令，正确调用这些命令才能绘制和编辑图形。

下面为大家介绍 AutoCAD 命令的调用方法，以及取消命令、放弃命令和重复命令的操作方法。

▶ 1. 命令调用方法

AutoCAD 2018 的命令调用方法主要是鼠标操作和键盘操作。

鼠标在绘图过程中使用频率非常高，我们一定要熟练掌握鼠标的使用方法。鼠标有 3 个键：左键、中键和右键。鼠标左键通常起选择功能，可以用鼠标左键单击或双击命令按钮；鼠标中键，即通常所说的滚轮键，前滚能放大图形，后滚能缩小图形，按住中键不放开可以平移画板，连续双击中键，可以显示屏幕上全部图形；鼠标右键在不同的位置与场景可以有不同的功能。

在绘图过程中，使用快捷键调取命令，能使绘图效率大大提升。执行命令的过程中也要利用键盘输入相关参数，比如尺寸和角度参数。此外空格键、【Enter】键、【Esc】键使用频率非常高。

（1）选择命令。

通过选择命令方法来调取命令，比如要调取"椭圆"命令来绘制椭圆，首先在菜单栏中单击"绘图"选项，然后在弹出的菜单中选择"椭圆"命令，就可激活"椭圆"命令。

（2）单击工具按钮。

单击功能区面板上的按钮来调取相应命令。比如要调取"圆"命令来绘制图形，单击功能区面板上"圆"按钮，就可激活"圆"命令。

（3）在命令行中输入快捷命令。

在命令行中输入快捷命令会使绘图过程更为快捷、简便，大大提升绘图效率。比如，在命令行中输入"C"，然后按空格或【Enter】键，就可激活"圆"命令。

▶ 2. 退出命令

在执行 AutoCAD 操作命令的时候，如果想要终止该项命令，可以使用"Esc"键，按一次"Esc"键，终止执行该项命令，连续按两次"Esc"键，则直接退出该项命令的操作。

▶ 3. 放弃命令

在 AutoCAD 2018 中，可以在执行命令的过程中放弃上一步操作，也可以在执行命令后放弃整个命令。

（1）选择"放弃"命令。显示菜单栏，单击"编辑"选项，在弹出的菜单中选择"放弃命令组"命令，如图 1-29 所示。

（2）单击"快速访问工具栏"中的"放弃"按钮，可以取消前一次执行的操作，连续单击该按钮，可以取消前面已经执行的多次操作。

（3）执行"U"或者"UNDO"命令，可

图 1-29　单击菜单栏"编辑"选项打开的菜单

以取消前一次操作，根据提示输入要放弃的操作数目，可以取消前面执行的相应数目的操作。

（4）按【Ctrl+Z】快捷键。

4．重复命令

在完成一个命令的操作后，如果想要重复执行上一次命令，可以按照以下方法操作。

（1）按空格或【Enter】键。

在完成一个命令的操作后，按空格或【Enter】键，可以重复上一次的命令。

（2）单击鼠标右键。

在前一个命令完成后，单击鼠标右键，能重复上一次的命令。

5．使用近期输入命令

在绘图窗口中单击鼠标右键，在弹出的菜单中选择"最近的输入"命令。"最近的输入"选项可以显示命令的最近输入历史记录。

1.1.5　AutoCAD 2018 坐标系

AutoCAD 的图形主要是由坐标系确定的，通过坐标系可以精确控制图形对象的坐标点，用户可以通过输入坐标值进行坐标点的控制，也可以通过特殊点进行坐标点的控制。坐标系由 x 轴、y 轴、z 轴和原点构成。在 AutoCAD 2018 中，坐标的表示方式有绝对坐标和相对坐标两种。

1．绝对坐标

绝对坐标是指不管目前坐标点处于什么位置，其 x，y 值都表示从坐标原点到当前位置的值。绝对坐标分为绝对直角坐标和绝对极坐标两种。

（1）绝对直角坐标输入方法为（x,y），其中 x，y 分别对应坐标轴上的数值。

下面以绝对直角坐标输入方法绘制正方形。

激活直线命令：L 空格。

指定第一点：−20,−20　按【Enter】键确认。

指定下一点：20,−20　按【Enter】键确认。

指定下一点：20,20　按【Enter】键确认。

指定下一点：−20,20　按【Enter】键确认。

指定下一点：−20,−20　按【Enter】键确认。

按【Enter】键结束直线命令。标注、正方形绘制完成，如图 1-30 所示。

（2）绝对极坐标输入方法：（距离<角度），距离和角度之间用"<"分开，角度值是坐标点和原点之间的连线与 X 轴正方向之间的夹角。

下面以绝对极坐标输入方法绘制三角形。

激活直线命令：L 空格。

指定第一点：0,0　按【Enter】键确认。

指定下一点：40<0　按【Enter】键确认。

指定下一点：50<37　按【Enter】键确认。

指定下一点：0,0　按【Enter】键确认。

按【Enter】键结束直线命令。标注、三角形绘制完成，如图 1-31 所示。

图 1-30　绘制后的正方形

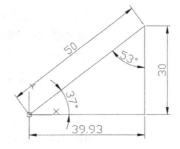

图 1-31　绘制后的三角形

▶ 2. 相对坐标

相对坐标就是指相对于参考点（可以由用户自行设定）的坐标。相对坐标有相对直角坐标和相对极坐标两种。

（1）相对直角坐标。

相对直角坐标是指相对于某一点的 X 轴和 Y 轴的距离。输入方法是在绝对直角坐标表达式的前面加上"@"符号。

下面以相对直角坐标输入方法绘制正方形。

激活直线命令：L 空格。

指定第一点：-20,-20　按【Enter】键确认。

指定下一点：@40,0　按【Enter】键确认。

指定下一点：@0,40　按【Enter】键确认。

指定下一点：@-40,0　按【Enter】键确认。

指定下一点：@0,-40　按【Enter】键确认。

按【Enter】键结束直线命令。标注、正方形绘制完成，如图 1-30 所示。

（2）相对极坐标

相对极坐标是指相对于某一点的距离和角度。输入方法是在绝对极坐标表达式的前面加上"@"符号。

下面以相对极坐标输入方法绘制三角形。

激活直线命令：L 空格。

指定第一点：0,0　按【Enter】键确认。

指定下一点：@50<37　按【Enter】键确认。

指定下一点：@30<270　按【Enter】键确认。

指定下一点：0,0　按【Enter】键确认。

按【Enter】键结束直线命令。标注、三角形绘制完成，如图 1-31 所示。

1.1.6　AutoCAD 2018 工作环境设置

为提高工作效率，在使用 AutoCAD 2018 进行绘图之前，可以先对 AutoCAD 的绘图环境进行设置，以符合用户习惯。

图 1-32 单击菜单栏"工具"选项打开的菜单

1. 设置工作环境颜色

在 AutoCAD 2018 中，用户可以根据自己的平时习惯设置环境颜色，使工作环境更舒适。AutoCAD 2018 首次启动，系统默认的绘图区颜色为深灰色，如果用户使用不便，可以根据需求，自行设置。操作方法如下：

显示菜单栏，单击"工具"选项，在弹出的菜单中选择"选项"命令（如图 1-32 所示），弹出"选项"对话框，在"显示"选项卡中，找到"窗口元素"区域，单击"颜色"按钮（如图 1-33 所示），弹出"图形窗口颜色"对话框，在这里进行 AutoCAD 工作环境颜色的设置。依次选择"二维模型空间""统一背景"选项，然后单击"颜色"下拉按钮，在弹出的下拉列表中选择合适的颜色，然后单击"应用并关闭"按钮（如图 1-34 所示），则工作环境颜色设置成功。

在日常工作中，为了保护用户的视力，建议大家将绘图区的颜色设置为黑色或深蓝色。本书为了更好地显示图形效果，将绘图区颜色设置为白色。

2. 设置图形的显示精度

在 AutoCAD 2018 中，可以改变图形的显示精度，具体操作方法如下：

显示菜单栏，单击"工具"选项，在弹出的菜单中选择"选项"命令，弹出"选项"对话框，选择"显示"选项卡，在"显示精度"区域内依次设置"圆弧和圆的平滑度""每条多段线曲线的线段数""渲染对象的平滑度""每个曲面的轮廓素线"四个选项的参数值，然后单击"确定"按钮，以此改变图形的显示精度，如图 1-35 所示。

图 1-33 "选项"对话框（1）

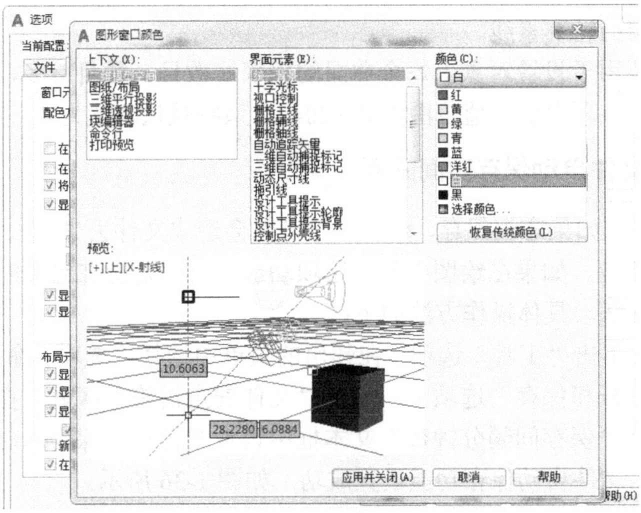

图 1-34 "图形窗口颜色"对话框

图 1-35 "选项"对话框（2）

（1）圆弧和圆的平滑度。

该项功能主要用于控制圆、圆弧和椭圆的平滑度。设置的数值越大，生成的对象越平滑，但生成、平移和缩放对象所需的时间也就越长。所以我们在绘图时一般将该选项的值设置得小些，而在渲染时增大该选项的值。该项数值取值范围为 1～20000，系统默认数值为 1000。

（2）每条多段线曲线的线段数。

该项功能用于设置每条多段线曲线生成的线段数目。设置的数值越大，对绘图性能影响越大。该项数值取值范围为-32767～32767，系统默认数值为 8。

（3）渲染对象的平滑度。

该项功能主要用于控制着色和渲染曲面实体的平滑度。AutoCAD 2018 用"渲染对象的平滑度"数值乘以"圆弧和圆的平滑度"数值，以此来确定实体对象的显示。"渲染对象的平滑度"数值越大，显示性能越差，显示时间越长。该项数值取值范围为 0.01～10，系统默认数值为 0.5。为了提高绘图性能，将"渲染对象的平滑度"设置为 1 或更小的值。

（4）每个曲面的轮廓素线。

该项功能主要用于设置对象上每个曲面的轮廓线数目。数目越多，显示性能越差，渲染时间也越长。该项数值取值范围为 0～2047，系统默认数值为 4。

▶ 3. 设置文件自动保存时间间隔

在绘图过程中，如果忘记保存，因为意外可能会造成文件丢失。AutoCAD 2018 具有自动保存文件的功能，如果在绘图中开启这项功能，可以避免在绘图时因意外造成的文件丢失，将损失降低。具体操作方法如下：

显示菜单栏，单击"工具"选项，在弹出的菜单中选择"选项"命令，弹出"选项"对话框，选择"打开和保存"选项卡，找到"文件安全措施"区域，在"自动保存"复选框前打"√"，在"保存间隔分钟数"文本框中设置文件自动保存的时间间隔，然后单击"确定"按钮，文件自动保存功能设置成功，如图 1-36 所示。

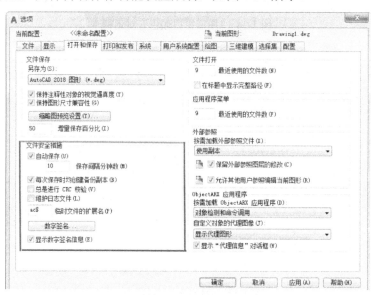

图 1-36 "选项"对话框（3）

▶ 4. 设置鼠标右键功能模式

在使用 AutoCAD 2018 绘图过程中，鼠标的使用频率非常高，鼠标右键功能强大，当位于不同的位置与场景时具有不同的功能。在 AutoCAD 2018 中，鼠标右键功能模式有"默认模式""编辑模式""命令模式"三种类型，用户可以根据自己的使用习惯设置鼠标右键的功能模式。

（1）默认模式设置。

显示菜单栏，单击"工具"选项，在弹出的菜单中选择"选项"命令，弹出"选项"对话框，选择"用户系统配置"选项卡，找到"Windows 标准操作"区域，单击"自定义右键单击"按钮（如图 1-37 所示），弹出"自定义右键单击"对话框，找到"默认模式"区域，该模式包含"重复上一个命令""快捷菜单"两个选项，如图 1-38 所示。选择默认状态下单击鼠标右键表示的功能，然后单击"应用并关闭"按钮，则默认状态下单击鼠标右键功能设置成功。

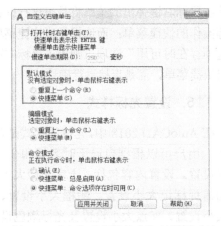

图 1-37 "选项"对话框（4）

（2）编辑模式设置。

显示菜单栏，单击"工具"选项，在弹出的菜单中选择"选项"命令，弹出"选项"对话框，选择"用户系统配置"选项卡，找到"Windows 标准操作"区域，单击"自定义右键单击"按钮，在"自定义右键单击"对话框中找到"编辑模式"区域，该模式包含"重复上一个命令""快捷菜单"两个选项，如图 1-39 所示。选择编辑状态下单击鼠标右键表示的功能，然后单击"应用并关闭"按钮，则编辑状态下单击鼠标右键功能设置成功。

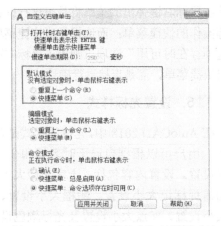

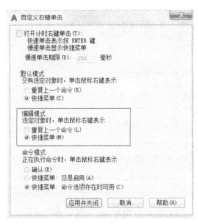

图 1-38 "自定义右键单击"对话框（1）　　图 1-39 "自定义右键单击"对话框（2）

这里说明一下，虽然默认模式和编辑模式都包含"快捷菜单"选项，但是默认状态下快捷菜单选项与编辑状态下快捷菜单选项的内容是不同的。如图 1-40 与图 1-41 所示分别为默认状态下快捷菜单与编辑状态下快捷菜单的内容。

（3）命令模式设置。

显示菜单栏，单击"工具"选项，在弹出的菜单中选择"选项"命令，弹出"选项"对话框，选择"用户系统配置"选项卡，找到"Windows 标准操作"区域，单击"自定义右键单击"按钮，在"自定义右键单击"对话框中找到"命令模式"区域，该模式包含"确定""快捷菜单：总是启用""快捷菜单：命令选项存在时可用"三个选项，如图1-42所示。选择命令状态下单击鼠标右键表示的功能，然后单击"应用并关闭"按钮，则命令状态下单击鼠标右键功能设置成功。

图1-40　默认状态下快捷菜单的内容

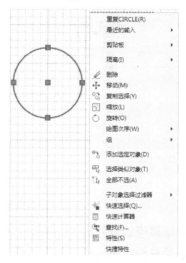

图1-41　编辑状态下快捷菜单的内容

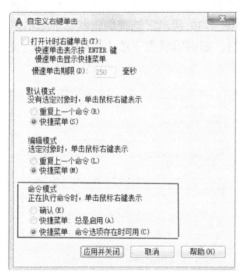

图1-42　"自定义右键单击"对话框（3）

（1）设置十字光标大小。

"快捷菜单：总是启用"和"快捷菜单：命令选项存在时可用"两个选项的区别如下：

在绘图过程中，如果所执行的命令不存在命令选项，选择了"快捷菜单：总是启用"选项，则单击鼠标右键弹出的菜单将是可进行确认、取消等操作的快捷菜单；而选择了"快捷菜单：命令选项存在时可用"选项，则单击鼠标右键不会弹出快捷菜单，而是直接进行确认。

5. 设置光标样式

在AutoCAD 2018中，光标的样式是可以设置的，用户可以根据自己平时习惯和个人喜好进行设置。设置内容包括：十字光标大小设置、自动捕捉标记大小设置、靶框大小设置、拾取框大小设置、夹点大小设置及光标颜色设置等。

在绘制图形时，用户可以根据操作习惯设置十字光标的大小，操作方法如下：

显示菜单栏，单击"工具"选项，在弹出的菜单中选择"选项"命令，弹出"选项"对话框（如图1-43所示），选择"显示"选项卡，找到"十字光标大小"区域，可以通过输入数值或拖拽滑块两种方式来调整十字光标大小，用户根据个人习惯操作，最后单击"确定"按钮，十字光标大小设置成功。十字光标大小取值范围为1～100，数值越大，十字光标越大。

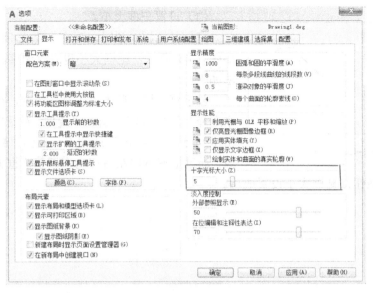

图 1-43 "选项"对话框（5）

（2）设置自动捕捉标记大小。

在 AutoCAD 2018 中，启用自动捕捉功能后，在光标捕捉特殊点（端点、垂足、中点、切点、圆心等）时所表现出来的对应样式就是自动捕捉标记。自动捕捉标记大小可以设置，操作方法如下：

显示菜单栏，单击"工具"选项，在弹出的菜单中选择"选项"命令，弹出"选项"对话框（如图 1-44 所示），选择"绘图"选项卡，找到"自动捕捉标记大小"区域，通过拖拽滑块左右移动来调整自动捕捉标记大小，最后单击"确定"按钮，自动捕捉标记大小设置成功。

图 1-44 "选项"对话框（6）

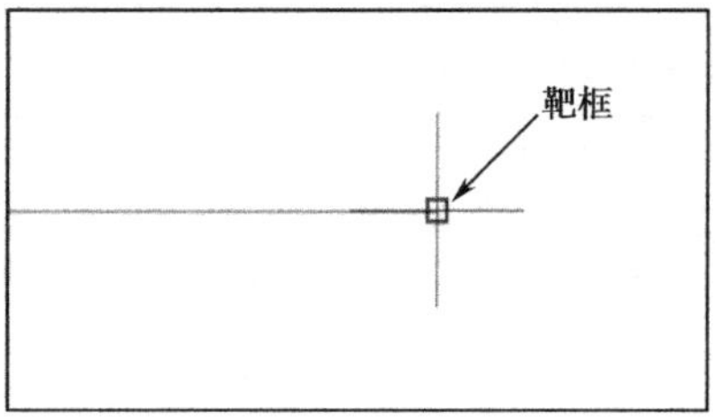

图1-45　靶框

（3）设置靶框大小。

靶框是捕捉对象时出现在十字光标内部的方框，如图 1-45 所示，靶框大小也可以调整，具体操作方法如下：

显示菜单栏，单击"工具"选项，在弹出的菜单中选择"选项"命令，弹出"选项"对话框（如图1-46所示），选择"绘图"选项卡，找到"靶框大小"区域，通过拖拽滑块左右移动来调整靶框大小，最后单击"确定"按钮，靶框大小设置成功。

图1-46　"选项"对话框（7）

（4）设置拾取框大小。

拾取框是在执行编辑命令时，光标变成的一个小正方形框。拾取框大小的设置方法如下：

显示菜单栏，单击"工具"选项，在弹出的菜单中选择"选项"命令，弹出"选项"对话框（如图 1-47 所示），选择"选项集"选项卡，找到"拾取框大小"区域，通过拖拽滑块左右移动调整拾取框大小，最后单击"确定"按钮，拾取框大小设置成功。

图1-47　"选项"对话框（8）

（5）设置夹点大小。

夹点是选择图形后在图形的节点处显示的图标。夹点大小的设置方法如下：

显示菜单栏，单击"工具"选项，在弹出的菜单中选择"选项"命令，弹出"选项"对话框（如图 1-48 所示），选择"选项集"选项卡，找到"夹点尺寸"区域，通过拖拽滑块左右移动来调整夹点大小，最后单击"确定"按钮，夹点大小设置成功。

图 1-48 "选项"对话框（9）

（6）设置光标颜色。

光标除了大小可以调整，颜色也可以按照用户的喜好进行设置。操作方法如下：

显示菜单栏，单击"工具"选项，在弹出的菜单中选择"选项"命令，弹出"选项"对话框，选择"显示"选项卡，找到"窗口元素"区域，单击"颜色"按钮，弹出"图形窗口颜色"对话框，在"界面元素"选项里找到"十字光标"，单击"颜色"下拉按钮，在下拉列表中选择喜欢的颜色，最后单击"应用并关闭"按钮，光标颜色设置成功，如图 1-49 所示。

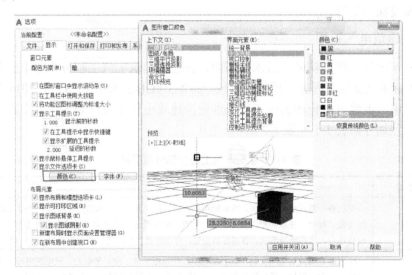

图 1-49 "选项"与"图形窗口颜色"对话框

1.2 电气工程制图概述

1.2.1 电气工程的分类

电气工程的应用范围很广，主要应用于电力、电子、工业控制、建筑电气等。不同电气工程图的要求基本相同，但它们又各自具有特定的内容和要求。根据应用范围的不同，电气工程一般包括电力工程、控制工程和建筑电气工程等。

▶ 1. 电力工程

电力工程一般又分为发电工程、电力线路工程和变配电工程。

（1）发电工程。

发电是指将各种一次能源转换为电能，根据一次能源的不同，可以分为火力发电、水力发电、核能发电、风力发电、地热发电、太阳能发电等类型。我国常见的发电方式主要是火力发电、水力发电、核能发电。发电工程中的电气工程指的是发电厂电气设备的布置、接线、控制及其他附属项目。

（2）电力线路工程。

电力线路用于电能的传输与分配，指用于连接发电厂、变电站和各级电力用户的输电线路。按结构形式分为架空线路、电缆线路和低压配电线路。

（3）变配电工程。

电力从发电厂出来以后，要经过升压、输送、降压等环节才能直接供用户使用。变配电工程是指供应电能、变换电压和分配电能的电气工程。

▶ 2. 控制工程

控制工程用于机械加工、车辆及其他控制领域的电气控制设备，主要包括机床电气、电机控制、汽车电气和其他控制电气。控制工程图主要包括电气控制、电机控制和 PLC 控制电路图及梯形图等。

▶ 3. 建筑电气工程

根据建筑电气工程的功能和技术的不同，往往将建筑电气工程分为强电工程和弱电工程。国家标准《建筑工程施工质量验收统一标准》（GB 50300-2013）于 2014 年正式实施，将建筑电气的强电工程和弱电工程分别定为建筑电气工程和智能建筑工程，各自的详细分项工程划分如表 1-1 和表 1-2 所示。

表 1-1　建筑电气工程分部分项工程

子分部工程	分 项 工 程
室外电气	变压器、箱式变电所安装，成套配电柜、控制柜（屏、台）和动力、照明配电箱（盘）及控制柜安装，梯架、托盘和槽盒安装，导管敷设，电缆敷设，管内穿线和槽盒内敷线，电缆头制作，导线连接，线路绝缘测试，普通灯具安装，专用灯具安装，建筑照明通电试运行，接地装置安装
变配电室	变压器、箱式变电所安装，成套配电柜、控制柜（屏、台）和动力、照明配电箱（盘）安装，母线槽安装，梯架、托盘和槽盒安装，电缆敷设，电缆头制作，导线连接，线路电气试验，接地装置安装，接地干线铺设

子分部工程	分 项 工 程
供电干线	电气设备试验和试运行，母线槽安装，梯架、托盘和槽盒安装，导管敷设，电缆敷设，管内穿线和槽盒内敷线，电缆头制作，导线连接，线路绝缘测试，接地干线敷设
电气动力	成套配电柜、控制柜（屏、台）和动力、照明配电箱（盘）安装，电动机、电加热器及电动执行机构检查接线，电气设备试验试运行，梯架、托盘和槽盒安装，导管敷设，电缆敷设，管内穿线和槽盒内敷线，电缆头制作，导线连接，线路绝缘测试，开关、插座、风扇安装
电气照明	成套配电柜、控制柜（屏、台）和动力、照明配电箱（盘）安装，梯架、托盘和槽盒安装，导管敷设，管内穿线和槽盒内敷线，塑料护套线直敷布线，钢索配线，电缆头制作，导线连接，线路绝缘测试，普通灯具安装，专用灯具安装，开关、插座、风扇安装，建筑照明通电试运行
备用和不间断电源	成套配电柜、控制柜（屏、台）和动力、照明配电箱（盘）安装，柴油发电机组安装，不间断电源装置（UPS）及应急电源装置（EPS）安装，母线槽安装，导管敷设，电缆敷设，管内穿线和槽盒内敷线，电缆头制作，导线连接，线路绝缘测试，接地装置安装
防雷及接地	接地装置安装，避雷引下线及接闪器安装，建筑物等电位连接

表 1-2　智能建筑工程分部分项工程

子分部工程	分 项 工 程
智能化集成系统	设备安装，软件安装，接口及系统调试，试运行
信息接入系统	安装场地检查
用户电话交换系统	线缆敷设，设备安装，软件安装，接口及系统调试，试运行
信息网络系统	计算机网络设备安装，计算机网络软件安装，网络安全设备安装，网络安全软件安装，系统调试，试运行
综合布线系统	梯架、托盘、槽盒和导管安装，线缆敷设，机柜、机架、配线架安装，信息插座安装，链路或信道测试，软件安装，系统调试，试运行
移动通讯室内信号覆盖系统	安装场地检查
卫星通讯系统	安装场地检查
有线电视及卫星电视接收系统	梯架、托盘、槽盒和导管安装，线缆敷设，设备安装，软件安装，系统调试，试运行
公共广播系统	梯架、托盘、槽盒和导管安装，线缆敷设，设备安装，软件安装，系统调试，试运行
信息化应用系统	梯架、托盘、槽盒和导管安装，线缆敷设，设备安装，软件安装，系统调试，试运行
建筑设备监控系统	梯架、托盘、槽盒和导管安装，线缆敷设，传感器安装，执行器安装，控制器、箱安装，中央管理工作站和操作分站设备安装，软件安装，系统调试，试运行
火灾自动报警系统	梯架、托盘、槽盒和导管安装，线缆敷设，探测器类设备安装，控制器类设备安装，其他设备安装，软件安装，系统调试，试运行
安全技术防范系统	梯架、托盘、槽盒和导管安装，线缆敷设，设备安装，软件安装，系统调试，试运行
应急响应系统	设备安装，软件安装，系统调试，试运行
机房	供配电系统，防雷与接地系统，空气调节系统，给水排水系统，综合布线系统，监控与安全防范系统，消防系统，室内装饰装修，电磁屏蔽，系统调试，试运行
防雷及接地	接地装置，接地线，等电位联接，屏蔽设施，电涌保护器，线缆敷设，系统调试，试运行

1.2.2　电气工程图的组成

电气工程图用来阐述电气工程的构成和功能、电气装置的工作原理，提供安装接线和维护使用信息。为了清楚地表示电气工程的功能、原理、安装和使用方法，需要对不同种类的电气图进行说明，一般情况下，一项工程的电气图主要由以下几类构成。

1. 目录和前言

目录是指对某个电气工程的所有图纸编出目录，便于检索图样、查阅图纸，主要由序号、图名、图纸编号、张数、备注等构成。前言中包括设计说明、图例、设备材料明细表、工程经费概算等。

2. 电气系统图或框图

电气系统图或框图是用图形符号或带注释的框，概略表示系统或分系统的基本组成、相互关系及其主要特征的一种简图。一般将主要用方框符号绘制的系统图称为框图。

电气系统图是主要表现整个电气工程或某一项目的供电方式、电能输送、分配控制关系和设备情况的图纸。它主要表示各个回路的名称、用途、容量，以及主要电气设备、开关元器件及导线电缆的规格型号等。从电气系统图可看出工程的概况，系统的回路个数及主要用电设备的容量、控制方式等。常见的电气系统图有变配电系统图、动力系统图、照明系统图、弱电系统图（包括通信广播、电缆电视、火灾报警、防盗保安、微机监控、自动化仪表等）。

3. 电路图

按照国家标准统一规定的电气图形符号和文字符号，将各种设备、仪表或元器件表示出来，并用连线将它们连接起来，这样绘制出的图样就称为电路图。

电路图主要表示一个系统或电气装置的工作原理，如电动机控制图、继电保护原理图等。

4. 接线图

接线图是电气装备进行施工配线、敷线和校线工作时所依据的图样之一。接线图主要表示电气装备的各元器件或设备之间及其他装置之间的连接关系，以便于安装接线及维护。它必须符合电气装备的电路图的要求，并清晰地表示出各个电气元器件和装备的相对安装与敷设位置，以及它们之间的电连接关系。接线图一般是表示或列出一个装置或设备的连接关系的简图（表），它可以分为单元接线图（表）、互连接线图（表）、端子接线图（表）和电缆图（表）。

5. 电气平面图

电气平面图是表示电气设备、装置与线路平面布置的图纸，是进行电气安装的主要依据。电气平面图以建筑平面图为依据，在建筑平面图上绘出电气设备、装置及线路的安装位置、敷设方法等。常用的电气平面图有变配电所平面图、动力平面图、照明平面图、防雷平面图、接地平面图、各种弱电系统平面图等。

6. 设备布置图

设备布置图是用来表示设备与建筑物、设备与设备之间的相对位置，并能直接指导设备安装的重要技术文件。设备布置图一般只绘制平面图。对于较复杂的装置或有多层建、构筑物的装置，当用平面图表示不清楚时，可绘制立面图和剖视图等。

7．大样图

大样图一般用来表示某一具体部位或某一设备元器件的结构或具体安装方法，用于指导加工与安装。一般非标的控制柜、箱，检测元器件和架空线路的安装等都要用到大样图，其中有一部分大样图选用的是国家标准通用图集。

8．产品使用说明书用电气图

对于某些电气工程中选用的设备和装置，生产厂家往往随产品说明书附有电气图，这些图也是电气工程图的组成部分。

9．设备元器件和材料表

设备元器件和材料表就是把某一电气工程所需的主要设备、元器件和有关的数据列成表格，一般说明其名称、符号、型号、规格、数量、厂家等。

10．其他电气图

在电气工程图中，最主要的有电气系统图、电路图、接线图、平面图。在某些电气工程中还会需要一些特殊的电气图，如功能图、逻辑图、曲线图、表格等。

以上各种图纸可以用图、简图、表图、表格等形式来表示。

1.2.3　电气工程 CAD 制图规范

本节将简要介绍国家标准《电气工程 CAD 制图规则》（GB/T 18135—2008）中的常用的有关要求，同时对其引用的标准加以解释。

1．图纸幅面

根据国家标准《技术制图 图纸幅面与格式》（GB/T 14689—2008）的要求，绘制技术图纸时，应优先采用如表 1-3 所示的基本幅面尺寸。

表 1-3　图纸基本幅面的尺寸

单位：mm

幅面代号	A0	A1	A2	A3	A4
尺寸（B×L）	841×1189	594×841	420×594	297×420	210×297

当采用示意图和简图的形式时，推荐使用 A3 幅面。如果以上基本幅面不能满足要求，可以采用加长幅面。加长幅面一般取基本幅面图纸短边的整数倍数，如表 1-4 所示。

表 1-4　图纸加长幅面的尺寸

单位：mm

幅面代号	A3×3	A3×4	A4×3	A4×4	A4×5
尺寸（B×L）	420×891	420×1189	297×630	297×841	297×1051

2．图框格式

在图纸上必须画出图框，一般要用粗实线画出内框，用细实线画出外框。图框格式分为不留装订边（如图 1-50 所示）和留装订边（如图 1-51 所示）两种。

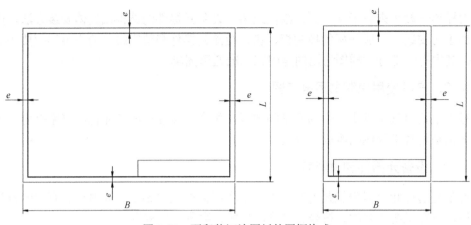

图 1-50　不留装订边图纸的图框格式

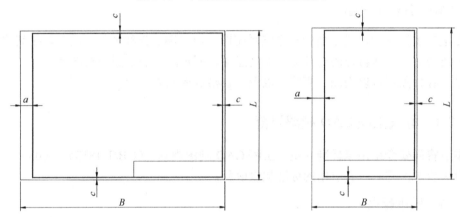

图 1-51　留装订边图纸的图框格式

图框相关尺寸如表 1-5 所示。

表 1-5　图框相关尺寸

单位：mm

幅面代号	A0	A1	A2	A3	A4
尺寸（$B \times L$）	841×1189	594×841	420×594	297×420	210×297
e	20			10	
c	10			5	
a	25				

3. 标题栏、会签栏格式

　　用以确定图纸的名称、图号、张次、更改和有关人员签署等内容的栏目，称为标题栏。每张技术图纸上均应画出标题栏，标题栏的位置应位于图纸的右下角。标题栏中的文字方向为看图方向，即图中的说明、符号均应以标题栏的文字方向为准，这样有助于读图。

　　标题栏图线外框一般为 0.5mm 的实线，内线为细实线。

　　通常采用的标题栏格式应有设计单位、工程名称、项目名称、图名、图别、图号等。

国内常用的工程设计标题栏格式和尺寸可参考如图 1-52 所示样例。

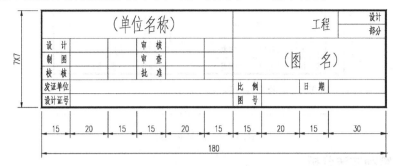

图 1-52　常用工程设计标题栏格式和尺寸样例

与多个专业相关的图纸应有会签栏，会签栏是供相关专业设计人员会审图纸时签名用的。会签栏的格式如图 1-53 所示。

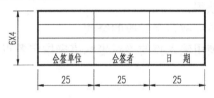

图 1-53　会签栏格式

▶4．字体

图面上的汉字、字母和数字是图的重要组成部分，因此图中的字体必须符合标准。一般汉字用长仿宋体，字母、数字用直体（在 AutoCAD 中推荐使用 Romans.shx）。图上字体的大小，应视图幅大小而定，字体的最小高度如表 1-6 所示，字符的宽高比应为 0.7～0.8。

表 1-6　字体的最小高度

单位：mm

基本图纸幅面	A0	A1	A2	A3	A4
字体最小高度	5	3.5	2.5		

▶5．比例

图形和实际物体线性尺寸的比值称为比例。大部分电气工程图不是按比例绘制的，而某些位置图则按比例绘制或部分按比例绘制，如电气设备布置图、平面图和电气构件详图通常按比例绘制。

在电气工程图中经常采用的比例一般有 1：10、1：20、1：50、1：100、1：200、1：500等。例如，图纸比例为 1：200，在图纸上量得某段线路为 20mm，则实际长度为 20×200=4000mm。

1.2.4　标题栏绘制

前面介绍了常用的标题栏格式，本小节介绍如图 1-54 所示的一种学生课程设计用简化标题栏及其绘制方法。

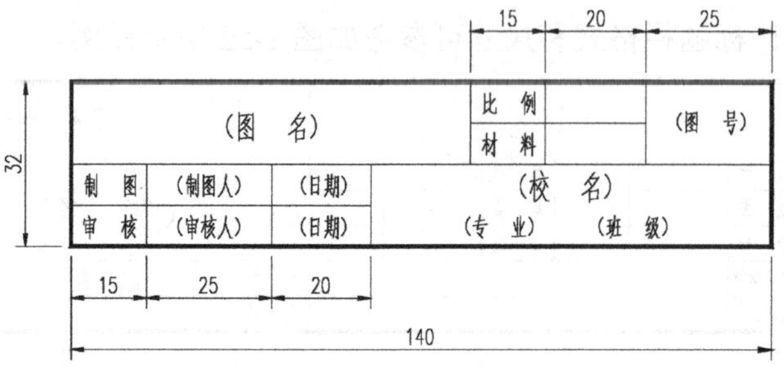

图 1-54　简化标题栏

1．绘制方法分析

（1）使用"矩形"命令，绘制一个线宽为 0.5mm，长为 140mm，宽为 32mm 的矩形。

（2）使用"直线"命令，结合"正交"和"对象捕捉"，绘制中间线。相同的平行线段可以使用"偏移"命令获得。

（3）使用"修剪"命令完成多余线段的修改。

（4）添加文字。可以使用输入点的绝对坐标值来指定各点的位置。

2．相关知识点

（1）绘图命令。

① 画线。

"直线"（LINE）命令是用得最多的一个命令。LINE 命令用来绘制一条直线段或一系列首尾相接的连续的直线段。绘制完成的每条线段都是一个独立的图元对象。执行 LINE 命令的方法有以下几种。

● 在命令行中输入"L"或"LINE"，按空格或【Enter】键。

● 单击"绘图"工具栏中的"直线"命令按钮 ╱。

● 单击菜单栏中的"绘图"选项，在弹出的菜单中选择"直线"命令。

② 画矩形。

使用"矩形"命令可创建矩形多段线。从指定的矩形参数创建矩形多段线（长度、宽度、旋转角度）和角点类型（圆角、倒角或直角）。

注意：图形文件起始默认的矩形模式为，矩形上角点的类型为直角，宽度为 0，旋转角度为 0。每次激活"矩形"命令，AutoCAD 2018 都会使用当前图形文件中上一次设置的矩形模式参数，如果和起始默认的矩形模式参数不同，AutoCAD 2018 将在命令行中显示当前矩形模式参数。

执行"矩形"命令的方法有以下几种。

● 在命令行中输入"REC"或"RECTANG"，按空格或【Enter】键。

● 单击"绘图"工具栏中的"矩形"命令按钮 ▢。

● 单击菜单栏中的"绘图"选项，在弹出的菜单中选择"矩形"命令。

（2）修改命令。

① 偏移。

"偏移"（OFFSET）命令用于相对于已存在的对象创建平行线、平行曲线或同心圆等等距离分布的图形。可偏移的对象包括直线、样条曲线、圆弧、圆和二维多段线。执行

OFFSET 命令的方法有以下几种。

- 在命令行中输入"O",按空格或【Enter】键。
- 单击"修改"工具栏中的"偏移"命令按钮 。
- 单击菜单栏中的"修改"选项,在弹出的菜单中选择"偏移"命令。

② 修剪与延伸。

"修剪"和"延伸"命令分别通过缩短和拉长对象的方法,使对象与其他对象的边相接。这两个命令的使用过程非常相似,并且在使用"修剪"命令时,如果在按住【Shift】键的同时选择对象,则执行"延伸"命令;在使用"延伸"命令时,如果在按住【Shift】键的同时选择对象,则执行"修剪"命令。

"修剪"(TRIN)命令可以修剪对象,使它们精确地终止于由其他对象定义的边界。执行 TRIM 命令的方法有以下几种。

- 在命令行中输入"TR",按空格或【Enter】键。
- 单击"修改"工具栏中的"修剪"命令按钮 。
- 单击菜单栏中的"修改"选项,在弹出的菜单中选择"修剪"命令。

"延伸"(EXTEND)命令可以延伸对象,使它们精确地延伸至由其他对象定义的边界。"延伸"命令的操作过程和选项与"修剪"命令极为相似。执行 EXTEND 命令的方法有以下几种。

- 在命令行中输入"EX",按空格或【Enter】键。
- 单击"修改"工具栏中的"延伸"命令按钮 。
- 单击菜单栏中的"修改"选项,在弹出的菜单中选择"延伸"命令。

③ 删除、放弃和重做。

在所有的修改命令中,"删除"命令可能是使用最频繁的命令之一。AutoCAD 2018 可以非常容易地删除绘图时的误操作,或者删除创建其他对象时的辅助对象。"恢复"(OOPS)命令可以恢复最近使用删除类命令删除的所有对象,但它仅能恢复最后一次使用删除命令所删除的对象。如果需要恢复更多的被删除对象,则可以使用"放弃"(UNDO)命令,如果在使用"放弃"命令后立即使用"重做"(REDO)命令,则可以取消放弃被放弃的命令。

可以使用以下方法从图形中删除对象。

- 使用 ERASE 命令删除对象。
- 选择对象,然后按【Ctrl+X】快捷键将它们剪切到剪贴板。
- 选择对象,然后按【Delete】键。
- 使用创建块等命令时选择"删除"选项。

最常用的删除对象的方法是使用 ERASE 命令。执行 ERASE 命令的方法如下:

- 在命令行中输入"E"或"ERASE",按【Enter】键。
- 单击"修改"工具栏中的"删除"命令按钮 。
- 单击菜单栏中的"修改"选项,在弹出的菜单中选择"删除"命令。

同时,AutoCAD 2018 提供了很强的更正错误的能力,可以"放弃"所进行的操作,也可以使用"重做"来取消刚刚放弃的操作。执行放弃单个操作的方法有以下几种。

- 在命令行中输入"U",按空格或【Enter】键。
- 单击"快速访问工具栏"中的"放弃"命令按钮 。

● 按【Ctrl+Z】快捷键。

执行一次放弃几步操作的方法有以下几种。

● 在命令行中输入"UNDO"，按空格或【Enter】键，输入要放弃的操作数目即可。
● 单击"快速访问工具栏"上的"放弃"命令按钮右边的下拉列表按钮，将依次列出所进行的操作，可以一次放弃几步操作。

注意：在执行完命令时按【Ctrl+Z】快捷键，则放弃刚刚执行的命令，而在命令执行的过程中按【Ctrl+Z】快捷键则往往放弃命令中执行的上一步操作。

刚刚放弃的操作可以使用"重做"　命令进行恢复。

注意："重做"命令必须紧跟在"放弃"命令后执行。

④ 复制。

"复制"（COPY）命令可以将源对象在指定方向上按指定距离复制一个或多个副本。执行 COPY 命令的方法有以下几种。

● 在命令行中输入"CO"或"CP"，按【Enter】键。
● 单击"修改"工具栏中的"复制"命令按钮　。
● 单击菜单栏中的"修改"选项，在弹出的菜单中选择"复制"命令。

"复制"命令用于无规律地进行一个或多个副本的复制，其操作过程的关键是要选择准确合适的基点和目标点。

（3）辅助工具的使用。

使用 AutoCAD 2018 绘图的绝大多数情况下都要求尺寸严格、定位准确。AutoCAD 在窗口下面的状态栏中提供了一组精确绘图的辅助工具，利用它们，用户可以很容易地输入精确的尺寸、把握准确的定位要求。如图 1-55 所示，用户可以单击对应的按钮，或使用对应的快捷键打开或关闭对应的工具，在辅助工具按钮区域单击鼠标右键，在出现的快捷菜单中可以选择可以显示的按钮。

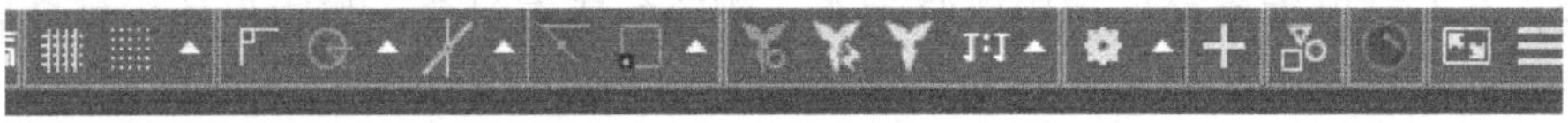

图 1-55　状态栏中的常用辅助工具按钮

① 正交。

AutoCAD 2018 提供了与绘图人员的丁字尺类似的绘图和编辑工具。在创建或移动对象时，使用"正交"模式将光标限制在水平或铅垂方向上。

单击状态栏上的"正交"模式按钮或按【F8】功能键可以打开或关闭"正交"模式。打开"正交"模式后，鼠标在绘图窗口里指定点的操作就只能沿着水平、铅垂两个方向进行了。

由此可以使用一种非常快速的方法来绘制指定长度的水平和铅垂方向的直线段。打开"正交"模式后，单击鼠标指定第一个点，然后在水平或铅垂方向移动鼠标选择方向，输入长度值后按【Enter】键或空格键即可。例如，绘制一条长度为 100mm 的水平线，首先确定打开了"正交"模式，然后做如下操作：

```
命令:L  LINE                        //输入"L"，按空格或【Enter】键激活"直线"命令
指定第一点:                         //在窗口合适位置单击指定第一点，按空格键
指定下一点或 [放弃(U)]:100          //向右移动鼠标，输入 100 后按空格或【Enter】键
指定下一点或 [放弃(U)]:             //按空格键结束命令
```

② 对象捕捉。

对象捕捉在 AutoCAD 2018 中应用特别广泛，很多操作命令都需要它的配合来寻找准确的定位点。

对象捕捉与栅格捕捉不同。栅格捕捉的是栅格点，它和窗口中已经绘制的对象无关。而对象捕捉功能捕捉的是与窗口中已经绘制的对象有关系的定位点，它们是一些对象上的特征点。

进行对象捕捉设置的方法有以下三种。

● 单击菜单栏中的"工具"选项，在弹出的菜单中选择"绘图设置"命令（如图 1-56 所示），在弹出的"草图设置"对话框中单击"对象捕捉"选项卡，进行对象捕捉模式的设置，如图 1-57 所示。

● 在按住【Shift】键的同时单击鼠标右键，在弹出的快捷菜单中选择"对象捕捉设置"命令，在弹出的"草图设置"对话框中，单击"对象捕捉"选项卡，进行对象捕捉模式的设置。

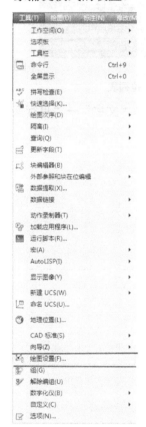

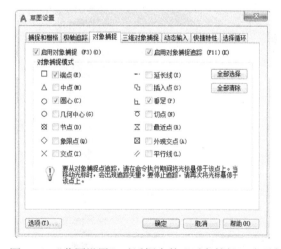

图 1-56　单击"工具"选项打开的菜单　　图 1-57　"草图设置"对话框中的"对象捕捉"选项卡

在 AutoCAD 中，对象捕捉有两种使用方式：一种是临时对象捕捉方式，另一种是自动对象捕捉方式。在实际的使用中，大量使用的是自动对象捕捉方式。打开"对象捕捉"选项卡后，可以设置自动对象捕捉的特征点。当打开"自动对象捕捉"模式时，在"对象捕捉"选项卡中选中的特征点，可以一直处于自动捕捉模式，直到关闭"自动对象捕捉"模式或在选项卡中取消选择。另外，在"对象捕捉"按钮□处单击右键，在弹出的快捷菜单中可以选择打开或关闭特征点的自动捕捉模式。

单击状态栏的"对象捕捉"按钮□或按【F3】功能键，可以打开或关闭自动对象捕捉模式。

（4）文字输入。

文字输入的方法有单行文字和多行文字两种，如文字在表格中，为单行的单一文字，建议使用单行文字进行输入。使用单行文字可以创建比较简短的文字对象，而且可以非常方便地进行修改。

输入单行文字的方法有以下几种。

● 在命令行中输入"DT"，按【Enter】键。
● 单击工具栏上的"多行文字"命令按钮，在弹出的下拉列表中选择"单行文字"，如图 1-58 所示。

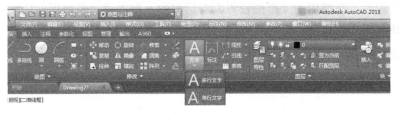

图 1-58 单击"多行文字"按钮弹出的下拉列表

● 单击菜单栏中的"绘图"选项，在弹出的菜单中选择"文字"→"单行文字"命令，如图 1-59 所示。

图 1-59 单击"绘图"选项打开的菜单

在输入单行文字时首先需要选择文字样式、设置对正方式，然后对文字内容进行修改。

① 文字样式。

文字样式包括文字的"字体""字体样式""高度""宽度因子""倾斜角度""反向""颠倒""垂直"等参数。可以在一张图纸中定义多个文字样式供选用。AutoCAD 2018 不仅支持显示汉字的大字体，而且也支持 Windows 系统中的汉字字体。

可以使用以下几种方法打开如图 1-60 所示的"文字样式"对话框，定义文字样式，并进行相应的设置。

- 在命令行中输入"ST"，按空格或【Enter】键，弹出"文字样式"对话框，如图 1-60 所示。
- 单击"样式"工具栏中的"文字样式"命令按钮 ⚡。
- 单击菜单栏中的"格式"选项，在弹出的菜单中选择"文字样式"命令。

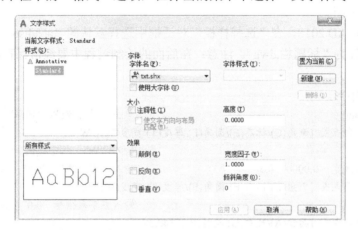

图 1-60 "文字样式"对话框

注意：如果在"高度"文本框中设置了文字的高度，在使用这个文字样式时，将按此高度标注，不再提示指定文字的高度。如果要使用某一文字样式时使用不同的文字高度，那么在文字样式中"高度"值应设置为"0"。

AutoCAD 2018 中文版提供了符合国家标准的类似手写仿宋体的编译字体文件 gbenor.shx（正体）、gbcbig.shx（大字体）和 gbeitc.shx（斜体）。使用这些字体文件将宽度比例设置为 1，即可得到瘦长的手写仿宋体文字，另外还可以使中文和英文显示相同的高度，所以广泛应用于工程设计的文本输入。

② 文字对正方式。

AutoCAD 提供的文字对正方式有很多种，如图 1-61 所示为各种对正效果。

图 1-61 文字对正效果

在实际使用的过程中，"左"对正是默认的对正方式，经常使用的还有"中间"（输入"M"）、"中心"（输入"C"）和"右"（输入"R"）对正。

③ 文字内容的修改。

创建了文字以后往往需要对它们进行修改。单行文字可以做的修改有：文字的内容、对正方式、缩放比例等，主要是修改文字内容。

修改文字内容的方法有以下几种。

● 双击要修改的文字。

● 在要修改的文字上单击右键，从弹出的快捷菜单中选择" 🗛 编辑(I)... "命令。

● 在命令行中输入"ED"，按空格或【Enter】键。

● 执行菜单命令"修改"→"对象"→"文字"→"编辑"。

使用前两种方法将直接选中要修改的对象，可以进行修改；后两种方法将提示选择注释对象，即要修改的对象。

》 3. 绘制过程

（1）创建新图。

运行 AutoCAD 2018，在"选择样板"对话框中选择默认的"acadiso.dwt"建立一个新图，保存文件为"标题栏.dwg"。注意：在后面的绘制过程中要经常保存，以免出现意外丢失文件。

（2）绘制矩形。

```
命令: _rectang                                      //单击 □ 按钮激活"矩形"命令
指定第一个角点或 [倒角(C)/标高(E)/圆角(F)/厚度(T)/宽度(W)]: W
                                                    //输入"W"，按空格键
指定矩形的线宽 <0.0000>: 0.5                          //输入矩形的线宽"0.5"，按空格键
指定第一个角点或 [倒角(C)/标高(E)/圆角(F)/厚度(T)/宽度(W)]: 0,0
                                                    //输入左下角坐标"0,0"，按空格键
指定另一个角点或 [面积(A)/尺寸(D)/旋转(R)]: 140,32
                                                    //输入右上角坐标"140,32"，按空格键
                                                    //结束绘制矩形
```

使用合适的视图操作命令调整合适的视图大小。一般可以先双击鼠标滚轮进行范围缩放，再适当缩小一下。

（3）绘制中间线。

① 确定打开"垂足"自动对象捕捉，打开"正交"模式。

② 绘制水平线。

```
命令: L LINE              //输入"L"，按空格键激活"直线"命令
指定第一点: 0,8           //指定第一点的坐标，按空格键
指定下一点或 [放弃(U)]:   //向右移动鼠标至矩形的右边，当出现"垂足"捕捉时单击鼠标
指定下一点或 [放弃(U)]:   //按空格键结束命令
命令: O OFFSET           //输入"O"，按空格键激活"偏移"命令
当前设置: 删除源=否  图层=源  OFFSETGAPTYPE=0
指定偏移距离或 [通过(T)/删除(E)/图层(L)] <通过>:  8      //输入偏移距离后按空格键
选择要偏移的对象，或 [退出(E)/放弃(U)] <退出>:          //单击刚绘制的水平线段
指定要偏移的那一侧上的点，或 [退出(E)/多个(M)/放弃(U)] <退出>:
                                                      //在水平线段上方单击鼠标
选择要偏移的对象，或 [退出(E)/放弃(U)] <退出>:          //单击刚偏移获得的水平线段
指定要偏移的那一侧上的点，或 [退出(E)/多个(M)/放弃(U)] <退出>:
                                                      //在该水平线段上方单击鼠标，得到
                                                      //如图 1-62 所示的矩形内水平线
```

选择要偏移的对象，或 [退出(E)/放弃(U)] <退出>：　　　　//按空格键结束命令

图 1-62　矩形内水平线

③ 绘制铅垂线。

命令: L LINE　　　　　　　　　//输入 "L"，按空格键激活 "直线" 命令
指定第一点: 15,0　　　　　　　//指定第一点的坐标，按空格键
指定下一点或 [放弃(U)]：　　　//向上移动鼠标至矩形的上边，当出现 "垂足" 捕捉时单击鼠标
指定下一点或 [放弃(U)]：　　　//按空格键结束命令
命令: O OFFSET　　　　　　　//输入 "O"，按空格键激活 "偏移" 命令
当前设置: 删除源=否　图层=源　OFFSETGAPTYPE=0
指定偏移距离或 [通过(T)/删除(E)/图层(L)] <8.0000>：　25　　//输入偏移距离后按空格键
选择要偏移的对象，或 [退出(E)/放弃(U)] <退出>：　//单击刚绘制的铅垂线段
指定要偏移的那一侧上的点，或 [退出(E)/多个(M)/放弃(U)] <退出>：
　　　　　　　　　　　　//在铅垂线段右侧单击鼠标获得一条铅垂线段
选择要偏移的对象，或 [退出(E)/放弃(U)] <退出>：　//按空格键结束命令
命令: O OFFSET　　　　　　　//按空格键连续激活 "偏移" 命令
当前设置: 删除源=否　图层=源　OFFSETGAPTYPE=0
指定偏移距离或 [通过(T)/删除(E)/图层(L)] <25.0000>：　20
　　　　　　　　　　　　//输入偏移距离后按空格键
选择要偏移的对象，或 [退出(E)/放弃(U)] <退出>：　//单击刚偏移获得的铅垂线段
指定要偏移的那一侧上的点，或 [退出(E)/多个(M)/放弃(U)] <退出>：
　　　　　　　　　　　　//在其右侧单击鼠标获得第二条铅垂复制线段
选择要偏移的对象，或 [退出(E)/放弃(U)] <退出>：　//单击刚获得的第二条铅垂线段
指定要偏移的那一侧上的点，或 [退出(E)/多个(M)/放弃(U)] <退出>：
　　　　　　　　　　　　//在其右侧单击鼠标获得第三条铅垂复制线段
选择要偏移的对象，或 [退出(E)/放弃(U)] <退出>：　//按空格键结束命令
命令:O OFFSET　　　　　　//按空格键连续激活 "偏移" 命令
当前设置: 删除源=否　图层=源　OFFSETGAPTYPE=0
指定偏移距离或 [通过(T)/删除(E)/图层(L)] <20.0000>：　15
　　　　　　　　　　　　//输入偏移距离后按空格键
选择要偏移的对象，或 [退出(E)/放弃(U)] <退出>：　//单击刚获得的第三条铅垂线段
选择要偏移的对象，或 [退出(E)/放弃(U)] <退出>：
　　　　　　　　　　　　//在其右侧单击鼠标获得第四条铅垂复制线段
命令:O OFFSET　　　　　　//按空格键连续激活 "偏移" 命令
当前设置: 删除源=否　图层=源　OFFSETGAPTYPE=0
指定偏移距离或 [通过(T)/删除(E)/图层(L)] <15.0000>：　20
　　　　　　　　　　　　//输入偏移距离后按空格键
选择要偏移的对象，或 [退出(E)/放弃(U)] <退出>：　//单击刚获得的第四条铅垂线段
指定要偏移的那一侧上的点，或 [退出(E)/多个(M)/放弃(U)] <退出>：
　　　　　　　　　　　　//在其右侧单击鼠标获得如图 1-63 所示的所有铅垂线段
选择要偏移的对象，或 [退出(E)/放弃(U)] <退出>：　//按空格键结束命令

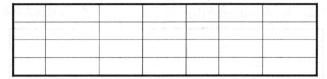

图 1-63　矩形内铅垂线段

④ 修剪多余线段。

```
命令:TR    TRIM              //输入 "TR"，按空格键激活 "修剪" 命令
当前设置:投影=UCS，边=延伸
选择剪切边...
选择对象或 <全部选择>：指定对角点：找到 3 个
                         //使用如图 1-64 所示的窗交选择方式选择中间的三条线为剪切边
选择对象：                //按空格键结束选择
```

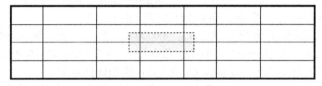

图 1-64　选择剪切边

```
选择要修剪的对象，或在按住【Shift】键的同时选择要延伸的对象，或
[栏选(F)/窗交(C)/投影(P)/边(E)/删除(R)/放弃(U)]：指定对角点：
                         //使用如图 1-65 所示的窗交选择方式选择左上角的剪切对象
```

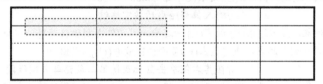

图 1-65　选择左上角的剪切对象

```
选择要修剪的对象，或在按住【Shift】键的同时选择要延伸的对象，或
[栏选(F)/窗交(C)/投影(P)/边(E)/删除(R)/放弃(U)]：指定对角点：
                         //使用如图 1-66 所示的窗交选择方式选择右下角的剪切对象
选择要修剪的对象，或在按住【Shift】键的同时选择要延伸的对象，或
[栏选(F)/窗交(C)/投影(P)/边(E)/删除(R)/放弃(U)]：    //按空格键结束命令
```

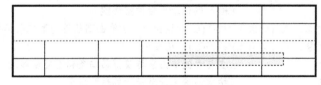

图 1-66　选择右下角的剪切对象

连续激活 "修剪" 命令剪掉最后的一段线，得到如图 1-67 所示图形。

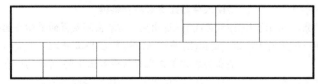

图 1-67　修剪完成的图形

（4）添加文字。

① 新建一个"工程字"的文字样式。

打开"文字样式"对话框，新建"工程字"的文字样式，设置 SHX 字体为"gbenor.shx"，大字体为"gbcbig.shx"，如图 1-68 所示。单击"应用"按钮后关闭对话框。

图 1-68　"工程字"文字样式设置

② 输入"制图"文字。

| 命令: dt TEXT | //输入"dt"，按空格键激活"单行文字"命令 |

当前文字样式: "工程字"　文字高度: 2.5000　注释性: 否

指定文字的起点或 [对正(J)/样式(S)]: j　//输入"j"，按空格键选择对正方式

输入选项[对齐(A)/调整(F)/中心(C)/中间(M)/右(R)/左上(TL)/中上(TC)/右上(TR)/左中(ML)/正中(MC)/右中(MR)/左下(BL)/中下(BC)/右下(BR)]: m

　　　　　　　　　　　　　　//输入"m"，按空格键选择中间对正

指定文字的中间点:　　　　　//单击如图 1-69 所示格内中点为文字的中间点

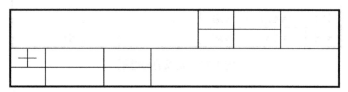

图 1-69　"制图"文字对正点

指定高度 <2.5000>: 4.5　　　//输入文字的高度为 4.5

指定文字的旋转角度 <0>:　　//按空格键默认 0 度旋转角进入绘图窗口输入文字

在窗口中输入文字"制图"后，按两次【Enter】键结束命令，如图 1-70 所示。

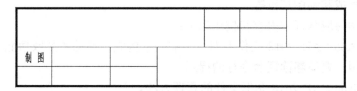

图 1-70　输入"制图"文字

③ 复制字高相同的文字。

命令: _copy　　　　　　　//单击 按钮，激活"复制"命令

选择对象: 找到 1 个　　　　//选中"制图"文字

选择对象:　　　　　　　　//按空格键结束选择

当前设置: 复制模式 = 多个

指定基点或 [位移(D)/模式(O)] <位移>: >>	//单击文字的中间插入点作为基点
指定第二个点或 <使用第一个点作为位移>:	//单击下面一个的中间点，获得一个复制体
指定第二个点或 [退出(E)/放弃(U)] <退出>:	//同样依次单击各个文字所在的中间点，获得
	//所有同样高度的一系列文字，如图 1-71 所示
指定第二个点或 [退出(E)/放弃(U)] <退出>:	//按空格键结束复制

			制图		制图
			制图		
制图	制图	制图			
制图	制图	制图	制图		

图 1-71　复制文字

④ 修改文字内容。

双击文字，修改文字内容，得到如图 1-72 所示图形。

			比例		（图号）
			材料		
制图	（制图人）	（日期）			
审核	（审核人）	（日期）	（专业）	（班级）	

图 1-72　修改文字

⑤ 使用同样的方法添加剩下的文字，完成如图 1-73 所示标题栏。

			比例		（图号）
（图名）			材料		
制图	（制图人）	（日期）	（校名）		
审核	（审核人）	（日期）	（专业）	（班级）	

图 1-73　完成的标题栏

1.3　小结

本章主要介绍了 AutoCAD 2018 的工作界面和常用的基本操作，以及电气工程的分类、工程图的组成和制图规范等。

通过本章学习应掌握的内容和技巧如下：

（1）认识 AutoCAD 2018 工作界面，了解基本构成，熟悉各区域功能。特别要掌握命令窗口的使用，要能够读懂命令行的提示。

（2）掌握 AutoCAD 2018 图形文件的管理方法。

（3）掌握 AutoCAD 2018 的各种命令功能及命令调用方式。

（4）掌握命令输入的方法，使用合适的方法激活命令，并合理、灵活地使用鼠标和键盘进行操作，形成良好的绘图习惯，努力成为 AutoCAD 绘图高手。

（5）灵活使用视图操作。经常进行范围缩放（双击鼠标滚轮），熟练进行全局绘制。

（6）合理使用选择对象的方式，使修改操作快捷而准确。

（7）使用合适的方法准确地指定点。

（8）了解电气工程的分类及电气工程图的组成，熟练掌握电气工程 CAD 制图的有关标准，按国家有关的最新标准进行工程设计和图纸绘制。

1.4 习题与练习

一、填空题

1．按_____功能键可以打开或关闭命令窗口。按_____功能键可以打开或关闭"正交"模式。按_____功能键可以打开或关闭"自动对象捕捉"模式。

2．在命令执行的过程中，直接按_____键可以快速退出正在执行的命令。如果在"命令:"下要重复执行刚执行过的命令，可以直接按_____。

3．相对坐标是通过在输入值之前加____符号来确定的。

4．在 AutoCAD 中，测量角度值的默认正方向是_____。

5．在图纸上必须画出图框，一般要用_____画出内框，用_____画出外框。每张技术图纸上均应画出标题栏，标题栏的位置应位于_____。

6．写出以下命令的命令缩写：直线_____；偏移_____；删除_____；单行文字_____；文字样式_____。

二、问答题

1．AutoCAD 2018 的工作界面是由哪几部分组成的？其作用分别是什么？

2．常用的工具栏有哪些？如何打开隐藏的工具栏？

3．在 AutoCAD 中，鼠标的操作有哪些？简述各种鼠标操作的作用。

4．常用的调用命令的方法有哪些？简述之。

5．简述常用的视图操作。

6．常用的选择对象的方式有哪些？说明操作方法。

7．常见的电气工程有哪些？简述它们各自的功能。

8．一个工程的电气图一般由哪几类组成？简述它们的作用。

三、绘图练习

1．利用点的绝对坐标或相对坐标绘制如图 1-74 所示的图形。

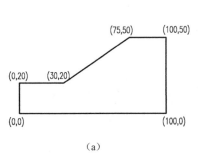

（a）　　　　　　　　　　　　　　　　　（b）

图 1-74　绘图练习

2．绘制如图 1-75 和图 1-76 所示的标题栏和会签栏。

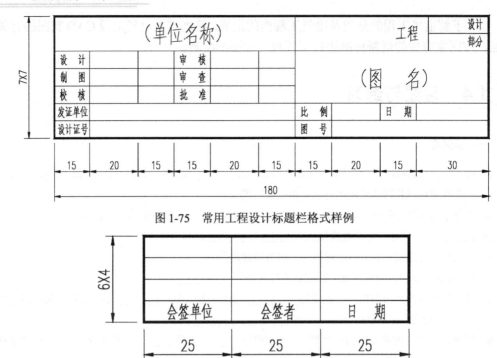

图 1-75　常用工程设计标题栏格式样例

会签单位	会签者	日　期

图 1-76　会签栏格式

电气图形符号的分类与绘制

电气图形符号是电气工程图的主体和基本单元，用于传递某一功能或某一特定要求的信息，是构成电气"工程语言"的"词汇"。因此，正确、熟练地理解、绘制和识别各种电气图形符号是电气制图与读图的基本功。

在工作中，要快速熟练地绘制电气工程图，还应做好总结整理，将常用的图形符号整理成相关的素材库，以便在使用时快速调用。

2.1 电气图形符号的分类

根据国家标准《电气工程 CAD 制图规则》（GB/T 18135—2008）的要求，电气工程制图的图形符号应符合国家标准《电气简图用图形符号》（GB/T 4728 所有部分）和《电气设备用图形符号》（GB/T 5465.2—2008）的要求。

《电气简图用图形符号》（GB/T 4728）等同采用国际电工委员会 IEC 60617 Database《电气简图用图形符号数据库标准》，在国际上具有通用性。该标准中的图形符号是电气技术领域技术文件所主要选用的图形符号。

国家标准《电气简图用图形符号》（GB/T 4728）共有 13 个部分。该标准数据库中包含了约 1750 个图形符号，每个图形符号均包括标识号名称、状态、图形表示及一组可选择的属性，同时说明了该数据库的查询、使用等方法。

标准中第一部分为一般要求，说明数据库的查询、使用方法。电气图形符号分为 12 部分进行了介绍。

① 符号要素、限定符号和其他常用符号。
② 导体和连接件。
③ 基本无源元器件。
④ 半导体管和电子管。
⑤ 电能的发生与转换。
⑥ 开关、控制和保护器件。
⑦ 测量仪表、灯和信号器件。
⑧ 电信：交换和外围设备。
⑨ 电信：传输。
⑩ 建筑安装平面布置图。
⑪ 二进制逻辑元器件。
⑫ 模拟元器件。

国家标准《电气设备用图形符号》（GB/T 5465.2—2008）规定了电气设备用图形符号及其名称、含义和应用范围。该标准共有904个符号。

该标准的图形符号适用于：

① 标识设备或其组成部分（如控制器或显示器）。

② 指示功能状态或功能（如开、关、告警）。

③ 标示连接（如端子、接头）。

④ 提供包装信息（如包装物的标识、装卸说明）。

⑤ 提供设备的操作说明（如使用限制）。

另外，在绘制电气图纸时，需要使用的其他图形符号参考国家标准 GB/T 20063《简图用图形符号》。

同时，各行业和地区还根据行业和地区特色出台了一些相关的标准，并根据技术发展做符合实际情况的更新。

总之，电气设计所需要的图形符号是很多的，但要全部记住有一定的困难。

电气图形符号包括一般符号、符号要素、限定符号和方框符号。

1．一般符号

一般符号是用来表示一类产品或此类产品特征的简单符号，如图 2-1 所示的熔断器、开关、接地、电机等。

2．符号要素

符号要素是一种具有确定意义的简单图形，必须同其他图形组合构成一个设备或概念的完整符号。例如，如图 2-2 所示，直热式阴极二极管由外壳、阳极和热丝 3 个符号要素组成。符号要素一般不能单独使用，只有按照一定方式组合起来才能构成完整的符号。符号要素的不同组合可以构成不同的符号。

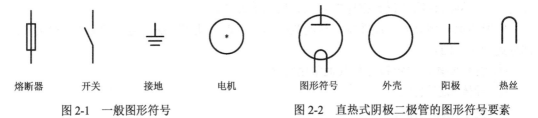

| 熔断器 | 开关 | 接地 | 电机 | 图形符号 | 外壳 | 阳极 | 热丝 |

图 2-1　一般图形符号　　　　　　　图 2-2　直热式阴极二极管的图形符号要素

3．限定符号

限定符号一般不代表独立的设备和元器件，仅用来说明某些特征、功能和作用等。限定符号不能单独使用，必须同其他符号组合使用，才能构成完整的图形符号，一般符号加上不同的限定符号，可得到不同的专用符号。例如，如图 2-3 所示，在开关的一般符号上加上不同的限定符号可得到隔离开关、负荷开关、断路器、按钮开关、旋钮开关等。

一般符号有时也可以用作限定符号，如图 2-4 所示，电池的一般符号加到电话机符号上，即可构成带电池的电话机的符号。

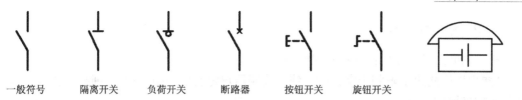

一般符号	隔离开关	负荷开关	断路器	按钮开关	旋钮开关

图2-3 加上不同限定符号的开关符号   图2-4 带电池的电话机符号

4．方框符号

方框符号一般是指用在系统图和框图中，在方框符号内加上限定符号用以表示元器件、设备的组合及其功能，既不给出元器件、设备的细节，也不考虑所有连接的一种简单的图形符号。

2.2 常用电气图形符号的绘制

在实际工作中，图形符号是根据标准要求，固定组成的一组图元。为了绘图的统一性，在实际工作中应绘制相关专业的素材库，即将常用的元器件图形符号绘制完成后，定义成图块，在需要的时候直接调用。

在绘制图形符号时，图形符号的大小应根据要放置的空间的大小进行调整，一般以文字大小作为参考。但在放大或缩小时，图形符号的一般形状和相对比例应保持不变。

下面先以几个电气图形符号为例，介绍绘制过程。

2.2.1 接地图形符号的绘制

绘制如图2-5所示的接地图形符号（新标准所显示的形状和相对比例以栅格显示）。

1．绘制方法分析

（1）符号大小。

如果在图纸中文字的高度为3mm，该符号水平宽度可以设为4mm，则符号大小尺寸可以绘制成如图2-6所示。

图2-5 接地图形符号   图2-6 接地图形符号尺寸

（2）使用命令和技巧。

在绘制以上符号时，主要使用"直线"命令，结合使用"正交""栅格""捕捉"等辅助工具。在绘制三条水平线时，首先绘制上下两条线（使用"捕捉""栅格"）；然后使用"偏移"命令，获得上面长线的平行线，分别连接上下两条线的两个端点获得两条辅助线；再用这两条辅助线作为剪切边界，修剪为合适的长度。

📎 2. 相关知识点

相关辅助工具的使用：捕捉和栅格。

"捕捉"模式用于限制十字光标，使其按照用户定义的间距移动。"捕捉"模式能协助鼠标精确地定位点。

栅格是点或线的矩阵，遍布指定为栅格界限的整个区域。使用栅格类似于在图形下放置一张坐标纸。利用栅格可以对齐对象并直观显示对象之间的距离。

当要绘制的图形对象的定位点间距相同或有倍数关系时，为了提高绘图的速度和效率，可以显示并捕捉栅格。"栅格"模式和"捕捉"模式各自独立，但经常同时打开。

捕捉和栅格可以控制相同或不同的间距。打开 AutoCAD 2018，在页面的最下方有"捕捉模式"按钮 ▦ ▾，单击右侧的小三角有"捕捉设置"选项，单击后直接进入如图 2-7 所示的"捕捉和栅格"选项卡（快捷键【ds】）。

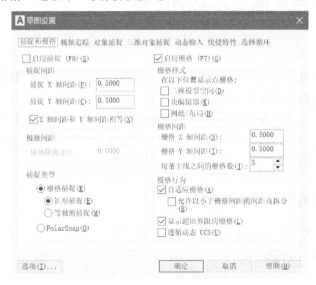

图 2-7　"捕捉和栅格"选项卡

单击状态栏的"栅格显示"按钮▦或按【F7】功能键可以打开或关闭"栅格"模式。

单击状态栏的"捕捉模式"按钮▦或按【F9】功能键可以打开或关闭"捕捉"模式。

📎 3. 绘制过程

（1）运行 AutoCAD 2018，在"选择样板"对话框中选择默认的"acadiso.dwt"建立一个新图。

（2）打开"捕捉和栅格"选项卡，设置"栅格间距"均为"2"，"捕捉间距"均为"1"。并打开"捕捉"和"栅格"模式。

（3）使用合适的视图缩放命令，使窗口显示 5～6 行栅格。

（4）使用"直线"命令，捕捉合适的点绘制完成如图 2-8 所示的线段。

命令: L LINE	//输入"L"，按空格键激活"直线"命令
指定第一点:	//在合适的位置捕捉一个栅格点，单击
指定下一点或 [放弃(U)]:	//将鼠标向右移动两个栅格点，单击
指定下一点或 [放弃(U)]:	//按空格键结束命令，绘制出一条 4mm 长的水平线

命令:	//按空格键重复激活"直线"命令
指定下一点或 [放弃(U)]:	//将鼠标向右移动一个栅格点，单击
指定下一点或 [放弃(U)]:	//按空格键结束命令，绘制出 2mm 长的水平线
命令:	//按空格键重复激活"直线"命令
指定第一点:	//在上面水平线的中点位置捕捉栅格点，单击
指定下一点或 [放弃(U)]:	//将鼠标向上移动一个半栅格点，单击
指定下一点或 [放弃(U)]:	//按空格键结束命令，绘制出向上 3mm 的线段，绘制完成如图 2-8
	//所示的线段

（5）使用"偏移"命令，获得上面长线的平行线，如图 2-9 所示。

图 2-8　画线　　　　　　　图 2-9　使用"偏移"命令，获得平行线

命令:O OFFSET	//输入"O"，按空格键激活"偏移"命令
当前设置: 删除源=否　图层=源　OFFSETGAPTYPE=0	
指定偏移距离或 [通过(T)/删除(E)/图层(L)] <通过>: 1	//输入偏移距离 1
选择要偏移的对象，或 [退出(E)/放弃(U)] <退出>:	//单击上面的水平线
指定要偏移的那一侧上的点，或 [退出(E)/多个(M)/放弃(U)] <退出>:	
	//在线下位置单击获得偏移的线
选择要偏移的对象，或 [退出(E)/放弃(U)] <退出>:	//按空格键结束命令

（6）关闭"捕捉"模式，并保证打开"端点"自动对象捕捉，使用"直线"命令，分别捕捉上面 4mm 线和下面 2mm 线的两个端点，连接上下两条线的两个端点获得两条辅助线，如图 2-10 所示。

（7）用这两条辅助线作为剪切边界，修剪中间的水平线段到合适的长度，如图 2-11 所示。

图 2-10　绘制辅助线　　　　　　　图 2-11　修剪中间的水平线

命令:TR TRIM	//输入"TR"，按空格键激活"修剪"命令
当前设置:投影=UCS，边=无	
选择剪切边……	
选择对象或 <全部选择>:	//按空格键，默认"全部选择"
选择要修剪的对象，或在按住【Shift】键的同时选择要延伸的对象，或	
[栏选(F)/窗交(C)/投影(P)/边(E)/删除(R)/放弃(U)]:	//单击中间的水平线的左端
选择要修剪的对象，或在按住【Shift】键的同时选择要延伸的对象，或	
[栏选(F)/窗交(C)/投影(P)/边(E)/删除(R)/放弃(U)]:	//单击中间的水平线的右端
选择要修剪的对象，或在按住【Shift】键的同时选择要延伸的对象，或	
[栏选(F)/窗交(C)/投影(P)/边(E)/删除(R)/放弃(U)]:	//按空格键结束命令

注意：在使用"修剪"或"延伸"命令时，选择边界对象的默认选项是"全部选择"，即按空格键或按【Enter】键，把窗口中的所有对象均选中。当全部选择不会产生干扰时，可以加快绘图速度。

（8）选中两端的辅助线，按【Delete】键，删除辅助线。

（9）保存图形文件为"接地符号.dwg"。

2.2.2　熔断器图形符号的绘制

绘制如图 2-12 所示的熔断器图形符号。

▶1. 绘制方法分析

（1）符号大小。

如果在图纸中文字的高度为 3mm，则符号大小尺寸可以绘制成如图 2-13 所示。

图 2-12　熔断器图形符号　　　　　　　　图 2-13　熔断器图形符号尺寸

（2）使用命令和技巧。

首先使用"矩形"命令，绘制矩形，然后使用"对象捕捉追踪"和"正交"辅助工具，绘制出中间的铅垂线。

▶2. 相关知识点

相关辅助工具的使用：对象捕捉追踪。

使用对象捕捉追踪，在指定点时，光标可以沿基于某对象自动捕捉特征点的对齐路径进行追踪，显示一条虚线轨迹。要使用对象捕捉追踪，必须打开一个或多个自动对象捕捉特征点模式，因此对象捕捉追踪必须和自动对象捕捉一起使用。

（1）对象捕捉追踪设置。

在"草图设置"对话框中打开"极轴追踪"选项卡，可对对象捕捉追踪进行设置，如图 2-14 所示。系统默认的设置为"仅正交追踪"，即对特征点追踪的轨迹只能是水平和铅垂的。

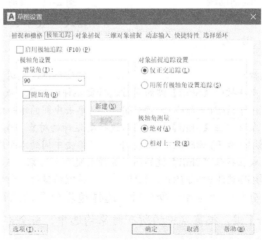

图 2-14　"极轴追踪"选项卡

（2）打开/关闭"对象捕捉追踪"模式。

单击状态栏的"对象捕捉追踪"按钮 或按【F11】功能键打开或关闭"对象捕捉追踪"模式。

（3）对象捕捉追踪的使用。

使用对象捕捉追踪，可以在追踪轨迹上指定点。将鼠标在一自动捕捉特征点上停留一会儿，当出现特征点标志后，在相应的轨迹方向上移动光标，将会出现虚线追踪轨迹。

① 在出现虚线轨迹后单击鼠标，将会指定轨迹上的点。

② 可以捕捉某两个轨迹的交点，或某一个轨迹和某一对象的交点（要保证自动捕捉交点是打开的）。

③ 在出现虚线轨迹后，在命令行中输入距离值，按【Enter】键或空格键，将会指定轨迹所指方向与捕捉特征点偏移指定距离值的点。

3. 绘制过程

（1）运行 AutoCAD 2018，在"选择样板"对话框中选择默认的"acadiso.dwt"建立一个新图。

（2）使用"矩形"命令绘制矩形。

```
命令: _rectang                          //单击□按钮激活"矩形"命令
指定第一个角点或 [倒角(C)/标高(E)/圆角(F)/厚度(T)/宽度(W)]:
                                        //在合适的位置单击指定点
指定另一个角点或 [面积(A)/尺寸(D)/旋转(R)]: @2,6
                                        //输入右上角相对坐标后按空格键
```

（3）绘制铅垂线。确定打开"中点"自动对象捕捉；打开"正交"模式；打开"对象捕捉"和"对象捕捉追踪"，并保证将"对象捕捉追踪"设置为"仅正交追踪"。

```
命令: L LINE             //输入"L"，按空格键激活"直线"命令
指定第一点:             //鼠标在矩形上面的水平线中点停留一下，当出现"中点"的捕
                        //捉符号时，向上移动鼠标，在出现对象捕捉追踪的虚线轨迹后，
                        //在命令行中输入距离值"3"，按空格键，指定铅垂线的上端点
指定下一点或 [放弃(U)]:  //向下移动鼠标，在命令行中输入长度值"12"，按空格键
指定下一点或 [放弃(U)]:  //按空格键结束命令
```

（4）保存图形文件为"熔断器符号.dwg"。

2.2.3 开关图形符号的绘制

绘制如图 2-15 所示的开关的图形符号。

1. 绘制方法分析

（1）符号大小。

如果在图纸中文字的高度为 3mm，则符号大小尺寸可以绘制成如图 2-16 所示。

图 2-15 开关图形符号　　　　　图 2-16 开关图形符号尺寸

（2）使用命令和技巧。

首先使用"直线"命令绘制一条长度为12mm的铅垂线；然后使用"对象捕捉追踪"由上端点向下追踪4mm向左绘制一条水平辅助线；再使用"极轴追踪"结合"对象捕捉追踪"，绘制中间的30°斜线；由绘制的辅助线和30°斜线作边界剪切铅垂线中段，最后删除辅助线。

2. 相关知识点

相关辅助工具的使用：极轴追踪。

设置了极轴追踪的角度后，启动极轴追踪，光标将按指定的角度进行移动。光标移动时，如果接近极轴角，将显示对齐路径和工具栏提示，如图2-17所示为光标移动到30°时显示的对齐路径和工具栏提示。当光标从该角度移开时，对齐路径和工具栏提示消失。

图 2-17　将光标移动到30°时显示提示

注意："正交"模式和极轴追踪不能同时打开。打开极轴追踪将关闭"正交"模式。

（1）极轴追踪设置。

在"草图设置"对话框中打开"极轴追踪"选项卡，或用鼠标右键单击状态栏的"极轴追踪"工具按钮 ⚹，在快捷菜单中选择"设置"命令，打开如图2-18所示的对话框，可对极轴角和极轴角测量进行设置。

图 2-18　"极轴追踪"的设置

在增量角设置一定的角度，则在所设置角度的整数倍数角上都将出现追踪轨迹；另外勾选"附加角" ☑附加角(D)，单击 新建(N) 按钮，在其下面的附加角窗口可以建立附加追踪角，最多可以设置10个附加追踪角，附加角只追踪角度本身，不追踪其倍数角。如图2-18所示，当极轴增量角设置为 30°，建立一个 45° 附加追踪角时，则光标移动到 0°、30°、45°、60°、90°、120°、150°、180°、210°、240°、270°、300°、330° 时将显示相应的对齐路径和工具栏提示。

以上默认的极轴角测量对齐角度的基准为"绝对"角度，即是根据坐标系确定的角度。可以在极轴角测量区选择极轴追踪对齐角度的基准为"绝对"或"相对上一段"。"相对上一段"是把上一个绘制线段的方向作为基准，确定极轴追踪角度。

（2）打开/关闭极轴追踪模式。

单击状态栏的"极轴追踪"按钮 或按【F10】功能键打开或关闭极轴追踪模式。

（3）极轴追踪的使用。

与使用对象捕捉追踪一样，极轴追踪也可以在所追踪角度的轨迹上指定点。

① 在出现虚线轨迹后单击鼠标，将会指定追踪轨迹上的点。

② 可以捕捉某极轴追踪轨迹和某一对象的交点，或某一个极轴追踪轨迹和某一对象追踪轨迹的交点（要保证自动捕捉交点已打开）。

③ 在命令执行过程中指定点时，在出现极轴追踪虚线轨迹后，在命令行中输入距离值，按【Enter】键，将会指定轨迹所指方向与上一个指定点偏移指定距离值的点。

▶ 3. 绘制过程

（1）运行 AutoCAD 2018，在"选择样板"对话框中选择默认的"acadiso.dwt"建立一个新图。

（2）使用"直线"命令绘制一条长度为 12mm 的铅垂线。打开"正交"模式。

命令: L LINE	//输入"L"，按空格键激活"直线"命令
指定第一点:	//在合适的位置用鼠标左键单击指定第一个点
指定下一点或 [放弃(U)]:	//向下移动鼠标，在命令行中输入长度值"12"，按空格键
指定下一点或 [放弃(U)]:	//按空格键结束命令

（3）绘制辅助线。确定打开"端点"自动对象捕捉；打开"正交"模式；打开"对象捕捉"和"对象捕捉追踪"，并保证将"对象捕捉追踪"设置为"仅正交追踪"。

命令: L LINE	//输入"L"，按空格键激活"直线"命令

指定第一点:	//鼠标在绘制的铅垂线的上端点停留一下，当出现"端点"的捕捉
	//符号时，向下移动鼠标，在出现对象捕捉追踪的虚线轨迹后，在
	//在命令行中输入距离值"4"，按空格键，指定辅助线的右端点

指定下一点或 [放弃(U)]:	//向左移动鼠标，在合适的位置单击（长度大于3即可）
指定下一点或 [放弃(U)]:	//按空格键结束命令

（4）绘制 30° 斜线。设置极轴追踪的增量角为"30"，保证极轴角测量对齐角度的基准为"绝对"角度，并打开极轴追踪；确定打开"交点"自动对象捕捉。

命令: L LINE	//输入"L"，按空格键激活"直线"命令

指定第一点:	//鼠标在绘制的铅垂线的下端点停留一下，当出现"端点"的捕捉
	//符号时，向上移动鼠标，在出现对象捕捉追踪的虚线轨迹后，在
	//在命令行中输入距离值"4"，按空格键，指定斜线的下端点

指定下一点或 [放弃(U)]:	//移动鼠标，当移动到如图 2-19 所示的出现 120° 极轴轨迹时，沿
	//轨迹方向向左上移动，当移动到水平辅助线出现如图 2-20 所示
	//交点标志时，单击

指定下一点或 [放弃(U)]:	//按空格键结束命令

图 2-19　出现 120°极轴轨迹　　　　　图 2-20　极轴轨迹与辅助线的交点

（5）剪切铅垂线中段。

命令: TR TRIM　　　　　　　　　　　　　　　//输入"TR"，按空格键激活"修剪"命令
当前设置:投影=UCS，边=无
选择剪切边...
选择对象或 <全部选择>:　　　　　　　　　　//按空格键默认"全部选择"
选择要修剪的对象，或在按住【Shift】键的同时选择要延伸的对象，或
[栏选(F)/窗交(C)/投影(P)/边(E)/删除(R)/放弃(U)]:　　//单击铅垂线中段，完成剪切
选择要修剪的对象，或在按住【Shift】键的同时选择要延伸的对象，或
[栏选(F)/窗交(C)/投影(P)/边(E)/删除(R)/放弃(U)]:　　//按空格键结束命令

（6）删除辅助线。选中水平辅助线，按【Delete】键，删除辅助线。

（7）保存图形为"开关符号.dwg"文件。

2.2.4　开关类图形符号库的绘制

绘制如图 2-21 所示的开关类图形符号，并整理成图形素材库，以备调用。

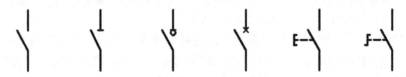

图 2-21　开关类图形符号

▶1. 绘制方法分析

图形素材库中的图形符号，应该定义成图块，在需要的时候直接使用设计中心进行调用。

如图 2-21 所示的开关类图形符号，使用在 2.2.3 节中绘制的开关，在添加不同的限定符号后可以定义成不同的开关图块。将普通开关符号定义成图块后，AutoCAD 2018 提供了一个非常方便的块定义和编辑的方法——块编辑器。

▶2. 相关知识点

（1）绘图命令：画圆。

圆是最常见的图形对象之一，"画圆"（CIRCLE）命令可以使用多种方法绘制圆。默认方法是指定圆心和半径。另外绘制圆的方法有：圆心和直径、两点（某一直径的两个端点）、圆上的 3 点，以及切点、切点、半径。

执行 CIRCLE 命令的方式有以下几种。

● 在命令行中输入"C"或"CIRCLE"后，按【Enter】键。

● 单击"绘图"工具栏中的"圆"命令按钮 ⊘ 。

● 执行菜单命令"绘图"→"圆"，在下拉菜单选项中选择合适的方法绘制圆。

（2）修改命令：镜像。

"镜像"（MIRROR）命令用于绘制对称的图形对象。用户可以快速地绘制半个对象，然后将其镜像，而不必绘制整个对象。

执行 MIRROR 命令的方法有以下几种。

● 在命令行中输入"MI"后，按【Enter】键。

● 单击"修改"工具栏中的"镜像"命令按钮 ⚠ 。

● 执行菜单命令"修改"→"镜像"。

默认情况下，在镜像文字时，文字的对齐和对正方式在镜像对象前后相同。如果确实要反转文字，则需要设置系统变量 MIRRTEXT 的值为 1。

操作方法：在命令行中输入"MIRRTEXT"后，按【Enter】键，命令行给出的提示如下：

输入 MIRRTEXT 的新值 <0>:　　　　　　　　　//输入"1"后按【Enter】键

MIRRTEXT 的值为 0 时，文字镜像后不反转；其值为 1 时，文字镜像后反转。

（3）块的创建。

块是一个或多个对象组成的对象集合，常用于绘制复杂、重复的图形。一旦一组对象组合成块，就可以根据作图需要将这组对象插入到图中任意指定位置，而且还可以按不同的比例和旋转角度插入。在 AutoCAD 中，使用块可以提高绘图速度、节省存储空间、便于修改图形。

创建块的方式有两种：一种是使用 BLOCK 命令创建内部块，另一种是使用 WBLOCK 命令将图块所包含的图元对象存储成图形文件。由于设计中心的使用，现在一般不会将图块定义成单一的图形文件，故 WBLOCK 很少使用。下面只介绍 BLOCK 命令的使用。

执行 BLOCK 命令的方法有以下几种。

● 在命令行中输入"B"或"BLOCK"后，按【Enter】键。

● 单击"绘图"工具栏中的"创建块"命令按钮 🖿 。

● 执行菜单命令"绘图"→"块"→"创建"。

执行 BLOCK 命令后，AutoCAD 将打开如图 2-22 所示的"块定义"对话框。

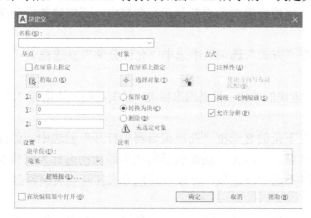

图 2-22　"块定义"对话框

"块定义"对话框中各选项的含义如下：

① 名称。

"名称"文本框用于输入块的名称。单击"名称"文本框右侧的向下箭头，可以列出当前图形中所有的块的名称。为了应用方便，建议使用图块对象的实际意义名称对图块进行命名。

② 基点。

在"基点"选项区中，可以指定块的插入点。在创建块时的基准点将成为以后插入块参照时的插入点，同时它也是块参照被插入时旋转或缩放的基准点。在插入块参照之前，在图形中指定基准插入点的位置是十分重要的。因此必须预先考虑将要在图形中插入块参照的位置。有时将插入点定义在远离对象的其他位置比定义在块参照对象上更为方便。

可以在屏幕上指定插入点的位置，或在"块定义"对话框的"基点"选项区的 X、Y、Z 文本框中分别输入它们的坐标值。如果要在屏幕上指定插入点，可以单击"拾取点"左侧的按钮 ⬚，AutoCAD 将回到绘图窗口，并且命令行提示如下：

指定插入基点：　　　　　　//指定插入基点

一旦在屏幕上指定了插入点的位置，"块定义"对话框将会重新出现。

③ 对象。

单击对话框的"对象"选项区中的"选择对象"左侧的按钮 ⬚，用于选择包括在块中的对象。AutoCAD 提示如下：

选择对象：　　　　　　　//选择对象后按【Enter】键结束"选择对象"

一旦完成选择对象后，"块定义"对话框会重新出现。在"对象"选项区中选择 3 个单选按钮中的一个，以确定组成块的对象是在图形中保留还是被删除，或者这些对象在创建块后被转换为块。

如果选择了"保留"单选按钮，那么在图形中创建块后，块中的对象会保留在图形中，而不会被删除，并且它们依然作为独立的对象被保存。

如果选择了"转换为块"单选按钮，那么在完成定义块操作后，这些块定义中的对象将被转换成为一个块参照而被插入到图形中。

如果选择了"删除"单选按钮，那么在完成定义块操作后，定义块的对象将被删除。AutoCAD 在创建块并命名后，如果误删除了被选对象，在 BLOCK 命令操作完成后，立即使用 OOPS 命令可将被删除对象重新显示在图形中，而创建的块会保留下来。

④ 方式。

一般情况下，在"方式"选项区中选中"允许分解"复选框。

⑤ 设置。

该选项区主要设置块的单位，根据国家标准，绘制的图纸均选择"块单位"为"毫米"。

⑥ 其他。

如果对话框的左下角的复选框"在块编辑器中打开"被选中，创建块后将进入"块编辑器"窗口，在该窗口可以使用块编辑器向块中添加动态行为或修改图块中的图元对象。建议创建图块时不选中该选项，可以以其他方式打开"块编辑器"窗口。

（4）块的插入。

INSERT 命令用于将已经预先定义好的块参照插入到当前图形中。可以使用不同的

X、*Y*、*Z* 值指定块参照的比例。插入块操作将创建一个称为块参照的对象，因为参照了存储在当前图形中的块定义。执行 INSERT 命令的方法有以下几种。

● 在命令行中输入"I"或"INSERT"后，按【Enter】键。

● 单击"绘图"工具栏中的"插入块"命令按钮 。

● 执行菜单命令"插入"→"块"。

执行 INSERT 命令后，AutoCAD 将打开如图 2-23 所示的"插入"对话框。

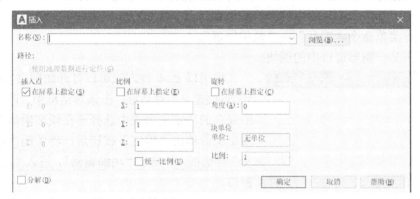

图 2-23　"插入"对话框

"插入"对话框中各选项的含义如下：

① 名称。

在"名称"文本框中输入一个块名；或单击文本框右侧的向下箭头，从当前图形中已被定义的块名列表中选择一个名称；或单击右侧的 浏览(B)… 按钮，打开"选择图形文件"对话框，选择某一个图形文件作为块插入到当前图形文件中。

② 插入点。

"插入点"选项区用于指定一个插入点，以便插入块参照。在对话框中，如果勾选"在屏幕上指定"复选框，则可以在屏幕上拾取插入点；否则，需要在"X""Y""Z"文本框中分别输入 *X*、*Y*、*Z* 的坐标值定义插入点。

③ 比例。

"比例"选项区用于指定插入的块参照的缩放比例。默认的缩放比例值为1。如果指定了一个负的比例值，那么 AutoCAD 将在插入点处插入一个块参照的镜像图形。

如果希望在屏幕上指定比例值，那么应勾选"在屏幕上指定"复选框。

如果勾选"统一比例"复选框，那么只需在"X"文本框中输入一个比例值，相应地沿 *Y* 轴和 *Z* 轴方向的比例值都将与 *X* 轴方向的比例值保持一致。

④ 旋转。

"旋转"选项区用于指定块参照插入时的旋转角度。如果希望在屏幕上指定旋转角度，那么需勾选"在屏幕上指定"复选框。

⑤ 块单位。

"块单位"选项区显示有关块单位的信息。

⑥ 分解。

勾选"分解"复选框，在插入块参照的过程中，块参照中的对象将分解成各自独立的对象。不勾选"分解"复选框，插入的块参照将作为一个整体。

（5）块编辑器的使用。

块编辑器是专门用于创建或编辑块定义并添加动态行为的编写区域。除了块编写选项板之外，块编辑器还提供了绘图区域，用户可以根据需要在程序的主绘图区域中绘制和编辑几何图形。

使用以下几种方法可以打开块编辑器。

● 在命令行中输入"BE"或"bedit"后，按【Enter】键。

● 单击"标准"工具栏中的"块编辑器"命令按钮 ⬚。

● 执行菜单命令"工具"→"块编辑器"。

● 双击某一图形窗口中的图块。

图 2-24　"编辑块定义"对话框

使用以上 4 种方法可以打开如图 2-24 所示的"编辑块定义"对话框，在该对话框中，可以从图形中保存的块定义列表中选择要在块编辑器中编辑的块定义，单击"确定"按钮后，将关闭"编辑块定义"对话框，并显示"块编辑器"，进入"块编辑器"窗口。

另外还可以使用快捷菜单打开块编辑器：选择一个块参照，单击鼠标右键，在弹出的快捷菜单中选择"块编辑器"命令。"块编辑器"窗口如图 2-25 所示。

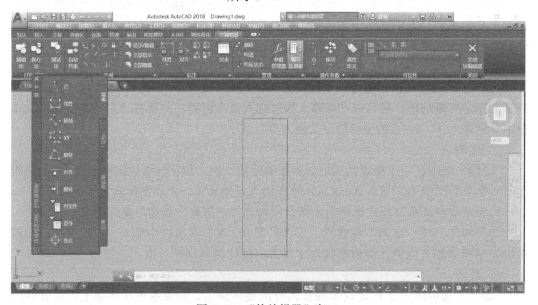

图 2-25　"块编辑器"窗口

块编辑器提供了专门的编写选项板，用户可以对块编写选项板进行移动、锚定和隐藏等操作，还可以使用上方工具栏中的对应工具修改其参数。通过这些选项板可以快速访问块编写工具。

除了块编写选项板，块编辑器还提供了绘图区域，用户可以根据需要在程序的主绘图区域中绘制和编辑几何图形。

在块编辑器中，绘图区域上方会显示一个如图 2-26 所示的专门的工具栏。

图 2-26　"块编辑器"工具栏

块编辑器工具栏将显示当前正在编辑的块定义的名称，并提供操作的工具，下列介绍常用的操作所需的工具。

① 编辑和创建块定义：单击按钮 ，回到"编辑块定义"对话框，可以重新选择需要编辑的图块。

② 保存块定义：包括"保存块定义" 和"将块另存为" 按钮。

③ 添加参数、动作：分别使用"参数" 和"动作" 按钮，可以选择需要的参数和动作进行添加。

④ 定义属性：单击 按钮，可以打开"属性定义"对话框，向已定义的图块中添加属性对象。

⑤ 打开/关闭块编写选项板：单击 按钮，可以打开/关闭块编写选项板。

⑥ 关闭块编辑器：单击 关闭块编辑器(C) 按钮，可以关闭块编辑器。如果在上次保存块定义后进行了修改，系统将提示用户是保存修改还是放弃修改。

（6）线型设置。

AutoCAD 所创建的每个图形对象都有其特有的特性，对象一般特性包括对象的颜色、线型、图层及线宽等。线型可以直接在"特性"工具栏，单击"线型控制"区 ，在如图 2-27 所示的下拉列表中选择所需要的线型。如果下拉列表中没有需要的线型，可以单击 其他… 按钮，将打开如图 2-28 所示的"线型管理器"对话框。

图 2-27　"线型控制"下拉列表　　　图 2-28　"线型管理器"对话框

单击 加载(L)… 按钮，将会打开如图 2-29 所示的"加载或重载线型"对话框。在该对话框的"可用线型"列表中选择需要的线型，单击"确定"按钮，选中的线型就被添加到"线型管理器"对话框的已加载线型列表中。

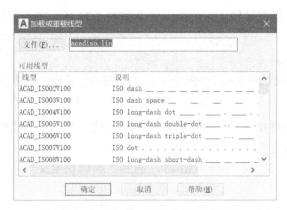

图 2-29　"加载或重载线型"对话框

打开"线型管理器"的方法还有以下两种。

● 在命令行中输入"LT"后，按【Enter】键。

● 执行菜单命令"格式"→"线型"。

在绘制了非连续的线型后，往往不能显示需要显示的结果，例如，如果设置线型为 DASHED2，正常显示应为虚线，可是有时会显示为连续线型，或显示比例不合适。此时，可以通过改变线型的比例来达到合适的显示结果。

在如图 2-28 所示的"线型管理器"对话框中，单击 显示细节(D) 按钮，将会显示详细信息，如图 2-30 所示。在"全局比例因子"文本框中修改参数，将会显示用于所有线型的全局缩放比例因子；在"当前对象缩放比例"文本框中修改参数，将会在新绘制的对象中使用该比例，生成的比例是全局比例因子与该对象比例因子的乘积。

图 2-30　显示"详细信息"的"线型管理器"对话框

通过全局修改或单个修改每个对象的线型比例因子，可以以不同的比例使用同一个线型。在默认情况下，全局线型和单个线型比例均设置为 1.0。比例越小，每个绘图单位中生成的重复图案就越多。

注意：在实际使用的过程中，如果同一个线型以统一比例显示，那么建议只修改全局比例因子。

（7）对象特性的修改。

对象特性的修改可以通过"特性"选项板、特性匹配和更改工具栏中的相应选项特性等来进行。

① 用户可以直接在"特性"选项板中设置和修改对象的特性。

打开"特性"选项板的多种方法如下：

● 在命令行中输入"PR"或"CH"或"PROPERTIES"后，按【Enter】键。

● 按【Ctrl+1】组合键。

● 单击"标准"工具栏中的"特性"命令按钮▣。

● 执行菜单命令"修改"→"特性"或"工具"→"选项板"→"特性"。

● 双击大部分的对象，将会打开被选中对象的特性。

● 选中对象后，单击鼠标右键，在弹出的快捷菜单中选择最下面的"特性"命令。

在"特性"选项板中显示了当前选择集中对象的所有特性和特性值，可以通过它浏览、修改对象的特性。在没有选择对象时，选项板中显示整个图纸的特性及当前设置；当选择了一个对象后，选项板中将列出该对象的全部特性及其当前设置，在选择多个对象时，选项板中将列出这些对象的共有特性及当前设置。

② 使用特性匹配，可以将一个对象的某些特性复制到其他一个或几个对象中。

执行特性匹配的方法如下：

● 在命令行中输入"MA"或"MATCHPROP"后，按【Enter】键。

● 单击"标准"工具栏中的"特性匹配"命令按钮▣。

● 执行菜单命令"修改"→"特性匹配"。

执行特性匹配后，AutoCAD 命令行给出的提示如下：

```
选择源对象：           //选择要设置的参考对象
当前活动设置：         //显示当前选定的特性匹配设置，并且鼠标变为 的形状
选择目标对象或 [设置(S)]：      //指定要将源对象的特性复制到其上的对象或按【Enter】键结束选
                              //择或输入 "S" 后按【Enter】键
```

输入"S"后按【Enter】键，将会打开"特性设置"对话框。在该对话框中可以选择要复制到目标对象的源对象的基本特性和特殊特性。

注意： "特性匹配"是可以透明操作的。

▶3. 绘制过程

（1）打开文件"开关符号.dwg"，另存为"开关符号库.dwg"。

（2）创建开关图块。

```
命令: b BLOCK     //输入 "b"，按空格键，打开 "块定义" 对话框
```

在"名称"文本框中输入块的名称"开关"。单击"拾取点"左侧的按钮▣，AutoCAD 将回到绘图窗口，并且命令行提示如下：

```
指定插入基点：     //单击开关的上端点，指定插入基点，回到 "块定义" 对话框
```

单击对话框的"对象"选项区中的"选择对象"左侧的按钮▣，AutoCAD 将回到绘图窗口，并且命令行提示如下：

```
选择对象: 指定对角点: 找到 3 个       //选中开关的所有组成对象
选择对象：         //按空格键结束选择对象，回到 "块定义" 对话框（如图 2-31 所示）
```

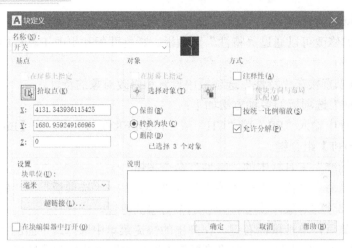

图 2-31　创建"开关"图块

单击 确定 按钮，完成开关一般符号的块定义。在"对象"选项组中选中"转换为块"单选按钮，开关对象将变成图块形式显示。

（3）隔离开关的创建。

① 首先在图块"开关"上单击鼠标右键，在弹出的快捷菜单中选择"块编辑器"命令，将会打开如图 2-32 所示的"块编辑器"窗口。

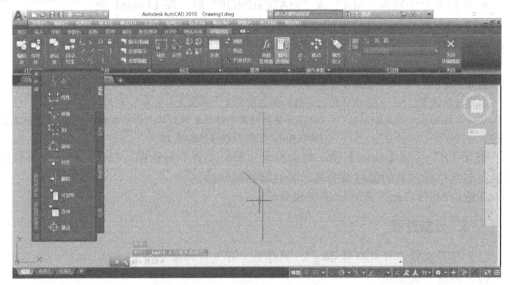

图 2-32　"开关"图块"块编辑器"窗口

② 在原开关一般符号上加一水平 1mm 的短线，完成隔离开关原对象的绘制。

命令: L LINE	//输入"L"，按空格键激活"直线"命令
指定第一点:0.5	//鼠标在上面一段铅垂线的下端点稍做停留，当出现"端点"捕
	//捉符号时，向左移动鼠标，在出现对象捕捉追踪的虚线轨迹后，
	//在命令行中输入距离值"0.5"，按空格键，指定水平线的左端点
·指定下一点或 [放弃(U)]:2	//打开"正交"模式，向右移动鼠标，在命令行中输入距离值"2"，
	//按空格键
指定下一点或 [放弃(U)]:	//按空格键结束命令

③ 单击 按钮，将会打开如图 2-33 所示的"将块另存为"对话框，在该对话框的

"块名"文本框中输入"隔离开关"后，单击"确定"按钮，完成图块"隔离开关"的创建，回到"块编辑器"窗口。

图 2-33 "将块另存为"对话框

（4）负荷开关的创建。

① 在隔离开关的相应位置添加一个半径为 0.5mm 的圆。

命令: c CIRCLE　　　　　//输入"c"，按空格键激活"画圆"命令
指定圆的圆心或 [三点(3P)/两点(2P)/切点、切点、半径(T)]: 0.5
　　　　　　　　　　　//鼠标在上面一段铅垂线的下端点稍做停留，当出现"端点"捕捉符号
　　　　　　　　　　　//时，向下移动鼠标，在出现对象捕捉追踪的虚线轨迹后，在命令行中
　　　　　　　　　　　//输入距离值"0.5"，按空格键，指定圆的圆心
指定圆的半径或 [直径(D)] <0.5000>:
　　　　　　　　　　　//鼠标捕捉上面一段铅垂线的下端点，单击

② 用与创建"隔离开关"同样的方法创建块名为"负荷开关"的图块。回到"块编辑器"窗口。

（5）断路器的创建。

① 绘制断路器，需在开关一般符号上添加长度为 1.2mm 的交叉线。单击 按钮，打开"编辑块定义"对话框，选择"开关"块定义后，单击"确定"按钮，将进入"开关"编辑"块编辑器"窗口。

② 添加交叉线。首先设置极轴追踪的增量角为"45°"，并将对象捕捉追踪设置为"用所有极轴角设置追踪"，如图 2-34 所示。

图 2-34 "极轴追踪"设置

③ 绘制一条 45°斜线。

命令: L LINE　　　　　　　　　//输入"L"，按空格键激活"直线"命令
指定第一点:0.6　　　　　　　//鼠标在上面一段铅垂线的下端点稍做停留，当出现"端点"
　　　　　　　　　　　　　　//捕捉符号时，向右上45°方向移动鼠标，在出现如图 2-35 所
　　　　　　　　　　　　　　//示对象捕捉追踪的虚线轨迹后，在命令行中输入距离值"0.6"，
　　　　　　　　　　　　　　//按空格键，指定 45°斜线的右端点
指定下一点或 [放弃(U)]:1.2　//向左下移动鼠标，当出现如图 2-36 所示的极轴追踪轨迹
　　　　　　　　　　　　　　//后，在命令行中输入距离值"1.2"，按空格键
指定下一点或 [放弃(U)]: //按空格键结束命令，绘制如图 2-37 所示的线段

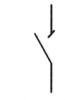

图 2-35　对象捕捉追踪轨迹　　　图 2-36　极轴追踪轨迹　　　图 2-37　绘制 45°斜线

④ 镜像获得交叉线。

命令: _mirror　　　　　　　　　　　//单击 ⚞ 按钮，激活"镜像"命令
选择对象: 找到 1 个　　　　　　　　//选择刚绘制的 45°斜线
选择对象:　　　　　　　　　　　　//按空格键结束选择
指定镜像线的第一点:　　　　　　　//单击铅垂线的上端点
指定镜像线的第二点:　　　　　　　//单击铅垂线的下端点
要删除源对象吗？[是(Y)/否(N)] <N>:　//按空格键默认不删除源对象

⑤ 用同样的方法创建块名为"断路器"的图块。

图 2-38　按钮开关限定符号图元尺寸

（6）按钮开关的创建。

① 绘制按钮开关，需在开关一般符号上添加限定符号图元，尺寸如图 2-38 所示。

单击 ⚞ 按钮，打开"编辑块定义"对话框，选择"开关"块定义后，单击"确定"按钮，将进入"开关"编辑"块编辑器"窗口。

② 绘制水平的虚线。

添加虚线线型。打开线型管理器，加载线型 DASHED2。在"特性"工具栏中单击"线型控制"区，在下拉列表中选择线型"DASHED2"为当前线型。

使用"直线"命令绘制水平的虚线。打开"中点"自动对象捕捉。确定打开"正交"模式。

命令: L LINE　　　　　　　　　　//输入"L"，按空格键激活"直线"命令
指定第一点:　　　　　　　　　　//用鼠标捕捉开关斜线的中点作为虚线的右端点
指定下一点或 [放弃(U)]:4　　　//向左移动鼠标，在命令行中输入距离值"4"，按空格键
指定下一点或 [放弃(U)]:　　　//按空格键结束命令，绘制一条水平的线段

此时的虚线段显示为连续的线，需调整线型比例，使其正常显示。打开"线型管理器"对话框，将"全局比例因子"设置为"0.2"，如图 2-39 所示。单击"确定"按钮，显示刚绘制的虚线。

③ 绘制按钮符号铅垂线。

在"特性"工具栏中，将当前线型设置为"Bylayer"。使用"直线"命令完成绘制。打开"对象捕捉"和"对象捕捉追踪"，并将"对象捕捉追踪"设置为"仅正交追踪"。

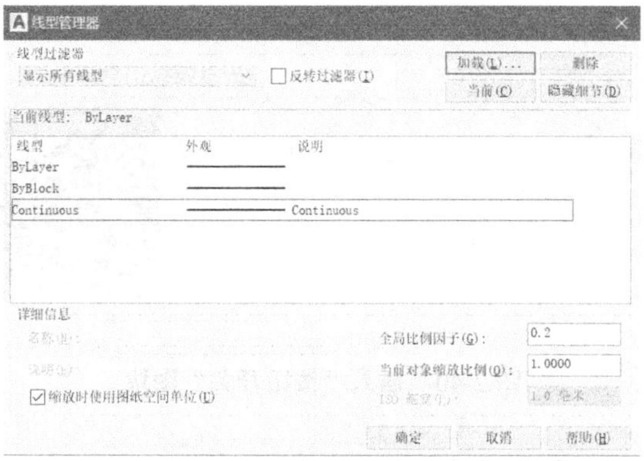

图 2-39　调整线型比例因子

命令: L LINE	//输入 "L"，按空格键激活 "直线" 命令
指定第一点:1	//鼠标在虚线的左端点停留一下，当出现 "端点" 捕捉符号时，
	//向上移动鼠标，在出现对象捕捉追踪的虚线轨迹后，在命令行中
	//输入距离值 "1"，按空格键，指定铅垂线的上端点
指定下一点或 [放弃(U)]:2	//向下移动鼠标，在命令行中输入距离值 "2"，按空格键
指定下一点或 [放弃(U)]:	//按空格键结束命令，绘制一条铅垂的线段

④ 绘制上下水平线。

使用 "直线" 命令绘制一条水平线。捕捉刚绘制铅垂线的一个端点，利用 "正交" 模式绘制一条 0.5mm 长的水平线，再使用镜像命令获得另一条线段。

⑤ 用同样的方法创建块名为 "按钮开关" 的图块。

（7）旋钮开关的创建。

将按钮限定符号的下面一条 0.5mm 的水平线段镜像，获得旋钮符号。

命令: _mirror	//单击按钮 ⚒ ，激活 "镜像" 命令
选择对象: 找到 1 个	//选择下面的 0.5mm 水平线段
选择对象:	//按空格键结束选择
指定镜像线的第一点:	//单击线段左端点
指定镜像线的第二点:	//在 "正交" 模式，向上或向下移动鼠标后，单击鼠标
	//左键
要删除源对象吗? [是(Y)/否(N)] <N>:y	//输入 "y" 后按空格键，删除源对象

用同样的方法创建块名为 "旋钮开关" 的图块。

（8）在窗口中添加整理所有开关符号图块。

命令: i INSERT	//输入 "i"，按空格键激活 "插入块" 命令，打开 "插
	//入" 对话框，在 "名称" 下拉列表中选择 "按钮开关"，
	//路径选项的设置如图 2-40 所示
指定插入点或 [基点(B)/比例(S)/旋转(R)]:	//鼠标在旋钮开关图块的上端点停留一下，当出现 "端
	//点" 捕捉符号时，向左移动鼠标，在出现对象捕捉追
	//踪的虚线轨迹后，在命令行中输入距离值 15，按空格
	//键，指定图块的位置插入点

用同样的方法依次插入其他图块。

（9）保存文件。

保存图形为 "开关类符号库.dwg" 文件。

注意: 在绘制的过程中一定要阶段性地保存绘制内容，以防丢失。建议在创建文件时即作保存操作。

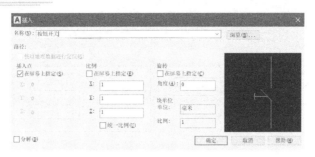

图 2-40　插入"按钮开关"图块

2.2.5　常用指示仪表图形符号库的绘制

绘制如图 2-41 所示的常用指示仪表图形符号。

图 2-41　常用指示仪表图形符号

▶ 1．绘制方法分析

常用指示仪表图形符号形状非常相似，都是由一个圆加一个文字标注组成的，可以通过将文字标注创建成"属性"，使用"属性块"创建仪表符号图块，在插入时只要输入不同的属性值，即可显示为不同的仪表符号。

▶ 2．相关知识点

"属性块"的使用。

在插入块参照的过程中，属性用于自动为块参照添加文本注释。在创建一个块定义时，属性是预先被定义在块中的特殊文本对象。在插入块参照时，系统或者自动显示预先设置（不变的）的文本字符串，或者提示用户（或其他使用者）输入字符串。组成属性的文本字符串在被插入时既可以是固定不变的，也可以是可变的。

创建一个带属性的图块，首先应绘制图块中的其他图元，然后添加需要的属性，并将它们共同创建成图块，在插入块时，属性也将附着到块中，成为图形块参照的一部分。

（1）创建一个属性。

属性是通过 ATTDEF 命令定义的。执行 ATTDEF 命令的方法有以下几种。

● 在命令行中输入"ATT"后，按【Enter】键。

● 执行菜单命令"绘图"→"块"→"定义属性"。

执行 ATTDEF 命令后，AutoCAD 将打开如图 2-42 所示的"属性定义"对话框。

① 模式。

在"模式"选项区中，可以选择"不可见"（只用于数据提取的属性值可设置为不可见）、"固定"、"验证"和"预设"4 种模式。

② 属性。

在文本框中输入属性标记、提示及默认值。

"标记"：用于识别每个出现在图形中的属性。属性标记可以由除了空格以外的任何字符或符号组成。

"提示"：在插入一个带有属性定义的块参照时，系统会显示有关的提示。

如果属性提示为空，AutoCAD 将使用属性标记作为提示。如果在"模式"中选择了"固定"模式，属性"提示"选项将不可用。

图 2-42　"属性定义"对话框

"默认"：用于指定属性的默认值。这是一个可选项，在打开"固定"模式时，必须指定默认值。

③ 插入点。

"属性定义"对话框中的"插入点"用于为图形中的属性输入位置。可以选择"拾取点"按钮在屏幕上指定一个位置，也可以在文本框中输入坐标值以指定属性在图形中的位置。

④ 文字设置。

"属性定义"对话框中的"文字设置"选项区用于设置属性文字的文字样式、高度和旋转角度。

（2）编辑属性。

插入了带属性的块参照后，可以使用编辑命令对属性进行修改。修改属性的方法有以下几种。

● 双击某一个带属性的块参照。

● 选中某一个带属性的块参照后单击鼠标右键，在弹出的快捷菜单中选择"编辑属性"命令。

● 执行菜单命令"修改"→"对象"→"属性"→"单个"。（命令行提示：选择块。此时选择要编辑的带属性的块参照。）

使用以上方法可以打开如图 2-43 所示的"增强属性编辑器"对话框。使用该对话框的"属性"、"文字选项"和"特性"选项卡，可以分别修改属性的值、文字特性（文字样式、对正、高度等）和基本特性（图层、颜色等）。单击"选择块"按钮 ✛，可以回到窗口选择其他的带属性的块参照，修改被选择图块的参数和特性。

另外，执行菜单命令"修改"→"对象"→"属性"→"块属性管理器"，将会打开如图 2-44 所示的"块属性管理器"对话框，在"块"右侧的文本框的下拉列表中可以选择要编辑的属性块，或单击"选择块"按钮 ✛，可以回到窗口选择某一个带属性的块参照，则该图块的块名将显示在"块"的右侧。单击 编辑(E)... 按钮，将会打开如图 2-45

所示的"编辑属性"对话框。在该对话框中可以修改块内属性的参数和特性。

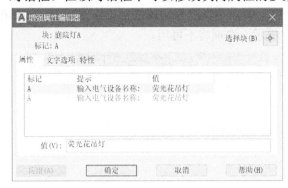

图 2-43　"增强属性编辑器"对话框（1）

图 2-44　"块属性管理器"对话框

图 2-45　"编辑属性"对话框

3．绘制过程

（1）创建新图。

运行 AutoCAD 2018，在"选择样板"对话框中选择默认的"acadiso.dwt"，建立一个新图，并保存图名为"常用指示仪表图形符号.dwg"。

（2）绘制一般仪表图形符号并创建为图块。

① 绘制一个半径为 4mm 的圆。

② 在圆的中心添加属性"*"。

首先新建文字样式"标记"：打开"文字样式"对话框，新建"标记"的文字样式，设置 SHX 字体为"Times New Roman"，撤销选择"使用大字体"复选框，如图 2-46 所示，单击"应用"按钮关闭对话框。

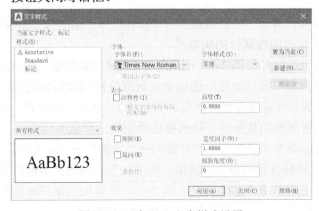

图 2-46　"标记"文字样式设置

然后定义仪表标记属性"*"。

在命令行中输入"ATT",按空格键,打开"属性定义"对话框,设置如图 2-47 所示。属性"标记"为"*","提示"为"输入仪表标记",默认值为"V"。

文字设置"对正"为"中间","文字样式"为"标记","文字高度"为"2.5"mm。单击"确定"按钮,进入绘图窗口。命令行提示如下:

命令: ATT ATTDEF　　　　　//输入"ATT",按空格键打开"属性定义"对话框
指定起点:　　　　　　　　//捕捉圆心,完成属性定义,如图 2-48 所示

图 2-47　"属性定义"对话框　　　　图 2-48　仪表图块组成图元

③ 定义仪表图块。

命令: b BLOCK　　　　　　　//输入"b",按空格键打开"块定义"对话框

在"块定义"对话框的"名称"文本框中输入块的名称"仪表"。单击"拾取点"左侧的 🔳 按钮,AutoCAD 将返回绘图窗口,命令行提示如下:

指定插入基点:　　　　　　//单击圆心,指定插入基点,回到"块定义"对话框

单击"块定义"对话框的"对象"选项区中的"选择对象"左侧的按钮 ✦ ,AutoCAD 将返回绘图窗口,命令行提示如下:

选择对象: 指定对角点: 找到 2 个　//选中如图 2-48 所示的圆和属性对象
选择对象:　　　　　　　　//按空格键结束选择对象,返回"块定义"对话框

单击 确定 按钮,完成仪表一般符号的块定义。在对象选项中选择"删除"选项,对象将被删除。

(3)插入仪表图块并排列成如图 2-41 所示。

命令: i INSERT　　　　　　　　　　//输入"i",按空格键激活"插入块"命令,打开
　　　　　　　　　　　　　　　　//"插入"对话框,在名称下拉列表中选择"仪表",
　　　　　　　　　　　　　　　　//路径选项的设置如图 2-49 所示
指定插入点或 [基点(B)/比例(S)/X/Y/Z/旋转(R)]://鼠标在窗口单击,指定图块的位置插入点
输入属性值
输入仪表标志 <V>:　　　　　　　　//按空格键,在窗口中将插入电压表符号

AutoCAD 低版本"阵列"命令的参数设置用的是对话框形式,到了高版本使用功能区界面后,不再使用对话框。想要弹出"阵列"对话框,通过输入快捷命令"arrayclassic"即可如图 2-50 所示。阵列按钮 🔳 右侧的下拉三角,可选择矩形阵列、路径阵列和环形阵列。将"阵列"对话框设置为如图 2-50 所示,选择刚刚插入的电压表符号,单击"确

定"按钮，得到如图 2-51 所示符号排列。

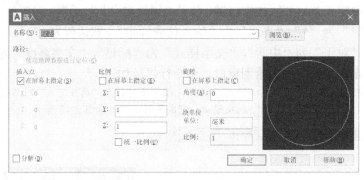

图 2-49 插入"仪表"图块

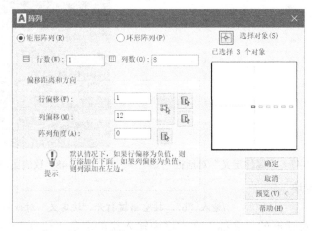

图 2-50 阵列"电压表"图块

图 2-51 阵列"电压表"图块后符号排列

依次双击电压表符号，将打开如图 2-52 所示的"增强属性编辑器"对话框。在该对话框的"值"文本框中依次输入对应的仪表标记后，单击"确定"按钮，将会得到如图 2-41 所示的符号。

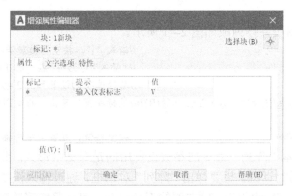

图 2-52 "增强属性编辑器"对话框（2）

（4）单击🖫按钮保存文件。

2.3 小结

本章主要介绍了电气图形符号的标准和分类，以及常用的电气图形符号，并介绍了部分图形符号的绘制方法。

在第 1、第 2 章中介绍的状态栏常用辅助工具按钮主要有：正交、捕捉和栅格、对象捕捉、对象捕捉追踪和极轴追踪。除了要准确掌握它们的应用场合和使用方法之外，还应掌握以下几点应用技巧。

（1）状态栏辅助工具均属于可以透明操作的命令，即在执行其他命令操作中间，可以通过单击相应的按钮或按快捷键进行辅助工具的打开或关闭，也可以进行相应的设置。

（2）在使用对象捕捉追踪和极轴追踪时均有轨迹线出现，另外有轨迹线还有对象捕捉中的"延伸"和"平行"等。

① 在出现虚线轨迹后单击鼠标，将会指定轨迹上的点。

② 可以捕捉某两个轨迹的交点，或某一个轨迹和某一对象的交点（要保证自动捕捉交点打开，同时一定要保证关闭"最近点"）。

③ 出现虚线轨迹后，在命令行中输入距离值，按【Enter】键或空格键，"对象捕捉追踪"将会指定轨迹所指方向与捕捉特征点偏移指定距离值的点；"极轴追踪"、"平行线"对象捕捉和"正交"一样，将会指定轨迹所指方向相对于上一个点偏移指定距离值的点；而"延伸"对象捕捉将会指定相对于捕捉的延伸端点偏移指定距离值的点。

熟练掌握图块特性和使用图块绘图，是每个渴望成为 AutoCAD 高手必备的利器。正确使用图块，对提高计算机绘图与设计的效率很有意义。本章绘制常用的电气图形符号就需要灵活地使用图块创建和图块修改与编辑，主要需要注意以下几点。

（1）创建图块应使用合理的图块命名，自己命名成便于记忆、识别、有系统性、便于管理的名字为好。

（2）创建图块应把插入点定得更合理。如果创建图块时插入点指定不合理，可以使用如图 2-53 所示"块编辑器"窗口中"块编写选项板"的"参数"选项，单击"基点"参数 ⊕，在窗口中将基点放到合适的位置，而且基点可以移动。

（3）在实际使用中，块分为简单块和带属性的块。

① 简单块：图形文件大量形状和大小一样的实体或实体的组合和一些大量使用的符号等，可以将其创建为简单块。

使用简单块可以使图形简练（多个对象组成的块是一个整体，可以当一个对象进行处理）、有效减少图形文件大小而且便于编辑（块定义的一个元器件或符号，只要修改块定义，在图纸中的相同元器件或符号将会同时被修改）。

② 带属性的块：图形文件中形状一样，但包含的文字等属性值不同时，用带属性的块。如标题栏的标注文字、轴线编号等。

注意：插入一个属性块后，把它复制，再对复制的对象进行编辑，比一个个插入要快些。

图 2-53　"块编写选项板"的"参数"选项

（4）一次做块，终生受用。通过后面讲的 AutoCAD 设计中心可以调用计算机任意图形文件中的块。

（5）块的编辑：块的修改，使用"块编辑器"编辑后保存即可。对于相似的图块，不需重新从头绘制定义，可以使用"块编辑器"在已定义的块上进行修改，然后另存即可。

（6）AutoCAD 中块的图层、颜色与线型等特性控制。

① 图块要在 0 层制作，在 0 层制作的块可以像 AutoCAD 中其他任何对象一样控制它插入后属性。

② 图块中文字的颜色和线宽：如果用颜色控制线宽的方法来出图，那么整个图形文件中文字的颜色就应该有一个专门的颜色，因为文字的线宽一般要比细实线粗，比粗实线细。这样，在定义块中的属性时，就对文字给定了特定的颜色——也就是图形文件中的颜色。

③ 中心线等特定线型对象（以中心线为例）：中心线的线宽应为细实线，且线型为点画线。所以对于块中的中心线，应该预先给定一个图形文件中会以细实线线宽打印的颜色，并指定线型为点画线。

④ 其他对象：颜色和线型可指定为"随层"或"随块"。若指定为"随层"，当块插入到某一层，除上面所说的指定特定线型和特定颜色的对象外，还会对块赋予层的属性；若指定为"随块"，在插入块时，如果块特性指定为随层，块就具有层的属性，和"随层"是一样的。同时，也可以给块指定其他的特性，这样，块的对象就会具有块的统一特性。

2.4 习题与练习

一、填空题

1. 电气图形符号包括＿＿＿＿＿＿、＿＿＿＿＿＿、＿＿＿＿＿＿和＿＿＿＿＿＿。

2. 按＿＿＿＿＿功能键可以打开或关闭栅格模式；按＿＿＿＿＿功能键可以打开或关闭捕捉模式；按＿＿＿＿＿功能键可以打开或关闭对象捕捉追踪模式；按＿＿＿＿＿功能键可以打开或关闭极轴追踪模式。

3. 写出以下命令的缩写：画圆＿＿＿＿；镜像＿＿＿＿；创建块＿＿＿＿；插入块＿＿＿＿；打开线型管理器＿＿＿＿；创建属性＿＿＿＿。

二、问答题

1. 电气绘图和电气图形符号的主要国家标准有哪些？

2. 电气图形符号分为哪几类？并分别说明其特点。

3. 电气图形符号绘制时可以随意绘制，不需要有尺寸吗？请简述绘制原则。

4. 在 AutoCAD 的使用过程中，在哪些情况下出现轨迹线？请简述使用方法。

5. 说出打开"特性"选项板的几种方法。

6. 简述"块编辑器"的功能及如何进入"块编辑器"窗口。

7. 写出使用双击对象可以进行编辑的对象类型。

三、绘图练习和扩展

1. 绘制如图 2-54 所示的建筑开关类图形符号，并整理成图形素材库，以备调用。

单极开关　　多位单极开关　　带指示灯的开关　　双极开关　　双控单极开关　　中间开关

图 2-54　建筑开关类图形符号

2. 使用属性块创建如图 2-55 所示的标题栏，将"制图人""日期""图号""校名""专业""班级"等创建成属性。

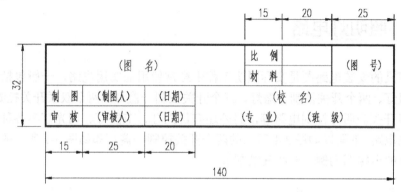

图 2-55　标题栏

第**3**章

常用实用电路绘制

在电气工程中，各种电气设备中经常用到一些通用的实用电路，如电动机实用控制电路，照明灯实用电路，建筑装修布线与低压供电类电路，电气检测与保护类电路等。本章将介绍一些常用实用电路及其绘制方法。

3.1 照明灯电路

照明灯具的安装电路图是实际照明工程中经常使用的实用电路，一般包括：一个开关控制一盏灯、两个开关控制一盏灯、三个开关控制一盏灯、两个双联开关控制两盏灯，以及各种多开关照明灯控制电路等，另外还有日光灯、节能灯、调光灯等各种不同灯具的照明控制电路。下面以如图 3-1 所示的两个开关控制一盏灯和如图 3-2 所示的三个开关控制一盏灯的电路图为例，介绍其绘制过程。

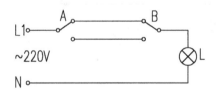
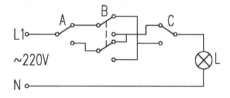

图 3-1　两个开关控制一盏灯的电路　　　　　图 3-2　三个开关控制一盏灯的电路

3.1.1 绘制方法分析

两个开关控制一盏灯的电路绘制步骤如下：

（1）首先绘制元器件图块：灯控开关、灯。

（2）摆放元器件，并连线。

（3）添加文字。

三个开关控制一盏灯的电路可以通过两个开关控制一盏灯的电路修改获得，具体绘制步骤如下：

（1）使用拉伸命令，将两个开关之间的距离拉长 5mm。

（2）在开关 A 和 B 之间的合适位置添加一个灯控开关，并向下复制另一个，用虚线连接成为双联开关。

（3）添加连线，并添加或修改文字。

3.1.2 相关知识点

▶ 1. 修改命令

（1）阵列。

阵列（ARRAY）命令是复制类命令中功能最强大的一个命令，通过"阵列"命令可以多重复制对象。执行 ARRAY 命令的方法有以下几种。

- 在命令行中输入"AR"后，按【Enter】键。
- 单击"修改"工具栏中的"阵列"命令按钮▦▾
- 执行菜单命令"修改"→"阵列"。

执行 ARRAY ARRAYCLASSIC 命令后，将会打开"阵列"对话框。阵列有两种类型：矩形阵列和环形阵列。选择相应的阵列类型，将打开对应的对话框。

单击"阵列"命令按钮右侧的下拉三角，可以看到，阵列有三种类型：矩形阵列、环形阵列和路径阵列。执行 ARRAYCLASSIC 命令后，将会打开"阵列"对话框。

选择矩形阵列，可以控制行和列的数目及它们之间的偏移距离和角度，可以在相应的文本框中输入阵列的行偏移、列偏移和阵列角度，也可以单击文本框右边的"拾取行偏移""拾取列偏移""拾取两个偏移""拾取阵列的角度"等按钮，在绘图窗口指定点来确定相应的值；选中环形阵列，通过围绕指定的中心点作为圆心复制选定对象来创建环形阵列，在产生复制体时，可以控制对象副本的数目并决定是否旋转副本。

（2）拉伸。

使用"拉伸"（STRETCH）命令可以重定位在交叉选择窗口内的对象的端点。完全包含在交叉窗口中的对象或单独选定的对象使用"拉伸"命令将被移动。执行 STRETCH命令的方法有以下几种。

- 在命令行中输入"S"后，按【Enter】键。
- 单击"修改"工具栏中的"拉伸"命令按钮▧ 。
- 执行菜单命令"修改"→"拉伸"。

注意：在"拉伸"命令中，使用交叉选择方式选择对象，并且在选择对象时如果使用了多次选择，只有最后一个交叉选择窗口可以决定拉伸什么，或移动什么。

（3）旋转。

"旋转"（ROTATE）命令是在不改变对象大小的情况下，使之绕着某一基点旋转。可以使用 ROTATE 命令旋转对象。执行 ROTATE 命令的方法有以下几种。

- 在命令行中输入"RO"后，按【Enter】键。
- 单击"修改"工具栏中的"旋转"命令按钮⟳ 。
- 执行菜单命令"修改"→"旋转"。

在 AutoCAD 中默认的角度逆时针为正。

▶ 2. 夹点的使用

通过选择对象，然后转换成夹点编辑模式，可以非常简单地编辑一个或多个对象。在夹点编辑模式中，可以拉伸、移动、比例缩放、镜像或复制对象。要使用夹点编辑对象时，首先选择要修改的对象，以显示这些对象的夹点。编辑时，单击所选夹点中的一个夹点即可。被选夹点称之为热点或基础夹点，它们的颜色不同（被选择的对象夹点默认显示为蓝色，俗称冷点；鼠标移动到某个夹点上停留一下，夹点将变为绿色，俗称温点；单击所选夹点，该夹点将变为红色，即热点）。

选择基础夹点可以使 AutoCAD 进入编辑模式。一旦进入编辑模式，按空格或【Enter】键，可以循环调用 5 个夹点编辑命令，或者输入快捷命令（如 M，对应于"移动"命令）；单击右键将显示一个快捷菜单，在快捷菜单中可以选择需要的夹点编辑命令。

一般在实际使用的过程中，大部分情况下使用其默认的拉伸编辑，即选中端点处的夹点，即可以对该端点直接进行拉伸编辑。

注意：一般情况下，对单一端点拉伸时，使用夹点进行编辑；对多个端点拉伸时，使用拉伸命令进行编辑。

3.1.3 绘制过程

》1. 创建新图

运行 AutoCAD 2018，在"选择样板"对话框中选择默认的"acadiso.dwt"，建立一个新图，并保存图名为"两个开关控制一盏灯的电路图.dwg"。

》2. 绘制元器件图块

（1）绘制灯控开关图块。

① 绘制一个半径为 0.5mm 的圆，作为开关接线端子，并进行环形阵列。

命令: c CIRCLE	//输入"c"，按空格键激活"画圆"命令
指定圆的圆心或 [三点(3P)/两点(2P)/切点、切点、半径(T)]:	//在窗口某一点上单击，指定圆心
指定圆的半径或 [直径(D)]: 0.5	//输入"0.5"后，按空格键完成画圆

双击鼠标滚轮，然后滚动滚轮，将小圆调整到合适的大小，并按住鼠标滚轮移动，将其放到合适的位置。

命令:_array	//单击"阵列"按钮，打开"阵列"对话框，选中"环形阵列"单 //选按钮，如图 3-3 所示
选择对象: 找到 1 个	//单击"选择对象"按钮，在绘图窗口单击选择小圆
选择对象:	//按空格键结束选择，回到"阵列"对话框

指定阵列中心点: 3	//单击"拾取中心点"按钮，在绘图窗口使用"对象捕捉追踪"追踪
	//小圆圆心向右，在命令行中输入"3"后按空格键，指定阵列中心点。回
	//到"阵列"对话框，设置"填充角度"为"360"，"项目总数"为"3"，
	//如图 3-3 所示，单击"确定"按钮完成阵列复制

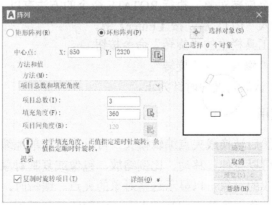

图 3-3 "阵列"对话框

双击鼠标滚轮，然后滚动滚轮，将图形调整到合适的大小，并按住鼠标滚轮移动，使其在窗口中的合适位置显示。

② 连接开关连线。

保证打开"象限点"和"垂足"自动对象捕捉。

命令: L LINE	//在命令行中输入"L"后，按空格键激活"直线"命令
指定第一点:	//捕捉左边圆右侧的象限点
指定下一点或 [放弃(U)]:	//鼠标向右上圆移动，在圆周上捕捉"垂足"
指定下一点或 [放弃(U)]:	//按空格键结束画线，得到如图 3-4 所示的灯控开关图形

③ 使用与前面相同的方法将灯控开关图形创建为名为"灯控开关"的图块，拾取基点为左边圆的左侧象限点，对象设置为"转换为块"。

（2）绘制灯图块。

① 绘制半径为 2mm 的圆。

② 捕捉圆上的象限点，绘制两条如图 3-5（a）所示的"十"字交叉的线段。

③ 将"十"字交叉的线段旋转 45°，得到如图 3-5（b）所示的"灯"图形符号。

（a）　　　　（b）

图 3-4　灯控开关图形　　　　　　　图 3-5　"灯"图形符号绘制

④ 采用相同的方法，将"灯"图形符号创建为名为"灯"的图块，拾取基点为圆的圆心，将对象设置为"转换为块"。

▶3．放置元器件并连线

（1）使用"直线"命令，从"灯控开关"图块右上接线端子的小圆的右侧象限点向右，绘制一条长为 20mm 的水平线段。

（2）镜像"灯控开关"。

命令: _mirror	//单击 ⚖ 按钮，激活"镜像"命令
选择对象: 找到 1 个	//选择"灯控开关"图块
选择对象:	//按空格键结束选择
指定镜像线的第一点:	//捕捉水平线段的中点作为指定镜像线的第一点
指定镜像线的第二点:	//在正交模式下，鼠标向下移动后单击指定镜像线的第二点
要删除源对象吗？[是(Y)/否(N)] <N>:	//按空格键默认不删除源对象，得到如图 3-6 所示图形

（3）捕捉"灯控开关"下面圆的象限点，绘制如图 3-7 所示的下面的线段。

图 3-6　镜像灯控开关　　　　　　　图 3-7　绘制下面的线段

（4）左边的开关向左绘制长为 8mm 的水平线段，在左端绘制半径为 0.5mm 的小圆作为电源接线端子。

命令: L LINE	//在命令行中输入"L"，按空格键激活"直线"命令
指定第一点:	//捕捉左边开关左侧接线端子的左边象限点
指定下一点或 [放弃(U)]: 8	//在正交模式下，鼠标向左移动，在命令行中输入"8"后按空格键
指定下一点或 [放弃(U)]:	//按空格键结束画线

命令: c CIRCLE	//在命令行中输入"c"，按空格键激活"画圆"命令
指定圆的圆心或 [三点(3P)/两点(2P)/切点、切点、半径(T)]: 0.5	
	//保证打开"端点"自动对象捕捉和对象追踪，鼠标在以上绘制
	//的线段的左端点上稍做停留，出现端点捕捉符号后向左移动，当
	//出现追踪轨迹线时，输入偏移距离"0.5"，按空格键指定圆心
指定圆的半径或 [直径(D)]:	//在线段的左端点上单击，完成小圆的绘制

（5）绘制剩下的连线和接线端子。

命令: L LINE	//在命令行中输入"L"，按空格键激活"直线"命令
指定第一点:	//捕捉右边开关右侧接线端子的右边象限点
指定下一点或 [放弃(U)]: 8	//在正交模式下，鼠标向右移动，在命令行中输入"8"，按空格键
指定下一点或 [放弃(U)]: 15	//鼠标向下移动，在命令行中输入"15"，按空格键
指定下一点或 [闭合(C)/放弃(U)]:	//鼠标向左移动，并追踪上面线段左端点的轨迹线后单击鼠标
指定下一点或 [闭合(C)/放弃(U)]:	//按空格键结束命令得到如图3-8所示图形
命令: _copy	//单击 按钮，激活"复制"命令
选择对象: 找到 1 个	//选择左侧上面的接线端子小圆
选择对象:	//按空格键结束选择
当前设置: 复制模式 = 多个	
指定基点或 [位移(D)/模式(O)] <位移>:	//捕捉左侧上面线段的左端点作为复制基点
指定第二个点或 <使用第一个点作为位移>:	//捕捉下面线段的左端点作为复制对象的目标点
指定第二个点或 [退出(E)/放弃(U)] <退出>:	//按空格键结束复制

（6）将"灯"符号插到如图3-9所示右侧铅垂线的中间，修剪，完成线路部分绘制。

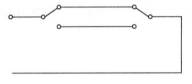
图3-8　绘制连线

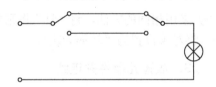
图3-9　插入"灯"符号

▶ 4. 添加注释文字

（1）新建文字样式 Romans。

打开"文字样式"对话框，新建一个名为"Romans"的文字样式，设置字体名为"Romans.shx"，"宽度因子"为"0.7"，如图3-10所示。单击"应用"按钮后关闭对话框。

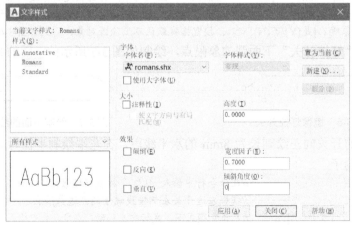
图3-10　"Romans"文字样式设置

（2）输入单行文字，并复制字高和样式相同的文字。

命令: DT TEXT	//输入"DT"，按空格键激活"单行文字"命令
当前文字样式: Standard 文字高度: 2.5000 注释性: 否	
指定文字的起点或 [对正(J)/样式(S)]:S	//输入"S"，按空格键选择文字样式
输入样式名或 [?] <Standard>: Romans	//输入"Romans"，按空格键
指定文字的起点或 [对正(J)/样式(S)]:	//单击文字应放置的位置左角点为起点
指定高度 <2.5000>: 3	//输入文字的高度为"3"
指定文字的旋转角度 <0>:	//按空格键默认 0° 旋转角进入绘图窗口输入文字

在窗口输入文字 L1 后，按两次【Enter】键结束命令，此时得到如图 3-11 所示的图形。

命令: _copy	//单击 按钮，激活复制命令
选择对象: 找到 1 个	//选中"L1"文字
选择对象:	//按空格键结束选择
当前设置: 复制模式 = 多个	
指定基点或 [位移(D)/模式(O)] <位移>: >>	//单击"L1"文字上的一点作为基点
指定第二个点或 <使用第一个点作为位移>:	//单击要放置文字的位置，获得一个复制体
指定第二个点或 [退出(E)/放弃(U)] <退出>:	//同样依次单击各个文字所在的位置，获得所
	//有同样高度的一系列文字，如图 3-12 所示
指定第二个点或 [退出(E)/放弃(U)] <退出>:	//按空格键结束复制

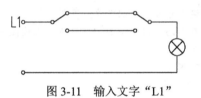

图 3-11 输入文字"L1"

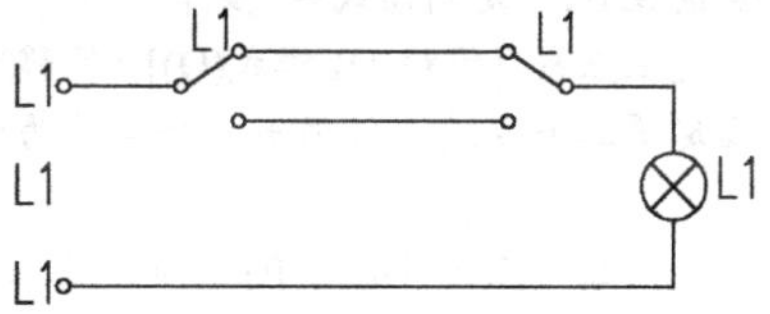

图 3-12 复制文字

（3）修改文字内容。

命令: _ddedit	//双击要修改的某一文字，修改文字内容后按【Enter】键
选择注释对象或 [放弃(U)]:	//继续单击要修改的文字，修改文字内容后按【Enter】键
选择注释对象或 [放弃(U)]:	//完成文字修改如图 3-13 所示，按【Enter】键结束命令

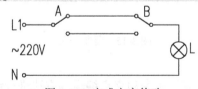

图 3-13 完成文字修改

5. 保存图形

按【Ctrl+S】快捷键或单击标准工具栏中的"保存"按钮 对图纸进行保存。

6. 另存为"三个开关控制一盏灯的电路"

执行菜单命令"文件"→"另存为"，将图形另存为名为"三个开关控制一盏灯的电路.dwg"的文件。

7. 修改图形

（1）将右半部分向右拉伸。

命令: S STRETCH	//输入"S"，按空格键激活"拉伸"命令

以交叉窗口或交叉多边形选择要拉伸的对象...
选择对象: 指定对角点: 找到 10 个　　//以如图 3-14 所示的交叉窗口选择要拉伸的对象
选择对象:　　　　　　　　　　　　//按空格键完成选择
指定基点或 [位移(D)] <位移>:　　 //在窗口中单击一点
指定第二个点或 <使用第一个点作为位移>:　<正交 开>
　　　　　　　　　　　　　　　　//打开"正交"模式，水平向右移动鼠标，在合适的位
　　　　　　　　　　　　　　　　//置上单击，完成拉伸

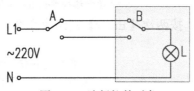

图 3-14　选择拉伸对象

（2）复制开关。

确定打开"端点"和"最近点"对象自动捕捉。

命令: COPY　　　　　　　　　　　　//单击 ⬚ 按钮，激活"复制"命令
选择对象: 指定对角点: 找到 2 个　　//选择开关 A
选择对象:　　　　　　　　　　　　//按空格键完成选择
当前设置: 复制模式 = 多个
指定基点或 [位移(D)/模式(O)] <位移>:　//将捕捉开关 A 左侧端点作为基点
指定第二个点或 <使用第一个点作为位移>:　//在如图 3-15（a）所示的 A、B 连线上捕捉一个
　　　　　　　　　　　　　　　　//最近点
指定第二个点或 [退出(E)/放弃(U)] <退出>:　//按空格键完成复制

用同样的方法，向下再复制一个如图 3-15（b）所示的开关。

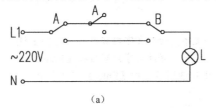

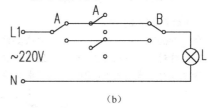

（a）　　　　　　　　　　　　　　　　　　　（b）

图 3-15　复制开关

（3）修改和绘制连线。

使用"直线"命令、"修剪"命令和夹点编辑等方法进行绘制，完成如图 3-16 所示的连线。

（4）修改文字标注。

双击要修改的文字，修改成如图 3-17 所示。

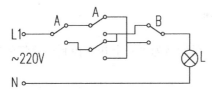

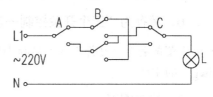

图 3-16　绘制连线　　　　　　　　　　　图 3-17　修改文字

（5）绘制双联开关 B 的虚线连线。

打开"线型管理器"加载线型 DASHED2，并设为当前线型，使用"直线"命令捕

捉双联开关 B 上下两条斜线的中点绘制线段如图 3-18 所示。可以看出，虚线显示为连续的线段。再打开"线型管理器"，单击"显示细节"按钮，将"全局比例因子"改为"0.3"，完成图形如图 3-19 所示。

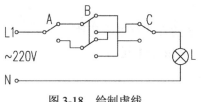

图 3-18　绘制虚线

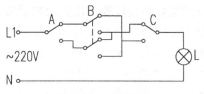

图 3-19　完成图形

▶8．保存图形

按【Ctrl+S】快捷键或单击标准工具栏中的"保存"按钮 对图纸进行保存。

3.2　电流互感器接线图

互感器是电力系统中一次电路和二次电路之间的联络器件，有电流互感器和电压互感器，分别用以向测量仪表、继电器线圈供电，正确反映电气设备的正常运行和故障情况。

互感器起到变流或变压和电气隔离的作用。

电流互感器是升压（降流）变压器，它是电力系统中测量仪表、继电保护等二次设备获取电气一次回路电流信息的传感器。电流互感器将高电流按比例转换成低电流，它一次侧接在一次系统，二次侧接测量仪表、继电保护等。

电流互感器在三相电路中常见的接线方案有单相式接线、两相不完全星形接线、两相电流差接线及三相完全星形接线。如图 3-20 所示为电流互感器三相完全星形接线图。

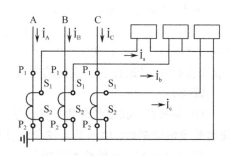

图 3-20　电流互感器三相完全星形接线图

3.2.1　绘制方法分析

绘制如图 3-20 所示电流互感器三相完全星形接线图的步骤如下：

（1）绘制电气元器件图块。

（2）绘制单相连接。

（3）复制单相连接为三相。

（4）添加其他元器件并连线。

3.2.2　相关知识点

▶1．绘图命令

（1）画多段线。

多段线中的"多段"指的是单个对象中包含多条直线或圆弧。多段线是由一系列直线段、弧线段或两者的组合线段组成的首尾相接的序列对象。在执行"修改"命令时，多段线是作为一个对象处理的。

多段线还提供单个直线或弧线段所不具备的编辑功能，例如可以绘制不同宽度和宽度渐变的圆弧和线段等（比如绘制箭头）。

绘制多段线使用 PLINE 命令。执行 PLINE 命令的方式有以下几种。

● 在命令行中输入"PL "或" PLINE "后，按【Enter】键。
● 单击"绘图"工具栏中的"多段线"命令按钮 ⌒ 。
● 执行菜单命令"绘图"→"多段线"。

（2）画圆弧。

"圆弧"（ARC）命令用于绘制圆弧。圆弧是圆的一部分，绘制圆弧，可以指定圆心、端点、起点、半径、角度、弦长和方向值的各种组合形式。执行 ARC 命令的方式有以下几种。

● 在命令行中输入"A"或"ARC"后，按【Enter】键。
● 单击"绘图"工具栏中的"圆弧"命令按钮 ⌒ 。
● 执行菜单命令"绘图"→"圆弧"，在下拉的菜单中选择合适的命令绘制圆弧。

用第 3 种方法弹出的圆弧命令共提供了 11 个选项，默认选项是指定圆弧上的三点绘制圆弧，另外绘制圆弧的方法有："起点、圆心、端点""起点、圆心、角度""起点、圆心、长度""起点、端点、角度""起点、端点、方向""起点、端点、半径""圆心、起点、端点""圆心、起点、角度""圆心、起点、长度""继续"。其中，"圆心、起点、端点"选项、"圆心、起点、角度"选项、"圆心、起点、长度"选项分别是"起点、圆心、端点""起点、圆心、角度""起点、圆心、长度"选项的重组。使用执行菜单命令的方式绘制圆弧，是最直观、快捷的方式。

注意：

① 如果在"指定包含角"提示下，输入的角度值是正值，圆弧是沿着起点至端点的逆时针方向绘制的；输入的角度值是负值，圆弧是沿着起点至端点的顺时针方向绘制的。

② AutoCAD 可能绘制的圆弧有两种：大于半圆的大圆弧（优弧）和小于半圆的小圆弧（劣弧）。如果指定的圆弧半径为正值，AutoCAD 将绘制小圆弧；如果指定的圆弧半径为负值，AutoCAD 将绘制大圆弧。

（3）画圆环。

通过 DONUT 命令可以绘制圆环，通过指定圆环的内径和外径来实现。在实际使用时，经常使用"圆环"命令来绘制实心的圆点。执行 DONUT 命令的方法有以下几种。

● 在命令行中输入"DO"或"DONUT"后，按【Enter】键。
● 执行菜单命令"绘图"→"圆环"。

注意： 圆环的内径和外径指的是直径。

❷ 2. 多行文字的输入

在第 1 章介绍了单行文字的使用，在实际使用的过程中，多行文字是一种更容易管理和设置的文字，是由两行或两行以上的文字组成的，而且一次创建的多行文字将作为一个整体存在。在绘图的过程中，常常使用多行文字创建较为复杂的文字说明，如技术要求、设计说明等，另外还可以创建一个文字对象中存在不同的字高和字体等。

输入多行文字的方法有以下几种。

● 在命令行中输入"T"后，按【Enter】键。

● 单击"绘图"工具栏中的"多行文字"命令按钮 A 。

● 执行菜单命令"绘图"→"文字"→"多行文字"。

执行"多行文字"命令后，根据命令行的提示指定两个点，确定一个放置多行文字的矩形区域（该矩形区域的水平距离即是一行文字的长度，如果要手动控制换行，可以在同一位置单击两次指定零距离的两个点），同时将打开如图 3-21 所示的"文字格式"工具栏和文字输入窗口。利用它们可以设置文字样式、文字字体、文字高度、加粗、倾斜或加下画线效果，另外还可以设置缩进、制表位和多行文字宽度等属性。

图 3-21 "文字格式"工具栏和文字输入窗口

在多行文字的输入窗口中，可以直接输入多行文字，也可以在文字输入窗口右击，在弹出的快捷菜单中选择"输入文字"命令，将已经在其他文字编辑器中创建的文字内容直接导入到当前图形中。

3.2.3 绘制过程

1. 创建新图

运行 AutoCAD 2018，在"选择样板"对话框中选择默认的"acadiso.dwt"，建立一个新图，并保存图名为"电流互感器三相完全星形接线图.dwg"。

2. 绘制元器件图形符号并创建为图块

（1）创建"接地符号"。

在命令行中输入"I"，按空格键打开"插入"对话框，单击"浏览"按钮，选择第 2 章绘制的"接地符号"，并选择对话框左下角的"分解"选项，如图 3-22 所示。

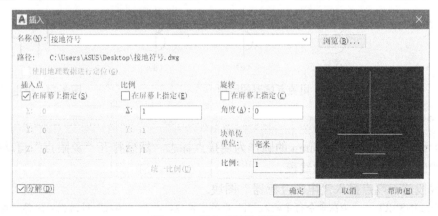

图 3-22 插入"接地符号"

单击"确定"按钮，将"接地符号"插入图中，双击鼠标滚轮，并通过滚动滚轮将符号调整为合适的大小显示。

将插入的符号创建成名为"接地符号"的图块。建议符号的上端点为基点。

（2）创建"电流互感器"。

① 使用"画圆弧"命令绘制直径为 3mm 的左半圆的圆弧，如图 3-23（a）所示。执行菜单命令"绘图"→"圆弧"→"起点、圆心、端点"，激活"画圆弧"命令。

> 命令: _arc 指定圆弧的起点或 [圆心(C)]:
>   //在窗口中单击，指定一个点作为圆弧起点
> 指定圆弧的第二个点或 [圆心(C)/端点(E)]: _c 指定圆弧的圆心: @1.5<-90
>   //在命令行中输入相对坐标"@1.5<-90"后，按空格键指定圆心
> 指定圆弧的端点或 [角度(A)/弦长(L)]:
>   //在正交状态下，向下拉动鼠标，单击，指定圆弧的端点

② 以圆弧的上端点为基点，下端点为第二点将圆弧进行复制，如图 3-23（b）所示。

③ 打开"正交""对象捕捉""对象追踪"，保证打开"端点"自动捕捉，绘制铅垂线。

> 命令: L   //在命令行中输入"L"，按空格键激活"直线"命令
> 指定第一点:1   //鼠标在圆弧的上端点稍做停留，当出现"端点"捕捉符号时，向
>   //上移动鼠标，出现对象捕捉追踪的虚线轨迹后，在命令行中输入
>   //距离值"1"，按空格键，指定铅垂线的上端点
> 指定下一点或 [放弃(U)]:8   //向下移动鼠标，在命令行中输入长度值"8"，按空格键
> 指定下一点或 [放弃(U)]:   //按空格键结束命令，如图 3-23（c）所示

④ 以圆弧的上下两个端点为起点，绘制长度为 1.5mm 的两条水平线，如图 3-23（d）所示。

⑤ 将绘制的如图 3-23（d）所示的图形创建成名为"电流互感器"的图块。建议以铅垂线的上端点为基点。

（3）创建"继电器线圈"。

① 使用"矩形"命令绘制一个 6×3 的矩形。

② 使用"直线"命令，从矩形左下端点向右追踪 1.5mm 开始向下绘制一条 3mm 的线段，使用"镜像"命令，得到另一条线段，绘制出如图 3-24 所示的"继电器线圈"，并创建成图块。

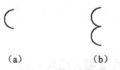

(a)   (b)   (c)   (d)

图 3-23   电流互感器的绘制   图 3-24   继电器线圈

3. 绘制单相连接

（1）绘制一个半径为 0.5mm 的圆作为端接点标志。然后打开"象限点"自动捕捉，在下面绘制一条长为 3mm 的线段。

在线段的下端点插入"电流互感器"图块。

> 命令: i INSERT   //在命令行中输入"i"后按空格键，打开"插入"对话框，选择"电流互感
>   //器"图块，并设置路径等，如图 3-25 所示

图 3-25　插入"电流互感器"图块

单击"确定"按钮。使用"复制"命令，复制端点标志，分别放置于"电流互感器"符号的下端和右侧，得到如图 3-26（a）所示的图形；使用"直线"命令，以下端点标志为起点，向下绘制一条长为 3mm 的线段，以上端点标志为起点，向上绘制一条长为 10mm 的线段，得到如图 3-26（b）所示的图形。

（2）绘制电流方向标志，首先使用"多段线"命令绘制箭头。

命令: PL PLINE	//在命令行中输入"PL"，按空格键激活"多段线"命令
指定起点:	//在合适的位置上单击，指定起点
当前线宽为 0.0000	
指定下一个点或 [圆弧(A)/半宽(H)/长度(L)/放弃(U)/宽度(W)]: 2	
	//在正交状态下，向下拉动鼠标，在命令行中输入"2"，按空格键
指定下一点或 [圆弧(A)/闭合(C)/半宽(H)/长度(L)/放弃(U)/宽度(W)]: W	
	//在命令行中输入"W"，按空格键指定多段线宽度
指定起点宽度 <0.0000>: 0.5	//在命令行中输入"0.5"，按空格键指定多段线起点宽度
指定端点宽度 <0.5000>: 0	//在命令行中输入"0"，按空格键指定多段线端点宽度
指定下一点或 [圆弧(A)/闭合(C)/半宽(H)/长度(L)/放弃(U)/宽度(W)]: 1	
	//在正交状态下，向下拉动鼠标，在命令行中输入"1"，按空格键
指定下一点或 [圆弧(A)/闭合(C)/半宽(H)/长度(L)/放弃(U)/宽度(W)]:	
	//按空格键结束命令，得到如图 3-26（c）所示的图形

使用多行文字输入"I_A"，在命令行中输入"T"后按空格键激活多行文字。将字体设为"宋体"，I 的字高设为"2"，A 的字高设为"1.5"，输入文字"I_A"后，单击"确定"按钮，结束文字输入，如图 3-26（d）所示。

使用"圆环"命令，在文字 I_A 的上面标记"·"，如图 3-26（e）所示。

命令: DO DONUT	//在命令行中输入"DO"，按空格键激活"圆环"命令
指定圆环的内径 <0.5000>: 0	//指定圆环的内径为"0"
指定圆环的外径 <1.0000>: 0.5	//指定圆环的外径为"0.5"
指定圆环的中心点或 <退出>:	//在文字 I_A 上面合适的位置单击鼠标
指定圆环的中心点或 <退出>:	//按空格键结束命令

（3）复制文字，并修改文字内容。使用"复制"命令复制文字到如图 3-26（f）所示的位置，并修改文字如图 3-26（g）所示，得到互感器单相连接图形。

4. 复制单相连接为三相

（1）使用"阵列"命令复制。

命令: _array	//单击"修改"工具栏中的"阵列"命令按钮 品，打开如图 3-27 所示的"阵列"对话框

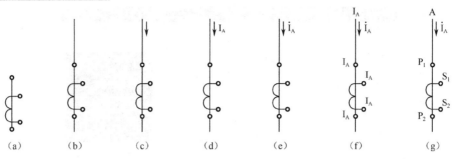

图 3-26　绘制互感器单相连接

"阵列"对话框中的参数设置如图 3-27 所示，复制 1 行、3 列，列间距为 7.5；单击"选择对象"左侧按钮 ，在窗口中选择绘制的单相连接图形，单击"确定"按钮，得到如图 3-28 所示的三相连接图形。

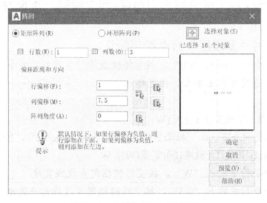

图 3-27　"阵列"对话框

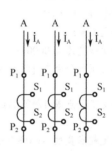

图 3-28　复制得到的三相连接

（2）修改文字。

双击需要修改的文字，修改文字内容如图 3-29 所示。

5. 添加继电器线圈及其他

（1）插入"接地符号"。

在命令行中输入"I"，按空格键，打开"插入"对话框，选择"接地符号"图块，设置旋转角度为"-90°"，如图 3-30 所示，在窗口指定插入点，如图 3-31 所示的左下角位置。

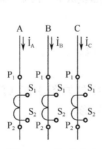

图 3-29　修改文字

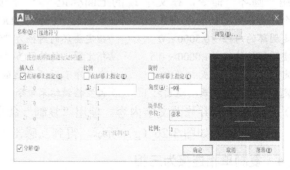

图 3-30　插入"接地符号"图块

（2）插入"继电器线圈"，并阵列复制。

在命令行中输入"I"，按空格键，打开"插入"对话框，选择"继电器线圈"图块，在窗口指定插入点，如图 3-32 所示的右上角位置。

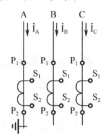

图 3-31 "接地符号"位置

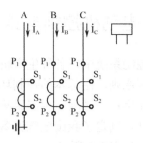

图 3-32 "继电器线圈"位置

单击"修改"工具栏中的"阵列"命令按钮▦，打开 "阵列"对话框，设置参数为：复制 1 行、3 列，列间距为 7.5；单击"选择对象"左侧按钮，在窗口中选择"继电器线圈"图块，单击"确定"按钮，得到如图 3-33 所示图形。

（3）连线及其他。

① 打开"端点""象限点""垂足""交点"自动对象捕捉，同时打开"对象捕捉追踪"，使用"直线"命令连接绘制的对象，如图 3-34 所示。

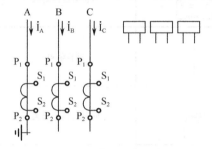

图 3-33 阵列"继电器线圈"

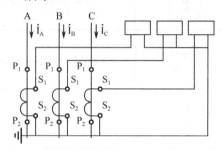

图 3-34 绘制连线

② 使用"复制"命令复制一个电流方向箭头，并旋转 90°，然后移动到如图 3-35 所示的位置，复制电流标志文字到如图 3-35 所示的位置。

③ 使用"复制"命令复制电流方向标志到如图 3-36 所示的位置。

④ 修改文字内容，完成图形绘制，如图 3-20 所示。

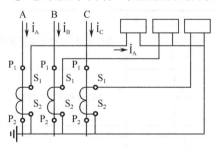

图 3-35 复制电流方向和标志文字

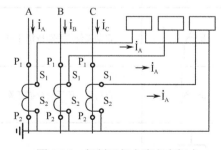

图 3-36 复制三相电流方向标志

◢ **6. 保存图形**

按【Ctrl+S】快捷键或单击标准工具栏中的保存按钮▦，对图纸进行保存。

3.3 电动机控制电路

在各种控制系统中，各种生产机械均由电动机来拖动，任何电气控制电路，都是按照一定的控制原则，由基本的控制环节组成的。在控制电路的原理图中，所有电气元器件的图形、文字符号必须采用国家规定的统一标准。国家标准局参照国际电工委员会颁布的有关文件，制定了我国电气设备的有关国家标准。在电动机控制电路中常用的电气元器件及符号如表 3-1 所示。

表 3-1　电动机控制电路中的常用图形符号

符　号	说　明	符　号	说　明
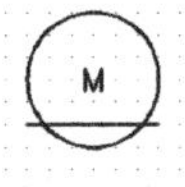	直流电动机	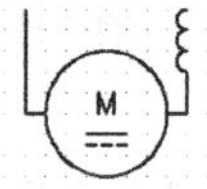	直流串励电动机
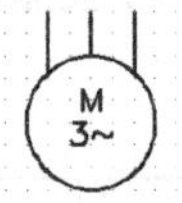	三相鼠笼式感应电动机	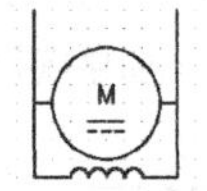	直流并励电动机
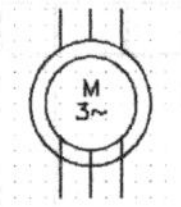	三相绕组式转子感应电动机		动合触点
	动断触点		延时闭合的动合触点
	接触器	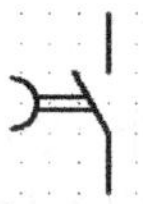	延时断开的动合触点
	延时断开的动断触点		延时闭合的动断触点
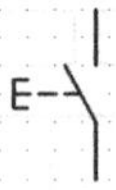	自动复位的手动按钮开关	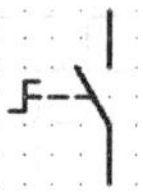	无自动复位的手动旋钮开关
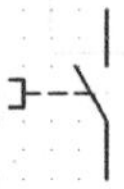	自动复位的手动拉拔开关	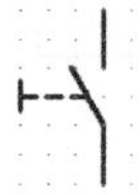	手动操作开关一般符号
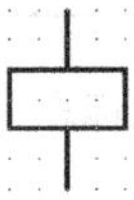	继电器线圈一般符号	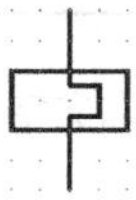	热继电器驱动元器件
	熔断器一般符号		熔断器开关

下面以鼠笼式电动机正、反转控制原理图为例说明控制电路的绘制过程。

3.3.1 绘制方法分析

电气原理图一般由电气元器件、连线和文字标识组成。

其中，电气元器件一般应以图块的形式存在。如果在原来的素材中已经存在的电气元器件，没必要重新绘制，可以直接获得。如果有时大小不统一，可以使用"缩放"命令进行调整，或对结构作简单修改，获得另外的元器件图。

电气元器件要按原理图要求合理布置，一般要求水平和垂直的线和元器件间距要均匀（建议间距为 5 或 5 的倍数）。线路的连接点使用"圆环"命令绘制实心圆点标示。

文字标识应放在标识元器件的旁边，比如左侧或上面，文字高度设为 3mm。

绘制如图 3-37 所示的电动机正、反转原理图，具体步骤如下：

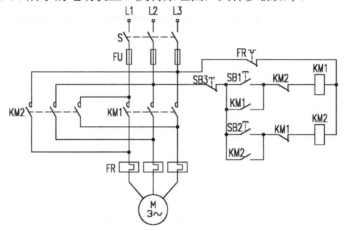

图 3-37 电动机正、反转控制原理图

（1）获得或绘制电气元器件图块。

（2）插入排列电气元器件，并将它们用"直线"命令连接。三相元器件是相同的，可以先绘制一相，再使用"阵列"命令复制其他两相。

（3）使用"圆环"命令标示线路连接点。

（4）获得或创建文字样式，并使用单行文字添加文字标识元器件。

3.3.2 相关知识点

▶ 1. 设计中心和工具选项板

使用设计中心可以浏览、查找、预览、使用和管理 AutoCAD 图形、块、外部参照等不同的资源文件（如图层定义、布局和文字样式）。

工具选项板提供了一种用来组织、共享和放置块、图案填充及其他工具的有效方法。

合理地使用设计中心和工具选项板可以极大地利用已有资源，加快绘图速度。可以结合创建自己的绘图素材文件，然后在需要的时候使用设计中心和工具选项板调用。

1）设计中心

AutoCAD 设计中心为用户提供了一个直观且高效的工具，它与 Windows 资源管理器类似。通过设计中心，用户可以浏览其他图形文件及其块、图案填充和其他图形内容，可以将原图形文件中的任何内容拖动到当前图形中，将图形、块和填充拖动到工具选项板上。原图形可以位于用户的计算机上或网络位置上。另外，如果打开了多个图形，则可以通过设计中心在图形之间复制其他内容（如图层定义、布局、文字样式和标注样式等）来简化绘图过程。

（1）设计中心窗口。

打开 AutoCAD 设计中心的方法有以下几种。

● 使用快捷键【Ctrl+2】。

● 单击"标准"工具栏中的"设计中心"命令按钮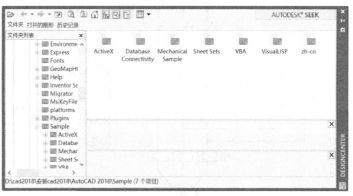。

● 执行菜单命令"工具"→"选项板"→"设计中心"。

执行以上方法之一，将会打开"设计中心"的窗口。如图 3-38 所示为"设计中心"的浮动窗口。

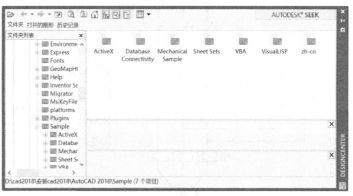

图 3-38　"设计中心"的浮动窗口

用户可以控制设计中心的大小、位置和外观。

① 要调整设计中心显示内容和树状图的大小，可拖动内容区与树状图之间的滚动条之间的线，或者拖动窗口的一边。拖动浮动窗口的下角可以调整整个窗口的大小。

② 当设计中心处于浮动状态时，单击标题栏的"自动隐藏"按钮 ↔，设计中心将设置为隐藏的状态，将鼠标移至设计中心可以将其展开，移开鼠标后设计中心又可恢复隐藏状态。

③ 要固定设计中心，可将其拖至应用程序窗口右侧或左侧的固定区域，直至捕捉到固定位置。也可以通过双击"设计中心"窗口标题栏将其固定。要浮动设计中心，请拖动工具栏上方的区域，使设计中心远离固定区域。拖动时按住【Ctrl】键可防止窗口固定。

④ 许多选项可通过快捷菜单来设置。在"设计中心"窗口左侧标题栏上单击鼠标右键，或单击标题栏中的"特性"按钮 可以打开如图 3-39 所示的快捷菜单，要锚定设计中心，可从快捷菜单中选择"锚点居右"或"锚点居左"命令。当光标移至被锚定的"设计中心"窗口时，窗口将展开，移开时则会隐藏。

"设计中心"窗口包括工具栏和 3 个选项卡。其中常用的"文件夹"和"打开的图形"窗口都分为两部分，左边为树状图，右边为内容区。可以在树状图中浏览内容的源，而在内容区显示内容。在内容区中选中项目后单击鼠标右键，使用如图 3-40 所示的快捷菜单可以将项目添加到图形或工具选项板中。在内容区的下面，也可以显示选定项目（如图形、块、填充图案或外部参照等）的预览或说明。

在窗口顶部的工具栏提供了若干选项和操作，如图 3-41 所示。

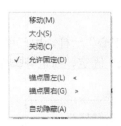

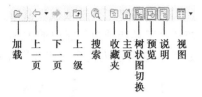

图 3-39 "特性"快捷菜单　　图 3-40　内容区右键快捷菜单　　图 3-41 "设计中心"工具栏

（2）AutoCAD 设计中心的功能。

在 AutoCAD 2018 中，使用 AutoCAD 设计中心可以完成以下工作。

① 在绘图区插入内容。

在 AutoCAD 设计中心中可以插入绘图区的内容包括：块、外部参照、图层、布局、线型，以及用户自定义的内容（如文字样式、标注样式和表格样式等）。

在绘图区插入内容有以下两种方法。

● 拖入：首先在设计中心的"项目列表"或"查找"对话框中选择要插入的项目，并将其拖入绘图区中。对于图块和外部参照，当鼠标移动时所插入的块也随之移动，当移到所需插入的位置时，松开鼠标键，则块就以默认的比例和角度插入到绘图区。

● 右键快捷菜单：在设计中心的"项目列表"或"查找"对话框中选择要插入的项目，用鼠标右键将要插入的项目拖动到绘图区，并释放右键，在弹出的快捷菜单中选择"添加"或"插入"命令。对于图块，选择"插入块"命令，将会打开"插入"对话框，在对话框中可以分别确定插入点、比例和旋转角度，在插入块的同时可以选择"分解"块。

注意：在绘图区插入内容时要注意避免出现和现有图形文件中的项目重名的问题，否则将无法插入。

② 保存和恢复经常使用的内容。

在设计和绘图的过程中，有些内容经常使用，用户可以将这些内容添加到"收藏夹"中，以便快速访问。

向"收藏夹"中添加快捷路径。在设计中心的"文件夹"选项的"文件夹列表"中，用鼠标右键单击常用的文件或项目，从弹出的快捷菜单中选择"添加到收藏夹"命令，可以将选中内容的快捷路径添加到收藏夹的 Autodesk 文件夹中。

组织"收藏夹"中的内容。在"文件夹"选项卡中用鼠标右击某一选项，在弹出的快捷菜单中选择"组织收藏夹"命令，将打开收藏夹的 Autodesk 文件夹窗口。同样，可以在 Windows 资源管理器和 IE 浏览器中，添加、删除和组织收藏夹的 Autodesk 文件夹中的内容。

2）工具选项板

工具选项板提供了一种用来组织、共享和放置块、图案填充及其他工具的有效方法。工具选项板将块、图案填充和自定义工具整理在一个便于使用的窗口中。

（1）"工具选项板"窗口。

可以使用以下方法打开"工具选项板"窗口。

● 使用快捷键【Ctrl+3】。

● 单击"标准"工具栏中的"工具选项板窗口"命令按钮 。

● 执行菜单命令"工具"→"选项板"→"工具选项板"。

打开的"工具选项板"窗口共由 29 个选项卡组成。和"设计中心"一样，用户可以控制"工具选项板"窗口的大小、位置和外观，可以进行自动隐藏、固定、锚定等操作。如图 3-42 所示为几个二维绘图常用的选项卡。

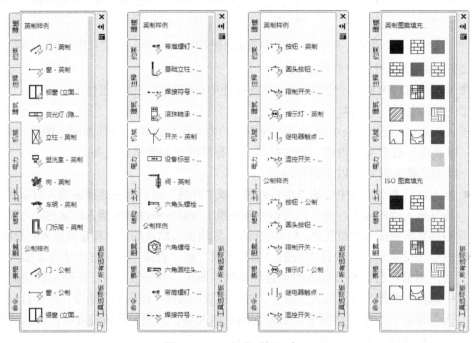

图 3-42 "工具选项板"窗口

工具选项板的选项和设置，可以从在"工具选项板"窗口的各区域单击鼠标右键时显示的快捷菜单中访问。

（2）"工具选项板"的使用。

① 从对象与图像创建及使用命令工具。

可以通过将以下任何一项拖至工具选项板（一次一项）来创建工具：几何对象（如直线、圆和多段线）、标注、块、图案填充、实体填充、渐变填充、光栅图像、外部参照。

从当前图形中的对象创建工具的步骤如下：

首先，在当前图形中选择一个对象（如标注、块、图案填充、渐变填充、光栅图像、外部参照或任何几何对象）。

然后，按住鼠标按钮，将对象拖放至工具选项板上需要的位置。

最后，松开鼠标按钮。

② 控制工具特性。

只要工具位于选项板上，在某个工具上单击鼠标右键，然后在弹出的快捷菜单中选择"特性"命令，就可以在打开的"工具特性"对话框中更改其特性。如图 3-43 所示为常见的几种"工具特性"对话框。

图 3-43 "工具特性"对话框

③ 创建和使用命令工具。

可以将常用命令添加到工具选项板。单击标题栏下端的"特性"按钮■或在"工具选项板"窗口单击鼠标右键，在弹出的快捷菜单中选择"自定义命令…"，将会打开"自定义用户界面"编辑器，就可以将工具从"自定义用户界面"编辑器拖到工具选项板上。

注意：显示"自定义用户界面"编辑器时，最好不要使用选项板上的任何工具。

④ 自定义工具选项板。

单击标题栏中的"特性"按钮■或在工具选项板标题栏单击鼠标右键，在弹出的快捷菜单中选择"自定义选项板…"命令，可以打开"自定义"对话框，创建新的工具选项板时使用以下任意方法可以在工具选项板中添加工具。

● 将以下任意一项拖动到工具选项板：几何对象（如直线、圆和多段线）、标注、图案填充、渐变填充、块、外部参照或光栅图像。

● 将图形、块和图案填充从设计中心拖至工具选项板。将已添加到工具选项板中的图形拖动到另一个图形中时，图形将作为块插入。

● 使用"自定义"对话框将命令拖至工具选项板，正如将此命令添加至工具栏一样。

● 使用"自定义用户界面"编辑器，将命令从"命令列表"窗格拖到工具选项板上。

● 使用"剪切"、"复制"和"粘贴"命令可以将一个工具选项板中的工具移动或复制到另一个工具选项板中。

⑤ 管理工具选项板。

整理工具选项板：可以将工具选项板整理为多组并指定显示的工具选项板组。

如果有多个包含填充图案的工具选项板，则可以创建一个名为"填充图案"的组。然后，将所有包含填充图案的工具选项板添加至"填充图案"组。如果将"填充图案"组设置为当前组，将仅显示已添加至该组的工具选项板。

保存和共享工具选项板：可以通过将工具选项板输出或输入为工具选项板文件来保存和共享工具选项板。要输入和输出工具选项板，可在"自定义"对话框中的工具选项板上单击鼠标右键，在弹出的快捷菜单中选择"输入"或"输出"命令。工具选项板文件的扩展名为.xtp。

2. 绘图命令：画样条曲线

样条曲线是经过或接近一系列给定点的光滑曲线。样条曲线适合表现不规则变化曲率半径的曲线。例如波浪线、某些切面、不规则轮廓线等。

样条曲线可用 SPLINE 命令来绘制。执行 SPLINE 命令的方法有以下几种。

- 在命令行中输入"SPL"后，按【Enter】键。
- 单击"绘图"工具栏中的"样条曲线"命令按钮 ～。
- 执行菜单命令"绘图"→"样条曲线"。

3. 修改命令

（1）移动。

在实际绘图的过程中经常要移动图形对象的位置，"移动"（MOVE）命令是在对象大小和方向都不改变的情况下，将它移动到新的位置。可以使用 MOVE 命令准确地移动对象的位置。执行 MOVE 命令的方法有以下几种。

- 在命令行中输入"M"后，按【Enter】键。
- 单击"修改"工具栏中的"移动"命令按钮 ✥。
- 执行菜单命令"修改"→"移动"。

注意："移动"命令和"复制"命令的操作过程非常相似。在使用 MOVE 命令移动的过程中，选择准确合适的基点和目标点是准确地移动对象位置的关键。

（2）分解。

对于矩形、块、图案填充等由多个对象组成的组合对象，如果需要对单个成员进行编辑，就需要先将它分解开。执行"分解"（EXPLODE）命令的方法有以下几种。

- 在命令行中输入"X"后，按【Enter】键。
- 单击"修改"工具栏中的"分解"命令按钮 。
- 执行菜单命令"修改"→"分解"。

执行 EXPLODE 命令后，命令行将提示选择对象，选择需要分解的对象后按【Enter】键，即可分解图形并结束该命令。

对块对象进行分解，将会分解成组成块的对象；对图案填充进行分解，将会分解成一些组成图案的独立线条，并且分解了的对象将不再具有关联性；对多段线对象进行分解，将会分解成组成多段线的线段和圆弧，并且不再具有其宽度特性。

（3）拉长。

"拉长"（LENGTHEN）命令用于延长或缩短直线、多段线、椭圆弧、圆弧。LENGTHEN 命令可提供几种改变对象长度的方式。LENGTHEN 命令也可以重复选择对象进行编辑，但对于封闭的对象是无效的。执行 LENGTHEN 命令的方法有以下几种。

- 在命令行中输入"LEN"后，按【Enter】键。
- 执行菜单命令"修改"→"拉长"。

（4）缩放。

"缩放"（SCALE）命令用来缩放对象的大小，使对象绕着某一基点按比例增大或缩小。执行 SCALE 命令的方法有以下几种。

- 在命令行中输入"SC"后，按【Enter】键。

● 单击"修改"工具栏中的"缩放"命令按钮🔲。

● 执行菜单命令"修改"→"缩放"。

3.3.3 绘制过程

1. 创建新图

运行 AutoCAD 2018，在"选择样板"对话框中选择默认的"acadiso.dwt"，建立一个新图，并保存图名为"电动机正、反转控制原理图.dwg"。

2. 绘制常用控制元器件图形符号并创建为图块

这个将要绘制的图中的元器件有动合触点、接触器、自动复位的手动按钮动合开关、自动复位的手动按钮动断开关、三相鼠笼式感应电动机、继电器线圈一般符号、热继电器驱动元器件、热继电器动断触点、熔断器。其中动合触点、自动复位的手动按钮动合开关和熔断器可以使用设计中心从前面章节绘制的图形中获得。

1）使用设计中心获得图形符号

① 打开第 2 章绘制的图"熔断器符号.dwg"，将熔断器符号创建成图块"熔断器"，然后保存。回到"电动机正、反转控制原理图.dwg"（注：可以使用快捷键【Ctrl+Tab】，在打开的图文件之间进行转换）。

② 按【Ctrl+2】快捷键，打开"设计中心"并锚点居左，使用"文件夹"在第 2 章绘制的"开关类符号库.dwg"中找到块"按钮开关"、"开关"，如图 3-44（a）、（b）所示，把它们拖到窗口；用同样的方法在"熔断器符号.dwg"中找到块"熔断器"，如图 3-44（c）所示，把它拖到窗口。

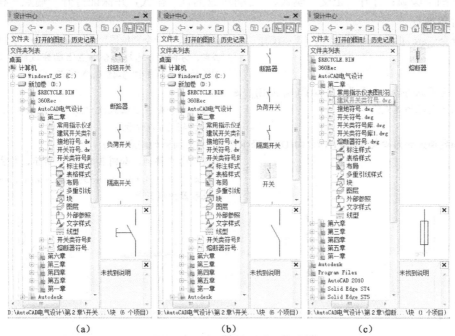

| (a) | (b) | (c) |

图 3-44 在设计中心获得图形符号图块

2）使用已有图形符号修改获得部分图形符号

双击鼠标滚轮，使窗口的图形最大化显示。

（1）创建"动合触点"、"自动复位的手动动合按钮开关"和"接触器"。

① 分解"开关"图块。

| 命令: x EXPLODE | //输入"x"，按空格键激活"分解"命令 |
| 选择对象: 指定对角点: 找到 1 个 | //选中"开关"图块后按空格键 |

② 创建成"动合触点"块。

| 命令: b BLOCK | //输入"b"，按空格键打开"块定义"对话框 |

在"定义块"对话框中的"名称"文本框中输入块的名称"动断触点"，单击"拾取点"左侧的按钮 🔲 ，AutoCAD 将回到绘图窗口，命令行提示如下：

| 指定插入基点: | //单击开关的上端点，指定插入基点，回到"块定义"对话框 |

单击对话框中的"对象"选项区中"选择对象"左侧的按钮 ✛ ，AutoCAD 将返回绘图窗口，并且命令行提示如下：

| 选择对象: 指定对角点: 找到 3 个 | //选中开关的所有组成对象 |
| 选择对象: | //按空格键结束选择对象，回到"块定义"对话框 |

单击 确定 按钮，完成"动合触点"的块定义。在对象选项中选择"保留"选项，对象还是以原来的形式显示，以备后面使用。

③ 创建"自动复位的手动动合按钮开关"块。

用同样的方法分解"按钮开关"图块，并将其对象创建成名称为"自动复位的手动动合按钮开关"的图块。如果虚线不能正常显示，则可打开"线型管理器"窗口，将全局比例因子设置为"0.2"。

④ 修改为"接触器"图形符号，并创建成图块。

绘制半圆弧：打开"正交"模式、"自动对象捕捉"模式，并保证打开"端点"和"中点"对象捕捉。

命令: _arc 指定圆弧的起点或 [圆心(C)]:	//执行菜单命令"绘图"→"圆弧"→"起点、端
	//点、方向"，选择动合触点上面线段的下端为圆
	//弧的起点，如图 3-45（a）所示

指定圆弧的第二个点或 [圆心(C)/端点(E)]: _e 指定圆弧的端点:	//选择动合触点上面线段中点为圆弧的端点，如 //图 3-45（b）所示

指定圆弧的圆心或 [角度(A)/方向(D)/半径(R)]: _d 指定圆弧的起点切向:	//鼠标向左移动，如图 3-45（c）所示，单击鼠标
	//指定圆弧的起点切向，得到如图 3-45（d）所示的
	//接触器图形符号

（a）　　　　　　　（b）　　　　　　　（c）　　　　　　　（d）

图 3-45 "接触器"图形符号绘制

⑤ 用同样的方法，将接触器图形符号创建成名称为"接触器"的图块，插入基点为

上端点。

（2）创建"动断触点""自动复位的手动按钮动断开关""热继电器动断触点"。

① 绘制"动断触点"并创建成图块。

恢复原"开关"图形，对其镜像，并将斜线拉长一点。

命令: _mirror   //单击"修改"工具栏中的"镜像"命令按钮 △，激活"镜像"命令
选择对象: 找到 1 个   //选择开关图形的斜线
选择对象: //按空格键结束选择
指定镜像线的第一点: //单击开关图形的上端点
指定镜像线的第二点: //单击开关图形的下端点
要删除源对象吗? [是(Y)/否(N)] <N>: y   //输入"y"，按空格键结束命令
命令: _lengthen   //执行菜单命令"修改" → "拉长"
选择对象或 [增量(DE)/百分数(P)/全部(T)/动态(DY)]: //选择斜线
当前长度: 4.6188
选择对象或 [增量(DE)/百分数(P)/全部(T)/动态(DY)]: t
                       //输入"t"，按空格键，选择"全部"选项
指定总长度或 [角度(A)] <1.0000>: 5   //输入"5"，按空格键，指定斜线的总长度
选择要修改的对象或 [放弃(U)]:   //按空格键结束命令

在"正交"模式下，绘制一条长出斜线的水平线段，完成"动断触点"的绘制，如图 3-46 所示。用同样的方法将其创建成名称为"动断触点"的图块，插入基点为上端点。

② 绘制"自动复位的手动按钮动断开关"，并创建成图块。

复制"按钮"部分：激活"复制"命令，选择如图 3-47（a）所示按钮部分，复制到"动断触点"如图 3-47（b）所示。

图 3-46　动断触点

注意：基点选择虚线的右端点，目标点选择"动断触点"的斜线的中点。用同样的方法将其创建成名称为"自动复位的手动按钮动断开关"的图块，插入基点为上端点。

③ 绘制"热继电器动断触点"，并创建成图块。

删除"自动复位的手动按钮动断开关"上的对象，得到如图 3-48（a）所示的图形；使用"直线"命令绘制，得到如图 3-48（b）所示的"热继电器动断触点"图形；用同样的方法将其创建成名称为"热继电器动断触点"的图块。

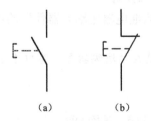

（a）　　　　　（b）

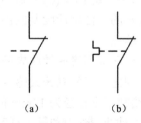

（a）　　　　　（b）

图 3-47　"自动复位的手动按钮动断开关"绘制　　　图 3-48　"热继电器动断触点"绘制

（3）创建"继电器线圈一般符号"和"热继电器驱动元器件"。

①首先使用"矩形"命令绘制一个 4×8 的矩形。

命令: _rectang   //单击矩形按钮□，激活"矩形"命令
指定第一个角点或 [倒角(C)/标高(E)/圆角(F)/厚度(T)/宽度(W)]:
                                       //在绘图窗口单击指定一个点
指定另一个角点或 [面积(A)/尺寸(D)/旋转(R)]: @4,8
                                       //输入相对坐标"@4,8"，按空格键

② 使用"直线"和"镜像"命令绘制两边 4mm 的线：首先使用"直线"命令捕捉矩形左边中点向左绘制一条 4mm 的线段，然后使用"镜像"命令获得右边的线段。完成"继电器线圈"一般符号的绘制，如图 3-49 所示。用同样的方法将其创建成名称为"继电器线圈"的图块。

③ 绘制"热继电器驱动元器件"。

首先将继电器线圈旋转 90°，得到如图 3-50（a）所示图形，然后用"直线"命令绘制如图 3-50（b）所示矩形内的线段。

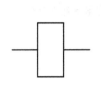

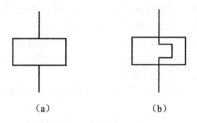

（a）　　　　（b）

图 3-49　继电器线圈　　　　　　　　　图 3-50　"热继电器驱动元器件"绘制

命令: _rotate	//单击"修改"工具栏中的"旋转"命令按钮
UCS 当前的正角方向：ANGDIR=逆时针　ANGBASE=0	
选择对象：指定对角点：找到 3 个	//选择继电器线圈源对象
选择对象：	//按空格键结束选择
指定基点：	//指定一个旋转基点
指定旋转角度，或 [复制(C)/参照(R)] <0>：90	//输入旋转角度"90°"后按空格键完成旋转
命令：L LINE	//输入"L"后，按空格键激活"直线"命令
指定第一点：	//捕捉继电器线圈上面线段的下端点
指定下一点或 [放弃(U)]：1	//打开"正交"模式，鼠标向下移动，在命令行中输入"1"后按空格键
指定下一点或 [放弃(U)]：2	//鼠标向右移动，在命令行中输入"2"后按空格键
指定下一点或 [闭合(C)/放弃(U)]：2	//鼠标向下移动，在命令行中输入"2"后按空格键
指定下一点或 [闭合(C)/放弃(U)]：2	//鼠标向左移动，在命令行中输入"2"后按空格键
指定下一点或 [闭合(C)/放弃(U)]：	//捕捉继电器线圈下面线段的上端点
指定下一点或 [闭合(C)/放弃(U)]：	//按空格键结束绘制

用同样的方法将所绘制的图形创建成名称为"热继电器驱动元器件"的图块，插入基点为上端点。

注意： 以上创建和修改块编辑的操作也可以直接在"块编辑器"窗口中进行。

（4）创建"三相鼠笼式感应电动机"。

① 绘制一个直径为 12mm 的圆。

命令：_circle 指定圆的圆心或[三点(3P)/两点(2P)/切点、切点、半径(T)]:	
	//单击 按钮激活"画圆"命令。在合适的位置单击，指定圆心
指定圆的半径或 [直径(D)]<4.000>:6	//输入半径长度后按空格键，如图 3-51（a）所示

② 添加文字。

命令：dt TEXT	//输入"dt"后，按空格键激活"单行文字"命令
当前文字样式："Standard"　文字高度：2.5000　注释性：否	
指定文字的起点或 [对正(J)/样式(S)]:	//在合适的位置单击，指定文字的位置
指定高度 <2.5000>:	//按空格键，默认文字高度为 2.5mm
指定文字的旋转角度 <0>:	//按空格键，默认文字不旋转

在圆中输入"M"，按两次【Enter】键结束文字添加，效果如图 3-51（b）所示。用同样的方法添加"3"，效果如图 3-51（c）所示。

③ 在圆内绘制一条样条曲线，效果如图 3-51（d）所示。

（a）　　　　　　　（b）　　　　　　　（c）　　　　　　　（d）

图 3-51　"三相鼠笼式感应电动机"绘制

命令: _spline	//单击 ～ 按钮激活"样条曲线"命令
指定第一个点或 [对象(O)]:	//在圆内合适的位置单击
指定下一点:	//在右上方位置单击
指定下一点或 [闭合(C)/拟合公差(F)] <起点切向>:	//在第一个点的水平右方向合适位置单击
指定下一点或 [闭合(C)/拟合公差(F)] <起点切向>:	//在第一个点的水平右方向合适位置单击
指定下一点或 [闭合(C)/拟合公差(F)] <起点切向>:	//在第二个点的水平右方向合适位置单击
指定下一点或 [闭合(C)/拟合公差(F)] <起点切向>:	//按空格键
指定起点切向:	//按空格键
指定端点切向:	//按空格键结束绘制

④ 保存为块。用同样的方法将其创建成名为"三相鼠笼式感应电动机"的图块，插入基点为圆的上侧的象限点。

▶ 3. 放置元器件，绘制线路图

1）绘制主电路部分

（1）绘制单相线路。

① 绘制一个半径为 0.5mm 的圆作为端接点标志，然后在下面插入"开关"图块。

| 命令: i INSERT | //在命令行中输入"i"后按空格键，打开"插入"对话框，选择"开关" |
| | //图块，并设置路径等，如图 3-52 所示 |

单击"确定"按钮后，命令行显示如下：

| 指定插入点或 [基点(B)/比例(S)/X/Y/Z/旋转(R)]: |
| | //捕捉小圆下端的象限点为插入点，放置图块如图 3-53（a）所示 |

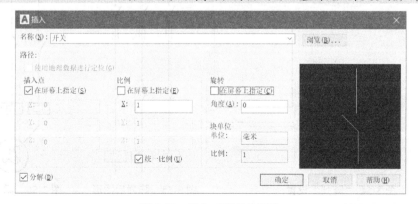

图 3-52　插入"开关"图块

② 用同样的方法，插入图块"熔断器"，捕捉开关下线段的上端点为插入点，放置

图块如图 3-53（b）所示，然后向下绘制一条长度为 10mm 的铅垂线段，如图 3-53（c）所示。

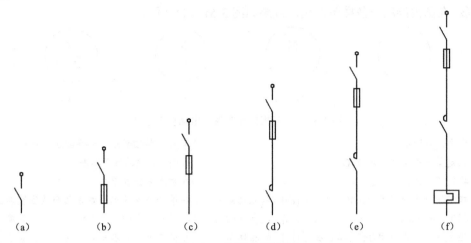

图 3-53　绘制单相线路

③ 用同样的方法，插入图块"接触器"，捕捉长度为 10mm 线段的下端点为插入点放置图块，如图 3-53（d）所示，然后再向下绘制一条长度为 10mm 的铅垂线段，如图 3-53（e）所示。

④ 用同样的方法，插入图块"热继电器驱动元器件"，捕捉长度为 10mm 线段的下端点为插入点，得到如图 3-53（f）所示单相线路图形。

（2）完成三相线路。

① 单击"修改"工具栏中的"阵列"命令按钮⊞，打开"阵列"对话框，选择"矩形阵列"单选按钮，其他选项设置如图 3-54 所示。单击"选择对象"按钮，选择刚绘制的单相线路所有对象。单击"确定"按钮，得到如图 3-55 所示图形。

插入"三相鼠笼式感应电动机"得到如图 3-56 所示的图形。

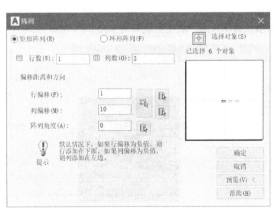

图 3-54　"阵列"设置

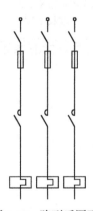

图 3-55　阵列后图形

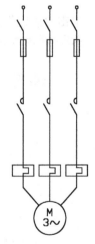

图 3-56　添加电动机

首先在中间相向下绘制一条长度为 5mm 的线段。

命令:L LINE 指定第一点:　　//输入"L"，按空格键激活"直线"命令，捕捉中间相"热继电
　　　　　　　　　　　　　　//器驱动元器件"下端点

指定下一点或 [放弃(U)]: 5	//在"正交"模式下，将鼠标向下移动，在命令行中输入"5" //后按空格键
指定下一点或 [放弃(U)]:	//按空格键结束画线

插入"三相鼠笼式感应电动机"图块，指定长度为 5mm 的线段的下端点为插入点。然后确定打开"垂足"对象自动捕捉，绘制剩下的两条斜线。

命令: L LINE 指定第一点:	//输入"L"，按空格键激活"直线"命令，捕捉左侧相"热继电 //器驱动元器件"下端点
指定下一点或 [放弃(U)]:	//关闭"正交"模式，对电动机外圆周捕捉"垂足"
指定下一点或 [放弃(U)]:	//按空格键结束画线

用同样的方法绘制右侧的斜线。

② 绘制虚线，获得"三相电源开关"和"三相接触器"。

先添加虚线线型。打开线型管理器，加载线型 DASHED。在"特性"工具栏中单击"线型控制"区，在下拉列表中选择线型"DASHED"为当前线型。使用"直线"命令绘制水平的虚线。打开"中点"自动对象捕捉。确定打开"正交"模式。

命令: L LINE	//输入"L"，按空格键激活"直线"命令
指定第一点:	//用鼠标捕捉左侧相"开关"斜线的中点作为虚线的左端点
指定下一点或 [放弃(U)]:	//用鼠标捕捉右侧相"开关"斜线的中点作为虚线的右端点
指定下一点或 [放弃(U)]:	//按空格键结束命令，得到"三相电源开关"

用同样的方法绘制虚线连线，得到如图 3-57 所示的图形。

（3）完成主电路其他部分。

① 复制如图 3-58 所示的"三相接触器"图形。

命令: _copy	//单击"修改"工具栏中的"复制"按钮
选择对象: 指定对角点: 找到 4 个	//选择"三相接触器"
选择对象:	//按空格键结束选择对象
当前设置: 复制模式 = 多个	
指定基点或 [位移(D)/模式(O)] <位移>: 指定第二个点或 <使用第一个点作为位移>: 40	
	//在"正交"模式下，将鼠标向左移动，在命令行中输入"40" //后按空格键
指定第二个点或 [退出(E)/放弃(U)] <退出>:	
	//按空格键结束复制，得到如图 3-58 所示图形

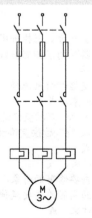

图 3-57 绘制虚线后图形

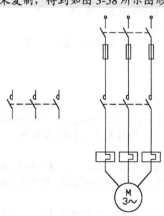

图 3-58 复制"三相接触器"

② 使用"直线"命令绘制如图 3-59 所示的两条水平线段。

命令: L LINE 指定第一点:	//输入"L"，按空格键激活"直线"命令

指定下一点或 [放弃(U)]:	//捕捉右侧"三相接触器"左侧单相开关的上端点作为第二个点
指定下一点或 [放弃(U)]:	//按空格键结束"直线"命令
命令: LINE 指定第一点:	//按空格键重复激活"直线"命令，捕捉左侧"三相接触器"右侧 //单相开关的上端点作为第一个点
指定下一点或 [放弃(U)]:	//捕捉右侧"三相接触器"右侧单相开关的上端点作为第二个点
指定下一点或 [放弃(U)]:	//按空格键结束画线命令，得到如图 3-59 所示图形

③ 对两条水平线进行偏移，偏移距离为 5mm，得到如图 3-60 所示图形。

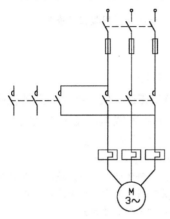

图 3-59　绘制水平线段

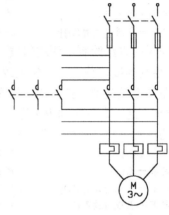

图 3-60　偏移水平线

命令: o OFFSET	//输入"o"，按空格键激活"偏移"命令
当前设置: 删除源=否　图层=源　OFFSETGAPTYPE=0	
指定偏移距离或 [通过(T)/删除(E)/图层(L)] <通过>: 5	//在命令行中输入偏移距离"5"后按空 //格键
选择要偏移的对象，或 [退出(E)/放弃(U)] <退出>:	//单击选择要偏移的对象
指定要偏移的那一侧上的点，或 [退出(E)/多个(M)/放弃(U)] <退出>:	//在偏移的那一侧上单击鼠标
选择要偏移的对象，或 [退出(E)/放弃(U)] <退出>:	//继续单击选择要偏移的对象，或在完 //成所有偏移以后按空格键结束命令

④ 修剪或延伸水平线段，得到如图 3-61 所示图形。

命令: _trim	//单击"修改"工具栏中的"修剪"按 //钮
当前设置:投影=UCS，边=无	
选择剪切边...	
选择对象或 <全部选择>: 指定对角点: 找到 6 个	//用窗交方式选择如图 3-62 所示的"接 //触器"的下侧铅垂线作为剪切或延伸 //边界
选择对象:	//按空格键结束选择
选择要修剪的对象，或在按住【Shift】键的同时选择要延伸的对象，或 [栏选(F)/窗交(C)/投影(P)/边(E)/删除(R)/放弃(U)]: e	//输入"e"后按空格键，选择"边"选项
输入隐含边延伸模式 [延伸(E)/不延伸(N)] <不延伸>: e	//输入"e"后按空格键，选择边为延伸 //模式
选择要修剪的对象，或在按住【Shift】键的同时选择要延伸的对象，或 [栏选(F)/窗交(C)/投影(P)/边(E)/删除(R)/放弃(U)]:	//单击要修剪的对象，或在按住【Shift】 //键的同时单击要延伸的对象
选择要修剪的对象，或在按住【Shift】键的同时选择要延伸的对象，或 [栏选(F)/窗交(C)/投影(P)/边(E)/删除(R)/放弃(U)]:	//选择修剪或延伸的对象，或在完成修 //剪或延伸后按空格键结束命令

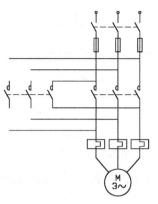

图 3-61　修剪或延长水平线段后的图形

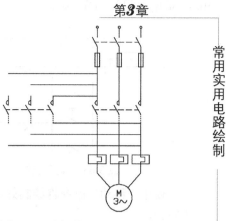

图 3-62　选择剪切或延伸边界

⑤ 使用"直线"命令完成剩下的线段绘制，得到如图 3-63 所示的主电路图形。

2）绘制控制电路部分

（1）绘制控制线路的连接线。

使用"直线"命令绘制如图 3-64 所示的控制线路的连接线图，各线段尺寸如图中标注所示。

（2）将各电气元器件块插入图中。

使用"插入块"命令，将各电气元器件块插入图中，如图 3-65 所示。注意在插入图块时，有的图块需要旋转后插入，即在"插入"对话框中，将旋转角度设为"-90°"。

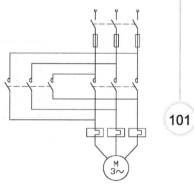

图 3-63　完成的主电路图形

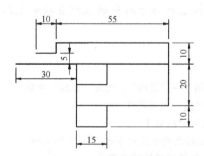

图 3-64　控制线路的连接线图

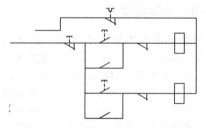

图 3-65　插入电气元器件块

（3）使用修剪命令，将图中直线进行修剪。

```
命令:_trim                                  //单击"修改"工具栏中的"修剪"按钮
当前设置:投影=UCS，边=无
选择剪切边…
选择对象或 <全部选择>:                        //按空格键"全部选择"
选择要修剪的对象，或在按住【Shift】键的同时选择要延伸的对象，或
[栏选(F)/窗交(C)/投影(P)/边(E)/删除(R)/放弃(U)]:  //单击要修剪的部分，得到如图 3-66 所示图形
选择要修剪的对象，或在按住【Shift】键的同时选择要延伸的对象，或
[栏选(F)/窗交(C)/投影(P)/边(E)/删除(R)/放弃(U)]:  //按空格键结束命令
```

用"直线"命令补全缺少的部分，得到如图 3-67 所示的控制电路部分。

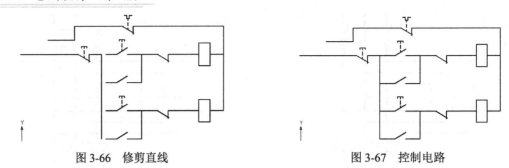

图 3-66　修剪直线　　　　　　　　　　　图 3-67　控制电路

使用"移动"命令将绘制好的控制电路移动到主电路上，得到如图 3-68 所示的完整电路图。

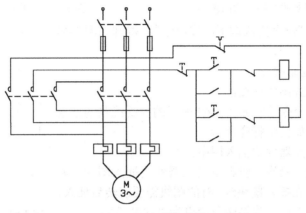

图 3-68　完整电路图

注意： 应选择左边的端点作为移动基点，选择主电路上对应的点放置控制电路。

❹ 4．添加连接点

使用圆环命令添加实心点标示的连接点。

```
命令：_donut                          //执行菜单命令"绘图"→"圆环"，激活"圆环"命令
指定圆环的内径 <0.5000>：0            //输入"0"，按空格键，指定圆环内径
指定圆环的外径 <1.0000>：             //按空格键，默认圆环外径为 1
指定圆环的中心点或 <退出>：           //在如图 3-69 所示连接点的位置处单击，添加连接点
指定圆环的中心点或 <退出>：           //添加完所有连接点后按空格键结束命令
```

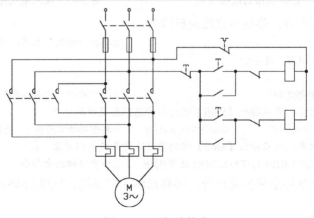

图 3-69　添加连接点

▶**5. 添加注释文字**

（1）通过"设计中心"获得文字样式 Romans。

按【Ctrl+2】快捷键，打开"设计中心"并锚点居左，使用"文件夹"在图形"电动机正、反转控制原理图.dwg"中找到文字样式"Romans"，并拖到窗口。

（2）输入一个文字。

命令: dt TEXT	//输入"dt"，按空格键激活"单行文字"命令
当前文字样式： "Romans"　文字高度：2.5000　注释性：否	
指定文字的起点或 [对正(J)/样式(S)]: j	//输入"j"，按空格键选择对正方式
输入选项[对齐(A)/调整(F)/中心(C)/中间(M)/右(R)/左上(TL)/中上(TC)/右上(TR)/左中(ML)/正中(MC)/右中(MR)/左下(BL)/中下(BC)/右下(BR)]: M	
	//输入"M"，按空格键选择中间对正
指定文字的中间点：	//单击文字应放置的位置中点为文字的中间点
指定高度 <2.5000>: 3	//输入文字的高度为"3"
指定文字的旋转角度 <0>:	//按空格键，默认以 0° 旋转角进入绘图窗口输入文字

在窗口输入文字"L1"，按两次【Enter】键结束命令，如图 3-70 所示。

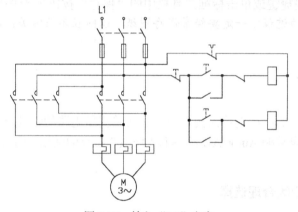

图 3-70　输入"L1"文字

（3）复制字高和样式相同的文字。

命令: _copy	//单击 ⊶ 按钮，激活"复制"命令
选择对象: 找到 1 个	//选中"L1"
选择对象:	//按空格键结束选择
当前设置： 复制模式 = 多个	
指定基点或 [位移(D)/模式(O)] <位移>: >>	//单击"L1"文字的中间插入点作为基点
指定第二个点或 <使用第一个点作为位移>:	//单击要放置文字的中间点，获得一个复制体
指定第二个点或 [退出(E)/放弃(U)] <退出>:	//同样依次单击各个文字所在的中间点，获得所有
	//同样高度的一系列文字，如图 3-71 所示
指定第二个点或 [退出(E)/放弃(U)] <退出>:	//按空格键结束复制

（4）修改文字内容。

命令: _ddedit	//双击要修改的某一文字，修改文字内容后按【Enter】键
选择注释对象或 [放弃(U)]:	//依次单击要修改的文字，修改文字内容后按【Enter】键
选择注释对象或 [放弃(U)]:	//完成文字修改后，如图 3-37 所示，按【Enter】键结束命令

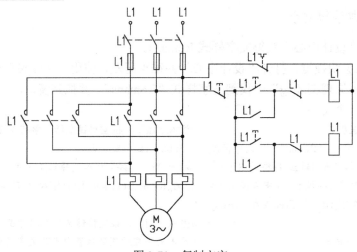

图 3-71　复制文字

▶6．保存图形

按【Ctrl+S】快捷键或单击标准工具栏中的"保存"按钮 对图纸进行保存。

注意：在绘图的过程中一定要经常保存图纸，以防在不正常关闭时丢失数据。

3.4　小结

本章以一些常用的实用电路为例，介绍了简单实用电路的绘制方法。

通过本章学习应掌握 AutoCAD 绘图和"修改"命令的使用，同时应注意合理使用以下技巧。

1．复制类命令的合理选择

在绘制图形的过程中，经常会遇到某些图元对象相同或相近，这时不需要重新绘制，可以使用复制类命令获得一个或多个副本，极大地加快绘图速度，起到事半功倍的作用。复制类命令有"复制"（COPY）、"偏移"（OFFSET）、"镜像"（MIRROR）和"阵列"（ARRAY）命令；在进行旋转（ROTATE）、缩放（SCALE）的同时如果选择了"复制"选项，对象将在对象"旋转"或"缩放"的同时，在对象的原来位置或以原来的大小产生一个复制体；在使用夹点进行编辑时，如果选择了"复制"选项，将在进行指定的编辑的同时，进入多重复制状态。另外，和其他的应用软件一样使用【Ctrl+C】快捷键也可以进行复制。

在选择复制命令时应根据以下原则。

- 等距离的对象复制，如同心圆、平行线等，使用"偏移"命令。
- 对称对象复制，使用"镜像"命令。
- 要实现复制体有规律地进行矩形或环形排列时，应使用"阵列"命令。
- 当复制的一系列对象是无规律排列时，使用"复制"命令。
- 如果要将对象复制到其他应用软件，即将对象进行外部引用时，使用【Ctrl+C】快捷键，因为【Ctrl+C】快捷键将对象复制到了粘贴板上，在任何应用软件中使用粘贴命令都可以直接引用。

● 其他类型的复制，可以根据需要旋转或缩放，选择对应的命令来实现。

2．设计中心的使用

设计中心的功能非常强大，合理地使用设计中心，可以方便地在图形之间复制块、复制图层、线型、文字样式、标注样式等。针对设计中心的特点，可以将某一类图纸所使用的块、图层、线型、文字样式、标注样式等都集中到一个素材图形文件中，这样在使用设计中心调用时将更加方便。

3.5　习题与练习

一、填空题

1．电气原理图一般由_____、_____和_____组成。

2．在夹点编辑模式中，可以_____、_____、_____、_____或复制对象。

3．按_____功能键可以打开或关闭"设计中心"窗口；按_____功能键可以打开或关闭"工具选项板"窗口。

4．写出以下命令的命令缩写：阵列_____、拉伸_____、旋转_____、画多段线_____、多行文字_____、移动_____、分解_____、缩放_____。

二、问答题

1．简述电气原理图绘制的基本方法和注意事项。

2．设计中心的主要功能有哪些？

3．AutoCAD 中的复制类命令有哪些？简述各复制类命令的使用原则。

三、绘图练习和扩展

1．绘制如图 3-72 所示的双母线连接图。

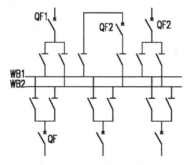

图 3-72　双母线连接图

2．绘制如图 3-73 所示的两台电动机顺序启动控制线路图。

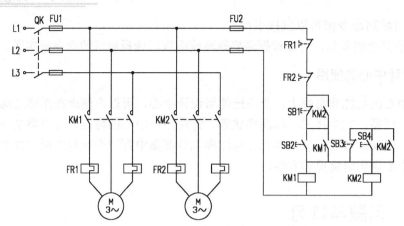

图 3-73　两台电动机顺序启动控制线路图

变配电工程图绘制

电力从发电厂出来以后，要经过升压、输送、降压等环节才能被用户使用。变配电工程是指供应电能、变换电压和分配电能的电气工程。由于变配电工程的核心是变配电所，故变配电工程有时也被称为变配电所工程。

4.1 变配电工程图介绍

4.1.1 变配电工程图的分类

变配电工程图主要有电气主接线图、变配电所平面图、变配电所剖面图、二次接线图等，作为整套图纸还应有变配电所的照明系统图、照明平面图、防雷接地布置图等。本章主要介绍电气主接线图、二次接线图、变配电所平面图、变配电所剖面图，其他图种的绘制可以参考后面的章节中介绍的方法来绘制。

4.1.2 电气主接线图

电气主接线图也称一次接线图或一次系统图，是变配电所的重要文档，是根据电能输送和分配的要求表示主要的一次设备相互之间的连接关系，以及变配电所与电力系统的电气连接关系。一次设备是指进行电能的生产、输送、分配的电气设备，包括发电机、变压器、母线、架空线路、电力电缆、断路器、隔离开关、电流互感器、电压互感器、避雷器等。

如图 4-1 所示为某 10kV 变电所高压一次系统主接线图，图纸反映了组成 10kV 高压配电系统的一次设备及其连接关系。图中各回路号、设备型号、容量、用途等均对应于各回路，并以表格形式表示出来。

4.1.3 二次接线图

要实现电力系统的正常稳定经济运行，除了一次设备外，还必须有相应的二次设备。二次设备对一次设备起检测、控制、调节、保护的作用，包括各种测量仪表、控制和信号器具、继电保护及安全自动装置等。由二次设备按一定要求构成的电路称为二次接线或二次回路。二次回路一般包括控制回路、继电保护回路、测量回路、信号回路、自动装置回路、计算机监控回路等。描述二次回路的图纸称为二次接线图或二次回路图。

二次接线图是电气工程设计图纸的重要组成部分。二次接线图是将所有的二次设备

（元器件）用国家统一规定的图形和文字符号来表明其相互连接的电气接线图。如图 4-2 所示为某建筑变配电所的部分综合保护屏的二次接线图。完整的二次接线图还包括屏面布置图、端子接线图（表）、设备材料表等。

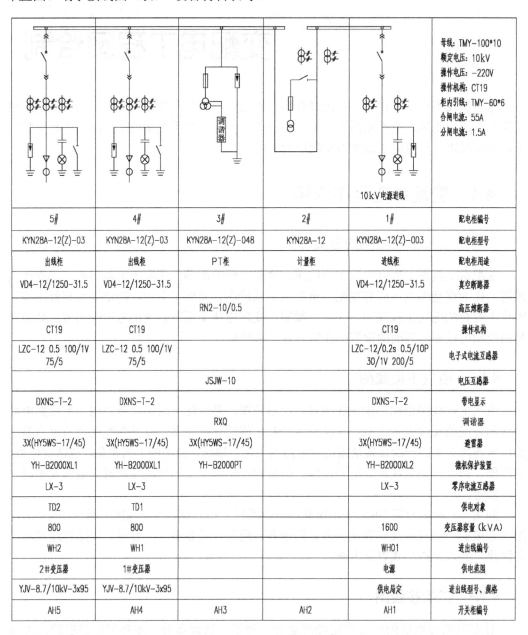

母线：TMY-100*10
额定电压：10kV
操作电压：-220V
操作机构：CT19
柜内引线：TMY-60*6
合闸电流：55A
分闸电流：1.5A

10kV电源进线

5#	4#	3#	2#	1#	配电柜编号
KYN28A-12(Z)-03	KYN28A-12(Z)-03	KYN28A-12(Z)-048	KYN28A-12	KYN28A-12(Z)-003	配电柜型号
出线柜	出线柜	PT柜	计量柜	进线柜	配电柜用途
VD4-12/1250-31.5	VD4-12/1250-31.5			VD4-12/1250-31.5	真空断路器
		RN2-10/0.5			高压熔断器
CT19	CT19			CT19	操作机构
LZC-12 0.5 100/1V 75/5	LZC-12 0.5 100/1V 75/5			LZC-12/0.2s 0.5/10P 30/1V 200/5	电子式电流互感器
		JSJW-10			电压互感器
DXNS-T-2	DXNS-T-2			DXNS-T-2	带电显示
		RXQ			调谐器
3X(HY5WS-17/45)	3X(HY5WS-17/45)	3X(HY5WS-17/45)		3X(HY5WS-17/45)	避雷器
YH-B2000XL1	YH-B2000XL1	YH-B2000PT		YH-B2000XL2	微机保护装置
LX-3	LX-3			LX-3	零序电流互感器
TD2	TD1				供电对象
800	800			1600	变压器容量（kVA）
WH2	WH1			WH01	进线线编号
2#变压器	1#变压器			电源	供电范围
YJV-8.7/10kV-3x95	YJV-8.7/10kV-3x95			供电局定	进出线型号、规格
AH5	AH4	AH3	AH2	AH1	开关柜编号

图 4-1　10kV 一次系统主接线图

4.1.4　变配电所平面图、剖面图

变配电所平面图、剖面图是具体表现变配电所的总体布置和一次设备安装位置的图纸，是施工单位进行设备安装所依据的主要技术图纸。如图 4-3 所示为某变配电所的设备布置平面图，如图 4-4 所示为其对应的剖面图。

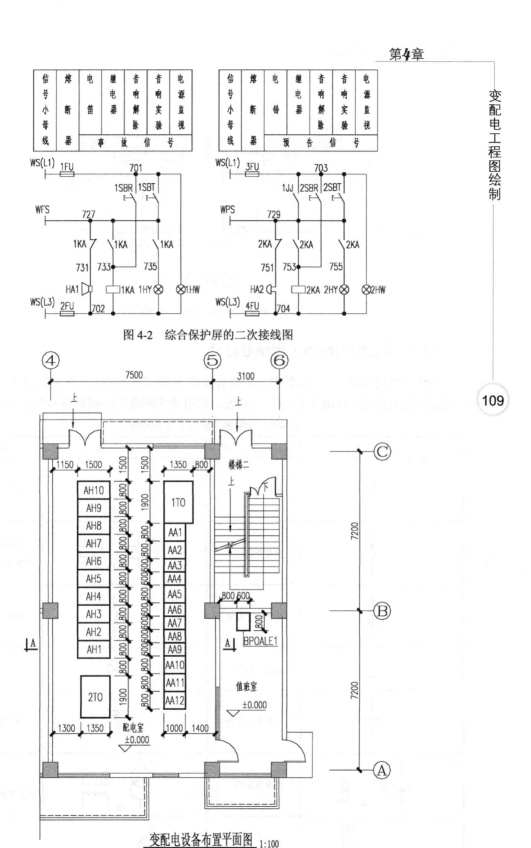

信号小母线	熔断器	电笛	继电器	音响解除	音响实验	电源监视
		事	故	信	号	

信号小母线	熔断器	电铃	继电器	音响解除	音响实验	电源监视
		预	告	信	号	

图 4-2　综合保护屏的二次接线图

变配电设备布置平面图 1:100

图 4-3　变配电所设备布置平面图

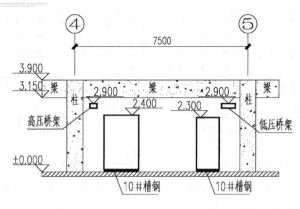

图 4-4 变配电所 A-A 剖面图

4.1.5 常用的变配电工程图形符号

在绘制接线图时，一次设备和二次设备使用国家标准规定的标准图形符号。根据《电气简图用图形符号》（GB/T 4728）的要求，常用的变配电工程图形符号如表 4-1 所示。

表 4-1 常用的变配电工程图形符号

符 号	说 明	符 号	说 明
	断路器		隔离开关
	负荷开关	或	驱动元器件/继电器线圈
	熔断器一般符号		熔断器开关
	接地一般符号		灯一般符号
	电容器一般符号		避雷器
或	电流互感器	或	双绕组变压器/电压互感器
或	在一个铁芯上有两个次级线圈的电流互感器	或	三绕组变压器

4.2 变配电工程图形符号绘制

4.2.1 绘制方法分析

在变配电工程图中，表 4-1 中的图形符号在很多图中都会用到，如果每次均绘制，将浪费大量时间，建议创建一个名为"变配电工程图形符号"的库文件，将每个图形符号绘制后创建成图块，在新图形文件中需要时，通过设计中心直接调用，会提高工作效率，节约大量时间，同时可以做到图形符号的统一。

注意： 在创建图块时，首先要在"0"层绘制符号图形对象，图元对象特性（颜色、线型、线宽等），如无特殊要求均设置为"随层"（ByLayer）或"随块"（ByBlock），然后创建为图块。

在整理和绘制图形符号时，可以使用"设计中心"获得其他图纸中已有的图形符号，或通过在修改已有的图形符号的"块编辑器"窗口获得。

4.2.2 绘制过程

❯ 1. 创建新图

运行 AutoCAD 2018，在"选择样板"对话框中选择默认的"acadiso.dwt"，建立一个新图，并保存图名为"变配电工程图形符号.dwg"。

❯ 2. 使用"设计中心"获得图形符号

按【Ctrl+2】快捷键，打开"设计中心"并锚点居左，使用"文件夹"在第 2 章绘制的"开关类符号库"中找到块"隔离开关""断路器""负荷开关"，把它们拖到窗口中；在在第 3 章绘制的"两个开关控制一盏灯的电路图.dwg"中找到块"灯"，在"电流互感器三相完全星形接线图.dwg"中找到块"接地符号"、"电流互感器"和"继电器线圈"，在"电动机正、反转控制原理图.dwg"中找到块"熔断器"，并拖到窗口中。

❯ 3. 使用"块编辑器"修改和创建新块

1）创建"避雷器"

选择一个块"熔断器"，单击鼠标右键，在弹出的快捷菜单中选择"块编辑器"命令。

① 首先使用"修剪"命令，剪掉中间的线段。

```
命令: tr TRIM                          //输入"tr"，按空格键激活"修剪"命令
当前设置:投影=UCS，边=无
选择剪切边...
选择对象或 <全部选择>:                   //按空格键，选择默认的"全部选择"
选择要修剪的对象，或在按住【Shift】键的同时选择要延伸的对象，或
[栏选(F)/窗交(C)/投影(P)/边(E)/删除(R)/放弃(U)]:
                                      //单击选择矩形内线段，得到如图 4-5 所示的图形
选择要修剪的对象，或在按住【Shift】键的同时选择要延伸的对象，或
[栏选(F)/窗交(C)/投影(P)/边(E)/删除(R)/放弃(U)]:     //按空格键，结束命令
```

② 使用多段线命令，绘制矩形内箭头。

```
命令: pl PLINE                         //输入"pl"，按空格键激活"多段线"命令
```

```
指定起点:                                    //捕捉矩形上边的中点
当前线宽为  0.0000
指定下一个点或 [圆弧(A)/半宽(H)/长度(L)/放弃(U)/宽度(W)]: 1
                                          //在"正交"状态下，鼠标向下移动，在命令行中输入
                                          // "1"后，按空格键绘制向下的铅垂线段
指定下一点或 [圆弧(A)/闭合(C)/半宽(H)/长度(L)/放弃(U)/宽度(W)]: W
                                          //输入"W"，按空格键选择修改宽度
指定起点宽度 <0.0000>: 1                    //在命令行中输入"1"后按空格键，指定上端点宽度
指定端点宽度 <1.0000>: 0                    //在命令行中输入"0"后按空格键，指定下端点宽度
指定下一点或 [圆弧(A)/闭合(C)/半宽(H)/长度(L)/放弃(U)/宽度(W)]:
                                          //保证打开"中点"自动对象捕捉，打开"对象追踪"，
                                          //并设置"对象捕捉追踪"为"仅正交追踪"，追踪如
                                          //图 4-6 所示的中点轨迹后，单击鼠标
指定下一点或 [圆弧(A)/闭合(C)/半宽(H)/长度(L)/放弃(U)/宽度(W)]:
                                          //按空格键结束命令
```

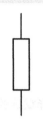

图 4-5　使用"修剪"命令，剪掉中间的线段　　　　图 4-6　绘制矩形内箭头

③ 单击"将块另存为"按钮 ，将绘制的对象存为"避雷器"。

2）创建"熔断器开关"

① 单击"编辑或创建块定义"按钮 ，打开如图 4-7 所示的"编辑块定义"对话框，选择"隔离开关"，单击"确定"按钮，进入"块编辑器"窗口。

② 删除上边的水平线段。

③ 插入图块"熔断器"，并在"插入"对话框中选中左下角的"分解"复选框，如图 4-8 所示。

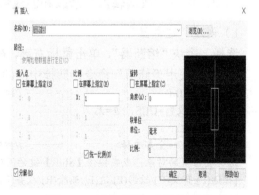

图 4-7　"编辑块定义"对话框　　　　　图 4-8　插入图块"熔断器"

④ 使用"夹点"编辑将"熔断器"符号的下端点向上拉伸 2 个单位，移动编辑完的"熔断器"符号图元到如图 4-9 所示的位置。

⑤ 旋转"熔断器"符号。

命令: ro ROTATE	//输入"ro"，按空格键激活"旋转"命令
UCS 当前的正角方向： ANGDIR=逆时针 ANGBASE=0	
选择对象: 指定对角点: 找到 2 个	//选择"熔断器"符号图元对象
选择对象:	//按空格键结束选择
指定基点:	//捕捉"熔断器"符号图元对象下端点作为基点
指定旋转角度，或 [复制(C)/参照(R)] <0>: r	//输入"r"，选择"参照"选项
指定参照角 <0>:	//捕捉"熔断器"符号图元对象下端点
指定第二点:	//捕捉"熔断器"符号图元对象上端点
指定新角度或 [点(P)] <0>:	//捕捉"开关"符号斜线上端点，指定新角度，
	//如图 4-10 所示

⑥ 缩放"熔断器"符号。

命令: sc SCALE	//输入"sc"，按空格键激活"缩放"命令
选择对象: p 找到 2 个	//输入"p"，按空格键选择上一个选择集
选择对象:	//按空格键结束选择
指定基点:	//捕捉"熔断器"符号图元对象下端点作为基点
指定比例因子或 [复制(C)/参照(R)] <1.0000>: r	//输入"r"，选择"参照"选项
指定参照长度 <1.0000>:	//捕捉"熔断器"符号图元对象下端点
指定第二点:	//捕捉"熔断器"符号图元对象上端点
指定新的长度或 [点(P)] <1.0000>:	//捕捉"开关"符号斜线上端点，将缩放为如
	//图 4-11 所示图形符号

图 4-9　移动"熔断器"符号位置　　图 4-10　旋转"熔断器"符号　　图 4-11　缩放"熔断器"符号

⑦ 单击"将块另存为"按钮，将绘制的对象另存为"熔断器开关"。

3）创建"继电器线圈"

① 单击"编辑或创建块定义"按钮，打开"编辑块定义"对话框，选择"继电器线圈"，单击"确定"按钮，进入"块编辑器"窗口。

② 删除左侧铅垂线段，移动右侧铅垂线段到矩形下边中点处，如图 4-12 所示。

③ 使用"镜像"命令，获得上边的线段，得到如图 4-13 所示图形符号。

④ 单击"将块另存为"按钮，把绘制的对象另存为"继电器线圈 1"。单击 关闭块编辑器(C) 按钮，关闭"块编辑器"窗口。

图 4-12　移动右侧铅垂线段　　　　图 4-13　继电器线圈图形符号

4）创建"电流互感器"

① 用鼠标右键单击状态栏的"栅格显示"按钮，在弹出的快捷菜单中选择"设置"

命令，在打开的"草图设置"对话框设置"栅格"和"捕捉"，如图4-14所示。

② 捕捉一个栅格点为圆心，绘制一个半径为2mm的圆。

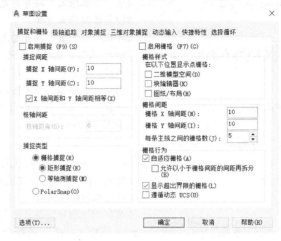

图4-14 "栅格"和"捕捉"设置

③ 穿过圆，绘制一条长为12mm的垂直线，如图4-15所示。

④ 从圆的右侧象限点开始向右绘制一条长为6mm的水平线段，如图4-16所示。

⑤ 使用"捕捉"模式，绘制如图4-17所示的两条斜线，得到"电流互感器"图形符号。

图4-15 绘制一条长为12mm　　　图4-16 向右绘制一条长为6mm　　　图4-17 "电流互感器"
　　　　 的垂直线　　　　　　　　　　　　的水平线段　　　　　　　　　　图形符号

⑥ 将绘制的图形符号创建为名为"电流互感器1"的图块，指定上端点为插入基点。

5）创建"在一个铁芯上有两个次级线圈的电流互感器"

（1）创建一个符号。

① 选择一个块"电流互感器"，单击鼠标右键，在弹出的快捷菜单中选择"块编辑器"命令，打开"块编辑器"窗口。

② 选择线圈对象，在向下12mm处复制，得到如图4-18所示图形。

```
命令: cp COPY                              //输入"cp"，按空格键激活"复制"命令
选择对象: 指定对角点: 找到 4 个            //选择线圈对象
选择对象:                                  //按空格键结束选择
当前设置: 复制模式 = 多个
指定基点或 [位移(D)/模式(O)] <位移>: 指定第二个点或 <使用第一个点作为位移>: <正交 开>12
                                           //打开"正交"模式，向下移动鼠标，输入"12"
                                           //后按空格键
指定第二个点或 [退出(E)/放弃(U)] <退出>:   //按空格键结束命令
```

③ 使用夹点向下拉伸铅垂线的下端点12mm，得到如图4-19所示图形。

④ 绘制左侧铅垂线，得到如图 4-20 所示的"在一个铁芯上有两个次级线圈的电流互感器"图形符号。

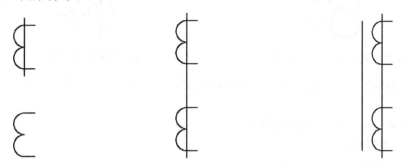

图 4-18　复制线圈对象　　　图 4-19　向下拉伸铅垂线的下　　　图 4-20　　"在一个铁芯上有两个次级线

端点 12mm　　　　　　　　　　　圈的电流互感器"图形符号

⑤ 缩放图形符号为原来的 2/3。单击"将块另存为"按钮 ，将绘制的对象另存为"两个次级线圈电流互感器"。单击 关闭块编辑器(C) 按钮，关闭"块编辑器"窗口。

（2）创建另一个符号。

① 在"草图设置"对话框设置"栅格"和"捕捉"，如图 4-21 所示。

② 捕捉一个栅格点为圆心，绘制一个半径为 1.5mm 的圆。

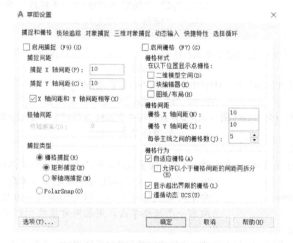

图 4-21　设置"栅格"和"捕捉"

③ 从圆的右侧象限点开始向右绘制一条长为 3.5mm 的水平线段，如图 4-22 所示。

④ 使用"捕捉"模式，绘制如图 4-23 所示的两条斜线。

图 4-22　绘制长为 3.5mm 的水平线段　　　　图 4-23　绘制两条斜线

⑤ 选择绘制的对象，在向下 2.5mm 处复制，得到如图 4-24 所示图形。

⑥ 绘制铅垂线，得到如图 4-25 所示的图形符号。

图 4-24　向下 2.5mm 处复制　　　　　　　图 4-25　完成的图形符号

⑦ 将绘制的图形符号创建为名为"两个线圈电流互感器 1"的图块，指定上端点为插入基点。

6）创建"双绕组变压器/电压互感器"

（1）创建一个符号。

① 绘制一个半径为 1.5mm 的圆。

② 选择绘制的圆，在向下 2mm 处复制。

③ 捕捉上面圆的上侧象限点向上绘制一条 1.5mm 长的铅垂线段；使用"镜像"命令获得下面的铅垂线段，得到如图 4-26 所示的"双绕组变压器/电压互感器"符号。

④ 将绘制的图形符号创建为名为"电压互感器 1"的图块，指定上端点为插入基点。

（2）创建另一个符号。

① 设置栅格间距和捕捉间距均为"1"，打开"捕捉"、"栅格"和"正交"模式。

② 使用"多段线"命令绘制如图 4-27 所示图形符号的上半部分。

```
命令: pl PLINE                          //输入"pl"，按空格键激活"多段线"命令
指定起点:                               //捕捉一个栅格点，指定起点
当前线宽为 0.0000
指定下一点或 [圆弧(A)/闭合(C)/半宽(H)/长度(L)/放弃(U)/宽度(W)]:
                                       //向下两个栅格单击
指定下一个点或 [圆弧(A)/半宽(H)/长度(L)/放弃(U)/宽度(W)]: a
                                       //输入"a"，按空格键选择画圆弧
指定圆弧的端点或 [角度(A)/圆心(CE)/方向(D)/半宽(H)/直线(L)/半径(R)/第二个点(S)/放弃(U)/宽度(W)]:                        //向右一个栅格单击
指定圆弧的端点或
[角度(A)/圆心(CE)/闭合(CL)/方向(D)/半宽(H)/直线(L)/半径(R)/第二个点(S)/放弃(U)/宽度(W)]: d
                                       //输入"d"，按空格键选择指定圆弧方向
指定圆弧的起点切向:                      //向下移动鼠标并单击，指定铅垂向下为起点切向
指定圆弧的端点:                         //向右一个栅格单击，用相同方法绘制剩下的圆弧
指定圆弧的端点或
[角度(A)/圆心(CE)/闭合(CL)/方向(D)/半宽(H)/直线(L)/半径(R)/第二个点(S)/放弃(U)/宽度(W)]: l
                                       //输入"l"，按空格键转换为画直线
指定下一点或 [圆弧(A)/闭合(C)/半宽(H)/长度(L)/放弃(U)/宽度(W)]:
                                       //向上两个栅格单击
指定下一点或 [圆弧(A)/闭合(C)/半宽(H)/长度(L)/放弃(U)/宽度(W)]:
                                       //按空格键结束命令
```

③ 使用"镜像"命令获得下半部分，得到如图 4-28 所示的图形符号。

图 4-26　"双绕组变压器/电压互感器"符号　　图 4-27　图形符号的上半部分　　图 4-28　完成的图形符号

④ 将绘制的图形符号创建为名为"电压互感器"的图块,指定左侧上端点为插入基点。

7)创建"三绕组变压器"

(1)创建一个符号。

① 设置栅格间距和捕捉间距均为 0.5,打开"捕捉"、"栅格"和"正交"模式。

② 分别捕捉相应的栅格,绘制如图 4-29 所示的 3 个半径为 1.5mm 的圆。

③ 使用"直线"命令,在如图 4-30 所示的位置分别绘制长度为 1.5mm 的铅垂线段,完成一个"三绕组变压器"符号的绘制。

④ 将绘制的图形符号创建为名为"三绕组变压器 1"的图块,指定上端点为插入基点。

(2)创建另一个符号。

① 选择一个块"电压互感器",单击鼠标右键,在弹出的快捷菜单中选择"块编辑器"命令,打开"块编辑器"窗口。

② 使用"移动"命令,将下半部分向左移动 3mm,然后使用"镜像"命令获得下边右侧部分,得到如图 4-31 所示的图形符号。

  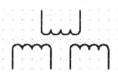

图 4-29　3 个半径为 1.5mm 的圆　　图 4-30　"三绕组变压器"符号　　图 4-31　另一个"三绕组变压器"符号

③ 单击"将块另存为"按钮 ，将绘制的对象另存为"三绕组变压器"。单击按钮 关闭块编辑器(C) ，关闭"块编辑器"窗口。

8)创建"电容器"

① 打开"正交"模式。使用"直线"命令绘制一条长度为 4mm 的水平线段。

② 使用"偏移"命令,获得绘制的水平线段的平行线。

③ 捕捉上面线段的中点,向上绘制一条长度为 5.5mm 的铅垂线段;捕捉下面线段的中点,向下绘制一条长度为 5.5mm 的铅垂线段。得到"电容器"图形符号。

④ 将绘制的图形符号创建为名为"电容器"的图块,指定上端点为插入基点。

▶ 4．插入并排列图块

将创建的图块全部插入图形文件,并简单排列。按【Ctrl+S】快捷键,或单击"保存"按钮 保存文件。

4.3　变配电电气主接线图绘制

以如图 4-1 所示的 10kV 一次系统主接线图为例说明变配电电气主接线图的绘制过程。

4.3.1 绘制方法分析

绘制系统主接线图的基本步骤如下：

（1）设置图层。

（2）绘制各配电柜接线图。

（3）根据各部分接线图的大小确定表格大小和布置，并绘制表格。

（4）在表格中添加信息文字，并根据情况适当调整各行、列的间距。

4.3.2 相关知识点

1. 图层的使用

1）图层的功能和应用

图层是用户组织和管理图形对象的强有力的工具。图层就像透明的覆盖层，用户可以在上面组织和编辑各种不同的图形对象信息。根据图形对象的用途、特性等可以对一张图纸中的所有对象进行分类，每类对象设置一个图层，就像是在手绘图纸上把每类对象绘制到一张透明的纸上一样，然后把它们叠放在一起就形成了一张完整的图纸。

例如，在建筑平面图中，图形对象主要包括轴网线（定位线）、墙线、门窗、室内布置、文字、标注等，如果用图层来管理，在图层特性中统一设置某一类对象的特性，不仅可以使图形对象条理清晰，便于观察，而且使图形对象的编辑、修改更加方便，从而提高绘图效率。

图层的应用功能主要表现在以下几个方面。

① 为每类对象创建一个图层，并给它们指定一个有意义的名称。切忌直接使用默认的图层名称，或直接给图层命名为"1""2"等意义不明确的名称，这样打开一个文件，就不能快速、准确地对对象进行编辑和修改了。

② 所有的图形对象都在所分类的图层上进行创建。要养成在创建对象时，首先将对象所在的图层设为当前层的习惯，避免仅创建图层却不使用图层对对象进行分类。

③ 为图层上的对象指定颜色、线型、线宽及其他标准特性，在创建图形对象时设置对象的特性为随层（ByLayer），可以使同一类对象具有统一的特性，并通过修改图层的特性统一进行修改。

④ 图层的一些编辑功能是非常有用的。可以锁定图层，以防止意外选定和修改该图层上的对象。可以使用图层控制对象的可见性，通过关闭或冻结图形图层可以使其不可见。例如，如需要删除图中的尺寸标注，就可以冻结除尺寸标注图层以外的其他图层，然后用 ALL（全部）的方式选择对象删除所有的尺寸标注。

2）图层的创建和设置

使用"图层特性管理器"可以创建图层、设置图层对象特性并对图层进行管理。

打开"图层特性管理器"的方法有以下几种。

● 在命令行中输入"LA"后，按【Enter】键。

● 单击"图层"工具栏中的"图层特性管理器"按钮 。

● 执行菜单命令"格式"→"图层"。

在新建图形文件中，打开的"图层特性管理器"，如图 4-32 所示。

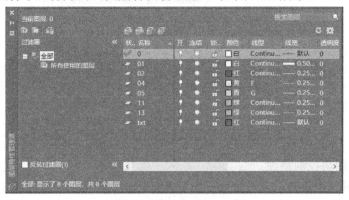

图 4-32　图层特性管理器

"图层特性管理器"的大小、位置和外观可以改变。通过"图层特性管理器"能实现创建新图层、设置图层特性、使用特性过滤器管理图层等各种操作。

（1）创建新图层。

每个图形都包括名为 0 的图层，不能删除或重命名 0 图层。建议创建几个新图层来组织图形，而不是将整个图形都创建在 0 图层上。0 图层一般是作为一个特性和数据交换的图层，在 0 图层上可以创建图块等共用图元。

单击新建图层按钮 可以在图层列表窗口创建一个新图层，新图层默认的名称为"图层 1""图层 2"……新建图层的其他特性和当前图层的特性相同，要修改图层的名称，可以单击名称，使其高亮显示，然后输入新的名称。

注意：图层的名称最长可有 256 个字符，在图层的名称中不能使用"*""?"等通配符；图层的命名最好短一些，但要便于用户辨识，应尽量使用能表达含义的名称。

创建了新图层以后，需将要绘制对象的图层"置为当前"，才能在该图层上绘制对象。可以直接选中图层，单击 按钮来实现，或利用工具栏选择当前图层。

在实际绘图时，为了便于操作，主要通过"图层"工具栏和"特性"工具栏来实现图层切换，这时只需选择要将其设置为当前层的图层名称即可。也可以使用"将对象的图层置为当前"按钮 ，快速将某一对象所在的图层置为当前，或单击"上一个图层"按钮 ，快速转换到上一个图层。

（2）设置图层特性。

对图层特性的设置主要包括图层上的对象所采用的对象特性及对图层进行控制的控制选项。如图 4-33 所示的"图层"工具栏和"特性"工具栏中的主要选项与"图层特性管理器"对话框中的内容相对应，"图层"工具栏可以用来管理图层；而"特性"工具栏可以设置当前对象的特性。

① 设置图层对象特性。

每个图层都具有该图层上的所有对象都采用的关联特性（如颜色、线型、线宽等）。如果"特性"工具栏上的各特性设置为"随层"，则对象的特性取决于"图层特性管理器"中此对象所在图层的设置。单击某图层的特性列所对应的图标，即可进入对应的特性设置。

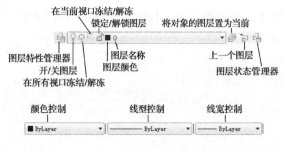

图 4-33　"图层"工具栏和"特性"工具栏

② 设置图层控制特性。

除了可以对图层的对象设置统一的对象特性外，还可以通过对图层的管理特性对某一图层的对象进行可见/不可见、可修改/不可修改等设置。

● 开/关。

在"图层特性管理器"或图层工具栏中的下拉列表中单击要设置图层的"开"列所对应的小灯泡图标 💡 或 💡，可以打开或关闭图层。小灯泡图标显示黄色点亮时，图层为打开状态；图标显示灰色时，图层为关闭状态。

已关闭图层上的对象不可见，也不能打印输出，但是某些编辑命令可以选中关闭图层的对象，比如"删除"命令。当关闭当前图层时，将出现警告对话框，警告正在关闭当前图层。如果关闭了当前层且又在该图层上绘制了对象，那么，该对象也不会显示在屏幕上；它将被放置在当前层上，只有打开该图层时，该对象才会显示在屏幕上。这种现象不会经常碰到，但要引起注意，不要关闭当前层，否则结果可能会很混乱。

● 锁定/解锁。

在"图层特性管理器"或图层工具栏中的下拉列表中单击要设置图层的"锁定"列所对应的锁图标 🔒 或 🔓，可以锁定或解锁图层。锁图标显示为打开时，图层为解锁状态；锁图标显示为关闭时，图层为锁定状态。

锁定某个图层时，该图层上的所有对象均不可修改，但都是可见的。锁定图层可以避免对象被意外修改的可能性，并且仍然可以将对象捕捉、延伸或修剪边界等应用于锁定图层上的对象，不会修改对象。

● 冻结/解冻。

在"图层特性管理器"或图层工具栏中的下拉列表中单击要设置图层的"冻结"列所对应的雪花图标 ❄ 或太阳图标 ☀，可以冻结或解冻图层。图标显示为太阳图标时，图层为解冻状态；图标显示为雪花图标时，图层为冻结状态。

已冻结图层上的对象不可见，也不能打印输出，而且不能编辑和修改该图层上的对象。

当前层不能被冻结，也不能将被冻结的图层设置为当前层，否则将出现警告对话框。

冻结图层与关闭图层虽然都是不可见的，但它们又有不同之处：冻结图层的对象不参与处理过程中的运算，因此每次在系统重新生成时，要考虑关闭的图层，不会考虑冻结的图层；关闭图层的对象可能被修改，而冻结图层的对象不会被修改。

2. 绘图命令

使用 POLYGON 命令可绘制边数为 3～1024 的二维正多边形。执行 POLYGON 命令的方法有以下几种。

● 在命令行中输入"POL"后，按【Enter】键。

● 单击"绘图"工具栏中的"正多边形"命令按钮 ⬠ 。

● 执行菜单命令"绘图"→"正多边形"。

执行 POLYGON 命令后，AutoCAD 命令行给出的提示和操作选项如下：

命令行: polygon

输入边数 <当前值>:   //输入3～1024 之间的值后按【Enter】键指定正多边形的边数

指定正多边形的中心点或 [边(E)]:   //指定正多边形的中心点或输入"E"，按【Enter】键

① 指定正多边形的中心点后，命令行将提示：

输入选项 [内接于圆(I)/外切于圆(C)] <当前选项>:

● 内接于圆(I)：指定外接圆的半径，正多边形的所有顶点都在此圆周上。输入"I"
后按【Enter】键，命令行将提示：

指定圆的半径: //指定点，该点到圆心的距离就是圆的半径或输入圆的半径值

注意：在指定圆的半径时如果使用指定点的方式，则在指定了圆的半径的同时也定
位了正多边形的旋转角度。如果直接输入圆的半径，则绘制的正多边形的第一条边将是
水平线。

● 外切于圆(C)：指定从正多边形中心点到各边中点的距离。输入"C"后按【Enter】
键，命令行将提示：

指定圆的半径: //指定点，该点到圆心的距离就是圆的半径或输入圆的半径值

② 输入"E"后按【Enter】键，选择"边(E)"选项，AutoCAD 将通过指定第一条
边的端点来定义正多边形。命令行将提示指定边的两个端点，从而创建以此边作为一个
边长的正多边形。

▶3．查询命令

用户可以使用查询工具来查询图形中对象的相关信息。通常可以使用 DIST 命令测
量两点之间的距离和角度；使用 ID 命令指定点的 *X*、*Y*、*Z* 坐标值；使用 LIST 命令在文
字窗口中查看对象信息等。

执行"查询"命令的方法有以下几种。

● 在命令行中输入相应的命令或命令缩写后，按【Enter】键。

● 执行菜单命令"工具"→"查询"，在下拉菜单中选择相应的命令。

其中常用的查询命令有：DIST 命令的缩写为 DI；LIST 命令的缩写为 LI。

▶4．表格的应用

从 AutoCAD 2005 开始，AutoCAD 新增加了绘制表格的功能。表格是在行和列中包
含数据的对象。

1）表格样式

表格的外观由表格样式控制，表格样式可以为第一行、第二行及所有其他数据行指
定单元样式。用户可以使用默认的表格样式 Standard，也可以根据需要自定义表格样式。

（1）新建表格样式。

执行菜单命令"格式"→"表格样式"，或单击"格式"工具栏中的"表格样式…"
按钮 ▱，将打开如图 4-34 所示的"表格样式"对话框。单击"新建"按钮，打开如

图 4-35 所示的"创建新的表格样式"对话框。

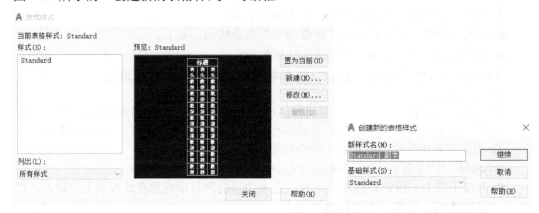

图 4-34 "表格样式"对话框   图 4-35 "创建新的表格样式"对话框

在"新样式名"文本框中输入新的表格样式名，在"基础样式"下拉列表中选择默认的表格样式或者任何已经创建的样式。单击"继续"按钮，将打开如图 4-36 所示的"修改表格样式"对话框，可以在单元样式下拉列表中选择"标题"、"表头"或"数据"，并在下面的特性中指定单元格的对齐、边距、边框特性和文本样式等内容。

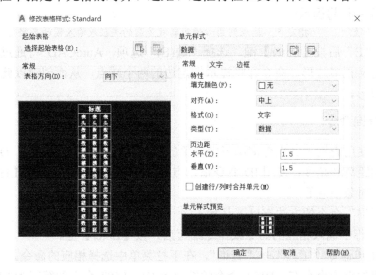

图 4-36 "修改表格样式"对话框

（2）管理表格样式。

在 AutoCAD 2018 中，还可以使用"表格样式"对话框来管理图形中的表格样式。在该对话框的"当前表格样式"后面，显示当前使用的表格样式（默认为 Standard）；在"样式"列表中显示了当前图形所包含的表格样式；在"预览"窗口中显示了选中表格的样式；在"列出"下拉列表中，可以选择 "样式"列表是显示图形中的所有样式，还是正在使用的样式。

此外，在"表格样式"对话框中，还可以单击"置为当前"按钮，将选中的表格样式设置为当前；单击"修改"按钮，在打开的"修改表格样式"对话框中修改选中的表格样式（"修改表格样式"对话框和"新建表格样式"对话框相同，只要重新设置参数即可修改表格样式);单击"删除"按钮,删除选中的表格样式。

2)创建表格

使用如图 4-37 所示的"插入表格"对话框可以创建新的表格。

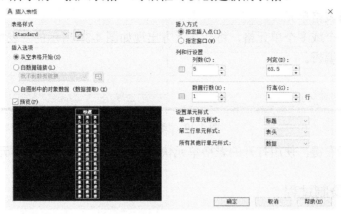

图 4-37 "插入表格"对话框

打开"插入表格"对话框的方法有以下几种。

● 在命令行中输入"TB"后,按【Enter】键。
● 单击"绘图"工具栏中的"表格..."命令按钮 。
● 执行菜单命令"绘图"→"表格..."。

在"表格样式"选项组中,可以从"表格样式"下拉列表框中选择表格样式,或单击其后的按钮,打开"表格样式"对话框,创建新的表格样式。在预览窗口中显示表格的预览效果。

在"插入方式"选项组中选中"指定插入点"单选按钮,并在"列和行设置"选项组中设置要插入的表格;选中"指定窗口"单选按钮,可以在绘图窗口中通过拖动表格边框来创建任意大小的表格,在"指定窗口"时可根据需要在"列和行设置"选项组中设置行和列。

单击"确定"按钮,在窗口创建了表格以后,将自动进入第一个单元格的文字输入状态,同时将打开和多行文字输入一样的"文字格式"工具栏,对该单元格内的文字格式进行设置。可以使用键盘上的↑、↓、←、→键,在各个单元格之间移动,也可以按【Enter】键移到下一个单元格,或按【Shift+Enter】快捷键移到上一个单元格。

3)编辑表格

在 AutoCAD 2018 中,可以使用表格的快捷菜单来编辑表格和编辑单元格。

(1)编辑表格。

选中整个表格以后,单击鼠标右键可以打开如图 4-38 所示的快捷菜单,可以对表格进行剪切、复制、删除、移动、

图 4-38 "编辑表格"快捷菜单

缩放和旋转等操作，还可以均匀调整表格的行、列大小，删除所有特性等。

当选中表格后，在表格的四周和标题行上将显示许多夹点，通过拖动这些夹点可以编辑表格。

（2）编辑表格单元。

选中某一个或多个单元格，将会在上方出现如图 4-39 所示的"表格"工具栏，可以进行单元格的编辑。

图 4-39 "表格"工具栏

单击鼠标右键，使用打开的表格单元快捷菜单也可以编辑表格单元。

4.3.3 绘制过程

❯ 1．创建新图

运行 AutoCAD 2018，在"选择样板"对话框中选择默认的"acadiso.dwt"，建立一个新图，并保存图名为"10kV 一次系统主接线图.dwg"。

❯ 2．设置图层

打开"图层特性管理器"，新建图层"接线图"、"表格"和"标注文字"，并设置图层特性，如图 4-40 所示。

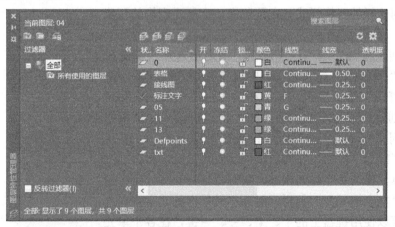

图 4-40 设置图层

❯ 3．绘制各配电柜接线图

1）导入或绘制图形符号

① 按【Ctrl+2】快捷键，打开"设计中心"并锚点居左，使用"文件夹"在 4.2 节绘制的"变配电工程图形符号.dwg"中找到块"隔离开关""断路器""灯""熔断器""接地符号""两个线圈电流互感器 1""避雷器""电容器""电压互感器 1""三绕组变压器 1"，并拖动到窗口。

② 使用"块编辑器"修改部分图块。

在命令行中输入"BE"后，按空格键，打开"编辑块定义"对话框，选择"电压互感器1"，单击"确定"按钮，进入"块编辑器"窗口，删除符号下面的铅垂线段，单击"保存块定义"按钮，保存修改；单击"编辑或创建块定义"按钮，再进入"编辑块定义"对话框，选择"三绕组变压器1"，单击"确定"按钮，以同样方式删除符号下面的铅垂线段，并保存。

③ 绘制其他图块。

将"0"层置为当前层。

● 绘制插头和插座连接器。

设置栅格间距和捕捉间距均为"1"。打开"捕捉"、"栅格"和"正交"模式，捕捉对应的栅格点，绘制如图4-41所示的图形符号，并创建成名为"连接器"的图块，指定上端点为基点。

图4-41 连接器图形符号

● 绘制进出线。

首先绘制边长为3mm的三角形。

命令：_polygon	//单击 ⌂ 按钮，激活"画正多边形"命令
输入边的数目 <4>: 3	//输入边数"3"，按空格键
指定正多边形的中心点或 [边(E)]: e	//输入"e"，按空格键，选择指定边绘制正多边形
指定边的第一个端点：	//在窗口单击，指定边第一个点
指定边的第二个端点: 3	//在"正交"模式下，鼠标向左移动，输入"3"，按空格键

再绘制半径为1.5mm的圆：以三角形下端点向下4.5mm处为圆心、1.5mm为半径绘制圆。

最后，绘制一条铅垂线段，得到如图4-42所示的进出线图形符号。并将其创建成名为"进出线"的图块，指定上端点为基点。

2）绘制出线柜接线图

① 将图层"接线图"置为当前层。

② 插入图块对象"连接器""断路器""两个线圈电流互感器1""避雷器""接地符号""电容器""灯""隔离开关""进出线"，并使用"移动""复制""阵列""镜像""直线"等命令，出线框排列连接如图4-43所示。列间距设置为7.5mm。

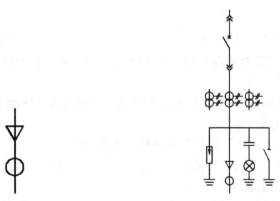

图4-42 进出线图形符号　　　　　图4-43 出线柜接线图

在绘制的过程中，使用"夹点""拉伸"等命令进行调整。

③ 将绘制的图形创建为名为"出线柜"的图块，上端点设置为插入点。

3）绘制其他配线柜接线图

（1）绘制 PT 柜接线图。

① 绘制调谐器。

使用多行文字输入竖排的文字"调谐器"。在命令行中输入"T"，按空格键，打开多行文字输入窗口，在如图 4-44 所示的"多行文字"工具栏中设置字体为"宋体"，字高为"2.5mm"；在下面的文字输入窗口输入文字"调谐器"，以 3 行竖排。

图 4-44　"多行文字"工具栏

选择竖排"调谐器"文字，单击"行距"按钮 ，在下拉列表中选择"其他…"选项，打开"段落"对话框，设置"段落行距"为"0.8x"，如图 4-45 所示，单击"确定"按钮。然后单击"多行文字"工具栏中的"确定"按钮，完成文字输入。

然后使用"矩形"命令，在文字的外面绘制矩形，完成"调谐器"符号的绘制。将该符号创建为名为"调谐器"的图块，指定矩形最上边的中点为基点。

② 插入图块对象"熔断器""三绕组变压器 1""避雷器""调谐器""接地符号"，并排列连接，如图 4-46 所示。其他设置参考出线柜。

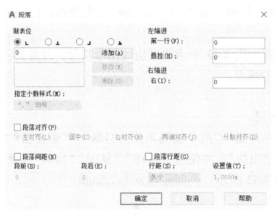

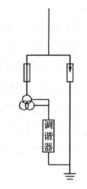

图 4-45　"段落行距"设置　　　　　　　图 4-46　PT 柜接线图

③ 将绘制的图形创建为名为"PT 柜"的图块，上端点设置为插入点。

（2）绘制计量柜接线图。

插入图块对象"熔断器""电压互感器 1""两个线圈电流互感器 1""隔离开关"，并排列连接，如图 4-47 所示。

注意：在插入"隔离开关"时设置其旋转角度为-90°。

将绘制的图形创建为名为"计量柜"的图块，上端点设置为插入点。

（3）绘制进线柜接线图。

复制一个出线柜接线图，并使用"删除"、"移动"及"连线"等命令将其修改为如图 4-48 所示的进线柜接线图。

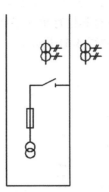

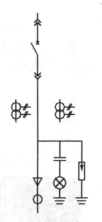

图 4-47 计量柜接线图　　　　　　图 4-48 进线柜接线图

将绘制的图形创建成名为"进线柜"的图块，上端点设置为插入点。

▶ 4．绘制表格

（1）使用"查询"命令 DIST，查询各接线图的水平尺寸：在命令行中输入"DI"后，按空格键，按命令行提示分别指定各接线图的左侧点和右侧点，即可在命令行显示的"X增量"得到其水平尺寸。

① 查询得到水平尺寸最大的接线图为计量柜接线图，根据其尺寸可以确定放置接线图的单元格的宽度为 40mm。

② 将当前图层设置为"表格"。

③ 通过"设计中心"获得文字样式。

按【Ctrl+2】快捷键，打开"设计中心"并锚点居左，使用"文件夹"在第 1 章图形文件"标题栏.dwg"中找到文字样式"Romans""工程字"，并拖到窗口中。

④ 设置表格样式：打开"表格样式"对话框，单击"新建"按钮，在"新样式名"文本框中输入"接线图"，单击"继续"按钮。在打开的"新建表格样式：接线图"对话框中，设置"表头"单元格的"对齐"为"中上"，"页边距"垂直为"1.5mm"，如图 4-49所示。将"数据"单元格的"对齐"设置为"正中"，选中其"文字"选项卡，在"文字样式"中选中"Standard"，文字高度设置为"4.5"mm，如图 4-50 所示。单击"确定"按钮，完成表格样式设置。

图 4-49 "新建表格样式：接线图"对话框　　　图 4-50 "文字"选项设置

⑤ 创建表格：单击"表格…"按钮 ▦，打开"插入表格"对话框。设置第一行单元格样式为"标题"，第二行单元格样式为"表头"，所有其他行单元格样式为"数据"；设置列数为"5"，列宽为"63.5"，数据行数为"1"，如图4-51所示。

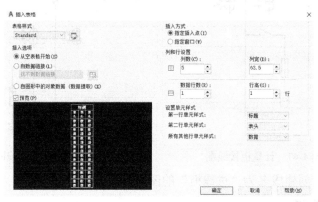

图4-51　创建表格设置

（2）单击"确定"按钮后，进入绘图窗口，在窗口单击任一点，作为表格的左上角插入点，将会创建表格，并自动进入第一行第一列单元格的文字输入。在窗口任一点单击将退出单元格输入。

▶5. 在表格中插入图形和文字

（1）插入接线图。

① 单击第一行第一列单元格，在出现的"表格"工具栏中单击"插入块…"按钮 ▤，打开"在表格单元中插入块"对话框，如图4-52所示。选择"避雷器"图块，插入比例设置为"1"，全局单元对齐设置为"左上"，单击"确定"按钮，出线柜接线图将插入表格。

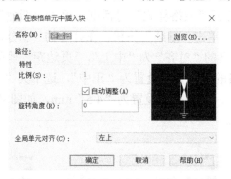

图4-52　"在表格单元中插入块"对话框

② 使用同样的方法依次在第一行的第2～5列插入"出线柜"、"PT柜"、"计量柜"和"进线柜"接线图。

（2）在单元格中输入文字。

① 输入第2～第20行的文字。双击要输入文字的单元格，即可打开文字输入，通过键盘上的↑、↓、←、→键，在各个单元格之间移动，也可以按【Enter】键移到下一个单元格，或按【Shift+Enter】快捷键移到上一个单元格。数字使用"Romans"字体，字高设为"3mm"；汉字使用"工程字"，字高设为"4mm"。

② 由于表格中不能输入多行文字，故第1行第6列的文字使用多行文字单独输入。

128

⬤ 6．绘制其他

使用"矩形"命令和"画圆"命令，在"接线图"层绘制母线和连接点。在"标注文字"层，在第 1 行第 5 列的下方中间位置，使用单行文字输入"10kV 电源进线"。完成如图 4-53 所示的图纸绘制。

注：在绘制的过程中可以根据实际需求，使用夹点等方法调整行间距。

⬤ 7．保存文件

按【Ctrl+S】快捷键，或单击"保存"按钮 🖫 保存文件。

注意：在绘制的过程中要经常保存文件，以免出现意外的文件丢失。

图 4-53　10kV 一次系统主接线图

◤ 4.4　变配电所二次接线图绘制

如图 4-54 所示为某建筑变配电所的部分综合保护屏的二次接线图。

4.4.1 绘制方法分析

绘制图 4-54，基本步骤如下：

（1）设置图层。

（2）导入或绘制图块。

（3）绘制线路的连接线。注意电气元器件要合理布置，水平和垂直的线和元器件间距要均匀（建议间距为 5mm 或 5mm 的倍数）。线路的连接点使用"圆环"命令绘制实心圆点标示。

（4）将各元器件符号插入图中，并进行修剪整理。

（5）添加注释文字（建议文字高度为 3mm）。

（6）添加对应线路的功能表格（汉字高度为 4mm）。

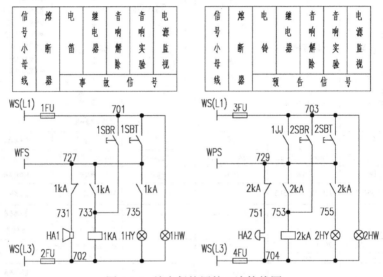

图 4-54　综合保护屏的二次接线图

4.4.2 绘制过程

1．创建新图

运行 AutoCAD 2018，在"选择样板"对话框中选择默认的"acadiso.dwt"，建立一个新图，并保存图名为"综合保护屏的二次接线图.dwg"。

2．设置图层

按【Ctrl+2】快捷键，打开"设计中心"并锚点居左，使用"文件夹"在 4.3 节绘制的"10kV 一次系统主接线图.dwg"中找到"图层"，将图层"接线图"、"表格"和"标注文字"拖动到窗口。

3．导入或绘制图形符号

（1）在"设计中心"使用"文件夹"在第 3 章绘制的"电动机正、反转控制原理图.dwg"中找到块"按钮开关""动合触点""动断触点"；在 4.2 节绘制的"变配电工程图形符号.dwg"中找到块"灯""熔断器""继电器线圈 1"，并拖动到窗口。

（2）绘制其他图块。

将"0"层置为当前层。

● 绘制"电笛"。

① 调用"矩形" ▭ 命令，绘制一个 1.5mm×2.5mm 的矩形，如图 4-55（a）所示。

命令: _rectang	//单击 ▭ 按钮激活"矩形"命令
指定第一个角点或 [倒角(C)/标高(E)/圆角(F)/厚度(T)/宽度(W)]:	
	//在合适的位置左键单击指定点
指定另一个角点或 [面积(A)/尺寸(D)/旋转(R)]: @1.5,2.5	
	//输入右上角相对坐标后按空格键

② 在矩形的左侧再绘制一个 3mm×2.5mm 的矩形，如图 4-55（b）所示。

命令: _rectang	//按空格键连续激活"矩形"命令
指定第一个角点或 [倒角(C)/标高(E)/圆角(F)/厚度(T)/宽度(W)]:	
	//捕捉已绘矩形在左下角的端点
指定另一个角点或 [面积(A)/尺寸(D)/旋转(R)]: @-3,2.5	
	//输入左上对角相对坐标后按空格键

③ 使用夹点将第二个矩形左侧两个端点分别向上和向下拉伸 1.5 个单位，如图 4-55（c）和图 4-55（d）所示。

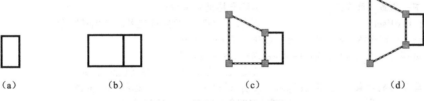

(a)	(b)	(c)	(d)

图 4-55　绘制"电笛"过程

④ 将绘制的图形符号创建成名为"电笛"的图块，捕捉右侧矩形上面水平线的中点作为插入基点。

● 绘制"电铃"。

① 绘制半圆。首先绘制一个半径为 2mm 的圆，如图 4-56（a）所示；打开"自动捕捉"的"象限点"，使用"直线"命令连接圆的上下两个象限点，绘制一条铅垂线，如图 4-56（b）所示；然后使用"修剪"命令剪掉圆的右半部分，得到如图 4-56（c）所示的半圆。

命令: c circle	//输入"c"，按空格键激活"画圆"命令
指定圆的圆心或[三点(3P)/两点(2P)/切点、切点、半径(T)]:	
	//单击确定圆心
指定圆的半径或[直径(D)]:2	//输入"2"，按空格键结束命令
命令: L LINE	//输入"L"，按空格键激活"直线"命令
指定第一点	//用鼠标捕捉圆的上象限点，单击
指定下一点或 [放弃(U)]:	//捕捉圆的下象限点，单击
指定下一点或 [放弃(U)]:	//按空格键结束命令
命令: TR trim	//输入"TR"，按空格键激活"修剪"命令
当前设置:投影=UCS，边=无	
选择剪切边...	
选择对象或<全部选择>:	//单击铅垂直线段

选择对象： //按空格键结束选择
选择要修剪的对象，或在按住【Shift】键的同时选择要延伸的对象，或
[栏选(F)/窗交(C)/投影(P)/边(E)/删除(R)/放弃(U)]：
//单击圆的右边线的某点
选择要修剪的对象，或在按住【Shift】键的同时选择要延伸的对象，或
[栏选(F)/窗交(C)/投影(P)/边(E)/删除(R)/放弃(U)]：
//按空格键结束命令

② 绘制右侧水平线。首先捕捉铅垂线的中点为起点，向右绘制一条长为 2mm 的水平线，如图 4-56（d）所示；然后使用"偏移"命令得到上下间距为 1mm 的两条平行线，如图 4-56（e）所示；最后删除中间线段，得到如图 4-56（f）所示图形符号。

（a）　　　　　（b）　　　　　（c）　　　　　（d）　　　　　（e）　　　　　（f）

图 4-56　绘制"电铃"的过程

命令：L LINE //输入"L"，按空格键激活"直线"命令
指定第一点： //用鼠标捕捉铅垂线的中点，单击
指定下一点或 [放弃(U)]：2 //在"正交"模式下，将鼠标向右移动，输入"2"，按空格键
指定下一点或 [放弃(U)]： //按空格键结束命令
命令：O offset //输入"O"，按空格键激活"偏移"命令
当前设置：删除源=否　图层=源　OFFSETGAPTYPE=0
指定偏移距离或 [通过(T)/删除(E)/图层(L)] <通过>：1
//输入距离值"1"，按【Enter】键
选择要偏移的对象，或[退出(E)/放弃(U)]<退出>： //选择水平直线
指定要偏移的那一侧上的点，或[退出(E)/多个(M)/放弃(U)]<退出>：
//在直线的上方单击
选择要偏移的对象，或[退出(E)/放弃(U)]<退出>： //再次选择水平直线
指定要偏移的那一侧上的点，或[退出(E)/多个(M)/放弃(U)]<退出>：
//在直线的下方单击
选择要偏移的对象，或[退出(E)/放弃(U)]<退出>： //按空格键结束命令

选中中间水平线，按【Delete】键删除。

③ 将绘制的图形符号创建成名为"电铃"的图块，捕捉上面水平线的右端点作为插入基点。

▶ 4. 绘制接线图的连接线结构图

首先将"接线图"层置为当前层。

绘制如图 4-57 所示的控制线路的连接线结构图，各线段尺寸如图 4-57 所示。

（1）绘制长为 4mm 的铅垂线。

（2）以铅垂线的中点为起点绘制一条长为 60mm 的水平线，继续绘制右边的长为 60mm 的铅垂线，如图 4-58 所示。

（3）使用"阵列"命令，选择对象为水平线，行数为"4"，列数为"1"，行偏移为"-20"，得到如图 4-59 所示的四条水平平行线。

（4）使用"阵列"命令，选择对象为右边的铅垂线，行数为"1"，列数为"5"，列偏移为"-10"，得到如图 4-60 所示的平行铅垂线。

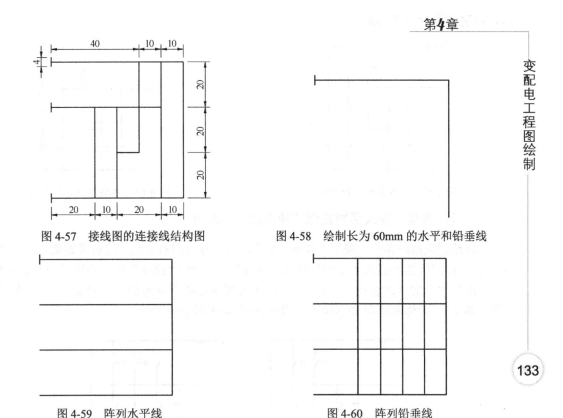

图 4-57 接线图的连接线结构图　　　　图 4-58 绘制长为 60mm 的水平和铅垂线

图 4-59 阵列水平线　　　　　　　　图 4-60 阵列铅垂线

（5）使用"修剪"命令，修剪满足如图 4-57 所示的图形要求。

```
命令: tr TRIM                              //输入"tr"，按空格键激活"修剪"命令
当前设置:投影=UCS，边=无
选择剪切边...
选择对象或 <全部选择>:                      //按空格键，选择"全部选择"
选择要修剪的对象，或在按住【Shift】键的同时选择要延伸的对象，或
[栏选(F)/窗交(C)/投影(P)/边(E)/删除(R)/放弃(U)]:
                                          //通过合适的选择对象的方法选择需修剪的线段
选择要修剪的对象，或在按住【Shift】键的同时选择要延伸的对象，或
[栏选(F)/窗交(C)/投影(P)/边(E)/删除(R)/放弃(U)]://选择完成后，按空格键结束修剪
```

注意：可以使用"交叉"和"点选"的方式选择要修剪的
线段。

（6）使用"复制"命令，复制长为 4mm 的铅垂线段，得到
如图 4-57 所示的图形。

5. 添加连接点

使用"圆环"命令添加实心点标示的连接点。设置圆环的
内径为"0"，外径为"1.5"，使用对象捕捉，准确地添加连接
点，如图 4-61 所示。

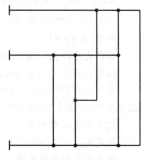

图 4-61 添加连接点

6. 插入元器件

按照图纸所示各电气符号的位置，利用"插入块"命令，打开"最近点""垂足"等
自动捕捉，将各电气符号块插入结构图中，如图 4-62 所示。按照图纸所示将图中直线进
行修剪，并整理，得到如图 4-63 所示图形。

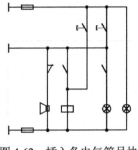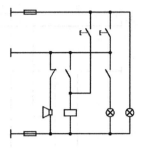

图 4-62　插入各电气符号块　　　　　　　　图 4-63　修剪整理后的图形

7. 复制并修改得到右侧"预告信号"部分

将绘制完成的图形，使用"复制"命令，水平方向向右复制，然后再删除右侧的"电笛"，在相应位置上插入"电铃"图块，并使用"延伸""拉伸"等命令进行修补和调整；然后添加缺少的"动合触点"（注意，在插入图块时要合理地使用"对象追踪"，准确地插入图块），并修补连线和连接点，得到如图 4-64 所示的图形。

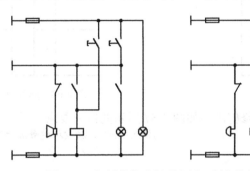

图 4-64　复制并修改得到右侧"预告信号"部分

8. 添加注释文字

（1）通过"设计中心"获得文字样式：按【Ctrl+2】快捷键，打开"设计中心"并锚点居左，使用"文件夹"在图形"10kV 一次系统主接线图.dwg"中找到文字样式"Romans"和"工程字"，拖动到窗口中，并将"Romans"设为当前样式。

（2）将"标注文字"图层设置为当前层。使用单行文字输入一个文字。

命令: dt TEXT	//输入"dt"，按空格键激活"单行文字"命令
当前文字样式: Romans 文字高度: 2.5000 注释性: 否	
指定文字的起点或 [对正(J)/样式(S)]: j	//输入"j"，按空格键选择对正方式
输入选项[对齐(A)/调整(F)/中心(C)/中间(M)/右(R)/左上(TL)/中上(TC)/右上(TR)/左中(ML)/正中(MC)/右中(MR)/左下(BL)/中下(BC)/右下(BR)]: m	//输入"m"，按空格键选择中间对正
指定文字的中间点:	//单击文字应放置的位置中点为文字的中间点
指定高度 <2.5000>: 3	//输入文字的高度为"3"，按空格键
指定文字的旋转角度 <0>:	//按空格键默认 0°旋转角进入绘图窗口输入文字

在窗口输入文字"1FU"后，按两次【Enter】键结束命令，如图 4-65 所示。

（3）复制字高和样式相同的文字。

命令: _copy	//单击 按钮，激活"复制"命令
选择对象: 找到 1 个	//选中"1FU"文字
选择对象:	//按空格键结束选择

当前设置：复制模式 = 多个
指定基点或 [位移(D)/模式(O)] <位移>: >>   //单击文字的中间插入点作为基点
指定第二个点或 <使用第一个点作为位移>:   //依次单击各个文字所在的中间点，获得一系列
  //文字，得到左侧"事故信号"部分，如图4-66所示
指定第二个点或 [退出(E)/放弃(U)] <退出>:   //按空格键结束复制

（4）修改文字内容。双击一个文字，进入编辑状态，修改成满足要求的文字内容，依次单击图4-66中的需要编辑的文字，修改成如图4-67所示的图形中的文字。

（5）选中绘制完成的左侧图形中的文字，将其复制到右侧的对应位置上。在选择文字的时候，可以锁定"接线图"图层，使用窗选或交叉选择的方式，快速选中所有文字。用同样的方法修改右侧文字内容，如图4-68所示。

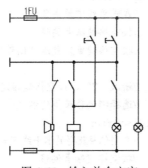

图4-65 输入单个文字

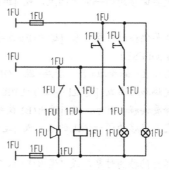

图4-66 复制文字

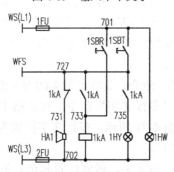

图4-67 修改左侧文字内容

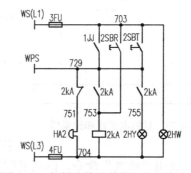

图4-68 复制并修改获得右侧文字内容

9. 添加对应线路的功能表格

将"表格"图层设置为当前层。

（1）绘制表格线框如图4-69所示。

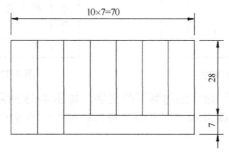

图4-69 绘制表格线框

```
命令:1 LINE                                    //输入"1"，按空格键激活"直线"命令
指定第一点:                                     //在左侧图左上方合适的位置上单击，指定第一个点
指定下一点或 [放弃(U)]: 35                       //在"正交"模式下，将鼠标向上移动，输入"35"后
                                              //按空格键
指定下一点或 [放弃(U)]: 70                       //将鼠标向右移动，输入"70"后按空格键
指定下一点或 [闭合(C)/放弃(U)]:                   //按空格键结束命令
命令: o OFFSET                                 //输入"o"，按空格键激活"偏移"命令
当前设置: 删除源=否   图层=源   OFFSETGAPTYPE=0
指定偏移距离或 [通过(T)/删除(E)/图层(L)] <通过>: 28    //输入"28"，按空格键指定偏移距离
选择要偏移的对象，或 [退出(E)/放弃(U)] <退出>:        //单击水平线
指定要偏移的那一侧上的点，或 [退出(E)/多个(M)/放弃(U)] <退出>:
                                              //在水平线下单击鼠标
选择要偏移的对象，或 [退出(E)/放弃(U)] <退出>:        //按空格键结束偏移
命令:OFFSET                                    //按空格键重复激活"偏移"命令
当前设置: 删除源=否   图层=源   OFFSETGAPTYPE=0
指定偏移距离或 [通过(T)/删除(E)/图层(L)] <28.0000>: 7  //输入"7"，按空格键指定偏移距离
选择要偏移的对象，或 [退出(E)/放弃(U)] <退出>:        //选择刚偏移获得的水平线
指定要偏移的那一侧上的点，或 [退出(E)/多个(M)/放弃(U)] <退出>:
                                              //在刚偏移获得的水平线下单击
选择要偏移的对象，或 [退出(E)/放弃(U)] <退出>:        //按空格键结束偏移
```

图 4-70　复制水平线和铅垂线

使用"阵列"命令，获得铅垂线的复制对象，得到如图 4-70 所示的表格。阵列设置为：选择绘制的铅垂线作为复制对象，行数为"1"，列数为"8"，列偏移为"10"。

使用"修剪"命令，得到如图 4-69 所示的表格。

（2）使用"多行文字"命令，在表格中先添加一个文字，如图 4-71 所示。多行文字样式为"工程字"，高度为"4"。

（3）使用"阵列"命令，阵列复制其他单元格中的文字，做到位置和格式的统一。阵列设置为：选择文字"信号小母线"作为复制对象，行数为"1"，列数为"7"，列偏移为"10"。然后依次双击文字，修改文字如图 4-72 所示。

图 4-71　添加一个文字

图 4-72　修改文字

（4）使用"多行文字"命令添加剩下的文字，如图 4-73 所示。

（5）将复制完成的功能表格移到右侧"预告信号"部分相应位置，并修改文字内容如图 4-74 所示。

图 4-73　添加剩下的文字

图 4-74　右侧"预告信号"部分文字

10．保存文件

按【Ctrl+S】快捷键，或单击"保存"按钮 ⊟ 保存文件。

注意：在绘制的过程中要经常保存文件，以免出现意外使文件丢失。

4.5　变配电所平面图绘制

变配电所平面图是具体表现变配电所的总体布置和设备安装位置的图纸，是施工单位进行设备安装所依据的主要技术图纸，平面图中各电气设备的具体布置要根据工程方的实际安装要求、相关变配电所的设计规范，以及各专业电气设备和保护设备本身的设计规范及安装要求等进行设计。

下面以如图 4-3 所示的某工程的变配电所设备布置平面图为例说明其绘制过程。

4.5.1　绘制方法分析

变配电所平面图的绘制要按照设备实际尺寸，在已有建筑平面图上绘制各种电气设备和电气控制设备。

如图 4-3 所示变电所平面图的绘制主要包括以下几个方面。

（1）设备的绘制和摆放。

（2）说明文字标注。

（3）安装尺寸的添加。

4.5.2　相关知识点

1．尺寸标注

在图形设计时，图纸中的尺寸标注是必不可少的一部分，尺寸标注可以反映出图纸中各个对象的真实大小和相互位置。

（1）尺寸标注的组成。

在工程绘图中，一个完整的尺寸标注应由标注文字、尺寸线、尺寸界线、尺寸线的端点箭头符号等组成，如图 4-75 所示。

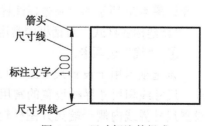

图 4-75　尺寸标注的组成

① 标注文字：应注写在靠近尺寸线的上方中部。如没有足够的注写位置，最外边的标注文字可以注写在尺寸界线的外侧，中间相邻的文字可错开注写。

② 尺寸线：应用细实线绘制，与被注长度平行。尽量避免尺寸线与其他尺寸线段或尺寸界线相交；相互平行的尺寸应按小尺寸在里面，大尺寸在外面的顺序排列；同一方向的尺寸线，在不互相重叠的条件下，最好画在一条线上，不要错开；平行排列的尺寸线的间距以 7～10mm 为宜，并根据平行排列的尺寸线之间的文字高度和间隙距离适当调整。

③ 箭头：也称为终止符号，显示在尺寸线的两端，可以为箭头或各种不同的标记。一般线性标注，常用的机械相关的标注选用"实心闭合"箭头，建筑相关的标注选用"建筑标记"箭头；半径、直径、角度与弧长的尺寸起止符号，宜用"实心闭合"箭头；其他标注参考相关标准。标注箭头长度以 2～3mm 为宜。

④ 尺寸界线：应用细实线绘制，一般与被注长度垂直，其一端应离开图样轮廓线不小于 2mm，另一端宜超出尺寸线 2～3mm。

（2）新建标注样式。

使用以下几种方法可以打开"标注样式管理器"对话框。

● 在命令行中输入"D"后，按【Enter】键。

● 单击"标注"或"样式"工具栏中的"标注样式"命令按钮 。

● 执行菜单命令："格式"→"标注样式"，或"标注"→"标注样式"。

使用以上方式打开如图 4-76 所示的"标注样式管理器"对话框，单击 新建(N)… 按钮将打开如图 4-77 所示的"创建新标注样式"对话框。

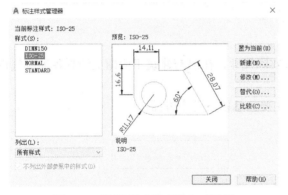

图 4-76 "标注样式管理器"对话框

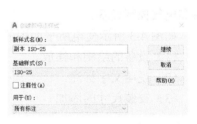

图 4-77 "创建新标注样式"对话框

在"基础样式"的下拉列表中，选择一种图纸中已有的标注样式作为基础样式，在"新样式名"文本框中输入新样式的名称，选择"用于"的标注类型后单击 继续 按钮，打开如图 4-78 所示的"新建标注样式"对话框。

"新建标注样式"对话框中常用选项卡的使用方法如下：

① "线"选项卡。

该选项卡用于设置尺寸线和尺寸界线的格式和特性。除了颜色、线宽等基本特性外，尺寸线和尺寸界线设置的常用属性如图 4-79 所示。尺寸界线"起点偏移量"可以设置尺寸界线内侧一端离开图样轮廓线的距离；"超出尺寸线"可以设置尺寸界线另一端超出尺寸线的距离；"基线间距"设置使用"基线"标注平行排列的尺寸线，会自动生成间距值。

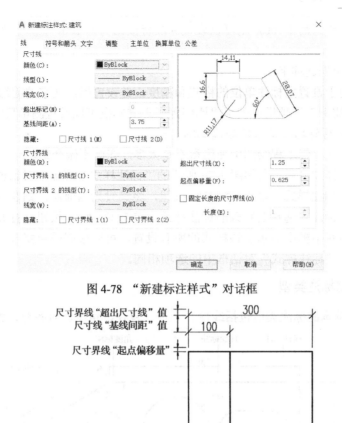

图 4-78 "新建标注样式"对话框

图 4-79 "线"选项卡的常用属性

② "符号和箭头"选项卡。

该选项卡用于设置箭头、圆心标记、弧长符号和折弯半径标注的格式和位置。在电气设计中，一般最多使用的是箭头。箭头的设置包括设置尺寸线和引线箭头的类型及尺寸大小。

为了适用于不同类型的图形标注的需要，AutoCAD 设置了 20 多种箭头样式。可以从对应的下拉列表框中选择箭头，并在"箭头大小"文本框中设置其大小。

③ "文字"选项卡。

该选项卡用于设置标注文字的格式、放置和对齐。除了基本特性外，文字的格式主要有文字样式、高度等，在文字样式对应的下拉列表框中选择需要的文字样式，如果需要的文字样式没有定义，单击右侧的按钮，可以打开"文字样式"对话框，创建需要的文字样式。一般选择"Romans.shx"作为文字样式时，设置"宽度因子"为"0.7"；文字位置一般设置垂直为"上方"，水平"居中"，从尺寸线的偏移量设置为 0.5～1mm；文字对齐可以设置标注文字是保持水平还是与尺寸线平行。设置为"ISO 标准"时，如果文字在尺寸界线之间时将与尺寸线平行；文字在尺寸界线以外时将保持水平。

④ "调整"选项卡。

该选项卡用于控制标注文字、箭头、引线和尺寸线的放置。

标注特征比例可以设置标注尺寸的特征比例，以便通过设置全局比例来同时增加或减少各标注选项所设置的大小。在实际使用的过程中，一般按出图比例调整标注特征比例。比如，图纸比例是 1:100，则可以设置标注特征比例为 100，然后根据实际情况进行简单调整。

⑤ "主单位"选项卡。

该选项卡用于设置主标注单位的格式和精度，并设置标注文字的前缀和后缀。

"测量单位比例"选项组：使用"比例因子"文本框可以设置测量尺寸的缩放比例，AutoCAD 的实际标注值为测量值与该比例的积。

其他选项卡在电气工程绘图中使用得不是太多，在此不做介绍。

创建了标注样式以后，在如图 4-76 所示的"标注样式管理器"对话框左边的样式列表中选择需要的标注样式，单击 置为当前(U) 按钮，将其设为当前层，则在标注时将以当前的标注样式进行标注。选择要修改的标注样式，单击 修改(M)... 按钮，打开"修改标注样式"对话框，该对话框中显示了该样式的所有设置，可以根据需要修改标注样式，对话框的选项与"新建标注样式"对话框中的选项相同。

2. 常用标注类型

AutoCAD 基本的标注类型包括线性、半径、直径、角度、对齐等，如图 4-80 所示。

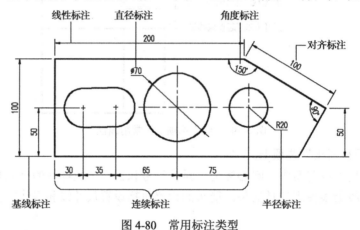

图 4-80　常用标注类型

要对图形对象进行标注，激活标注命令的方法有三种：第一种是使用"标注"菜单，单击"标注"菜单，在下拉菜单中选择相应的标注类型；第二种是打开"标注"工具栏，单击对应的按钮；第三种是在命令行中输入对应的命令，这种方法需要记住大量的命令，不建议使用。

激活命令以后按命令行的提示进行标注。

3. 编辑标注对象

在 AutoCAD 2018 中，可以对已标注对象的文字、位置及样式等内容进行修改，而不必删除所标注的尺寸对象再重新进行标注。常用的操作主要有以下几种。

（1）修改标注文字内容。

要修改已有标注对象的标注文字内容有以下几种方法。

● 双击要修改的标注对象，打开"特性"窗口，在"文字"列表的"文字替代"文本框中输入修改结果文字，文字中如果输入"<>"则代表自动测试所得的数据内容。
● 使用"编辑标注"（DIMEDIT）命令。执行"编辑标注"命令的方法有：在命令行中输入"DED",按【Enter】键(不建议使用);单击"标注"工具栏中的"编辑标注"命令按钮 ;在命令行选项中选择"新建",打开多行文字编辑窗口,输入要修改的结果文字。

● 使用"编辑文字"(DDEDIT)命令。使用命令行中输入"ED"后,按【Enter】键;或执行菜单命令"修改"→"对象"→"文字"→"编辑"。单击要修改的标注文字,同样可以进入多行文字编辑窗口。

(2)编辑标注文字的位置。

要修改标注文字的位置有以下几种方法。

● 使用夹点。选中标注,单击对应的夹点,并拖动鼠标,可以移动标注文字和尺寸线、尺寸界线的位置。

● 使用"编辑标注"命令,可以移动放置文字的位置,或使文字旋转指定的角度。执行"编辑标注"命令的常用方法:单击"标注"工具栏中的"编辑标注"命令按钮 。

(3)标注更新。

使用"标注更新"可以更新标注使其采用当前的标注样式。执行"标注更新"的方法有以下几种。

● 单击"标注"工具栏中的"标注更新"命令按钮 。

● 执行菜单命令"标注"→"更新"。

(4)设置标注基线间距。

对平行线性标注和角度标注之间的间距做调整,可以使用"标注间距"(DIMSPACE)命令。执行"标注间距"的方法有以下几种。

● 单击"标注"工具栏中的"标注间距"命令按钮 。

● 执行菜单命令"标注"→"标注间距"。

4.5.3 绘制过程

1. 创建新图

运行 AutoCAD 2018,打开建筑平面图文件"变配电所平面图.dwg",如图 4-81 所示。双击下面的文字"变配电所平面图",修改为"变配电设备布置平面图",使用"拉伸"和"移动"命令,将图纸名称"变配电设备布置平面图"调整到合适的位置,如图 4-82 所示,并另存为"变配电设备布置平面图.dwg"。

2. 设置图层

打开"图层特性管理器",新建图层"设备""注释文字""安装尺寸",并设置合适的图层特性。

3. 绘制和摆放设备

(1)将"设备"层设置为当前层。

(2)绘制两条辅助直线。使用"偏移"命令,将图纸中的两条内墙线进行偏移,水平线和铅垂线的偏移距离分别为"1500mm"和"1150mm",如图 4-83 所示。

(3)使用"矩形"命令绘制机柜 AH10。打开"端点"和"交点"对象自动捕捉,并打开"对象捕捉追踪"。

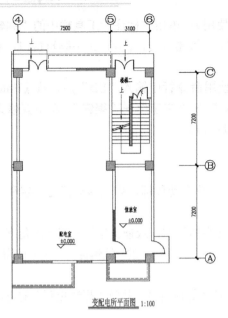

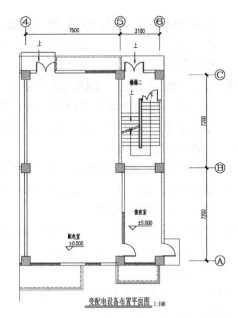

图 4-81　变配电所平面图　　　　图 4-82　修改图纸名称为"变配电设备布置平面图"

命令: rec RECTANG　　　　　　　//输入"rec"，按空格键激活"矩形"命令
指定第一个角点或 [倒角(C)/标高(E)/圆角(F)/厚度(T)/宽度(W)]: w
　　　　　　　　　　　　　　　//输入"w"，按空格键设置矩形宽度
指定矩形的线宽 <0>: 40　　　　//输入"40"，按空格键
指定第一个角点或 [倒角(C)/标高(E)/圆角(F)/厚度(T)/宽度(W)]:
　　　　　　　　　　　　　　　//追踪偏移的水平线的左端点，向左移动鼠标，
　　　　　　　　　　　　　　　//并移动到偏移的铅垂线处，当出现交点标志时，
　　　　　　　　　　　　　　　//单击，指定矩形的第一个角点
指定另一个角点或 [面积(A)/尺寸(D)/旋转(R)]: @1500,-800
　　　　　　　　　　　　　　　//输入相对坐标，按空格键，指定矩形的另一
　　　　　　　　　　　　　　　//个角点，得到如图 4-84 所示的矩形

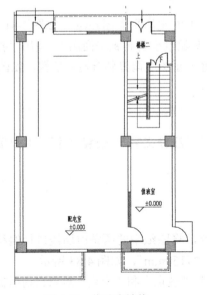

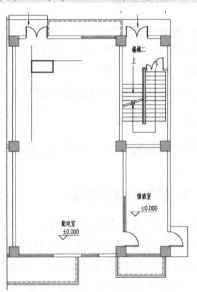

图 4-83　偏移内墙线　　　　　　　图 4-84　绘制机柜 AH10

（4）删除偏移的辅助直线，并使用"阵列"命令复制矩形，得到如图 4-85 所示的图形。

设置阵列"行数"为"10"，"列数"为"1"，"行偏移距离"为"-800"。

（5）使用"矩形"命令绘制机柜 2TO。

命令: rec RECTANG	//输入"rec"，按空格键激活"矩形"命令
当前矩形模式： 宽度=40	

指定第一个角点或 [倒角(C)/标高(E)/圆角(F)/厚度(T)/宽度(W)]: 800	//追踪最下面矩形的右下端点，向下移动鼠标，
	//当出现端点追踪轨迹时，输入"800"，按空格
	//键，指定矩形的第一个角点

指定另一个角点或 [面积(A)/尺寸(D)/旋转(R)]: @-1350,-1900	//输入相对坐标，按空格键，指定矩形的另一个角 //点，得到如图 4-86 所示的矩形

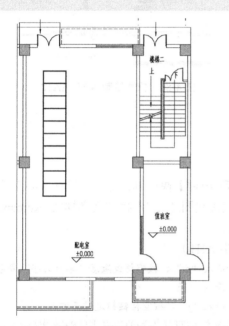

图 4-85 阵列复制

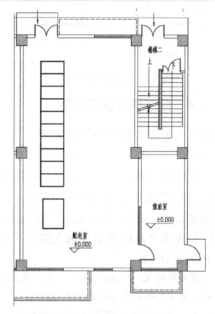

图 4-86 绘制机柜 2TO

（6）参考绘制机柜 AH10 的方法，首先偏移内墙线获得辅助线，然后使用"矩形"命令绘制机柜 1TO，再删除辅助线，得到如图 4-87 所示图形。

（7）使用"矩形"和"复制"命令依次绘制 AA1～AA12，得到如图 4-88 所示的图形。

（8）使用"矩形"命令绘制机柜 BPOALE1。

命令: rec RECTANG	//输入"rec"，按空格键激活"矩形"命令
当前矩形模式： 宽度=40	

指定第一个角点或 [倒角(C)/标高(E)/圆角(F)/厚度(T)/宽度(W)]: 800	//追踪右侧值班室房间左上角端点，向右移动
	//鼠标，当出现端点追踪轨迹时，输入"800"
	//后按空格键，指定矩形的第一个角点

指定另一个角点或 [面积(A)/尺寸(D)/旋转(R)]: @600,-800	//输入相对坐标，按空格键，指定矩形的另一个 //角点，得到如图 4-89 所示的矩形

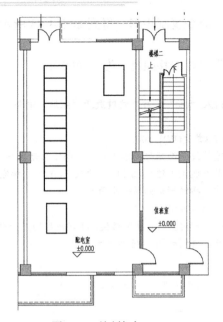

图 4-87　绘制机柜 1TO

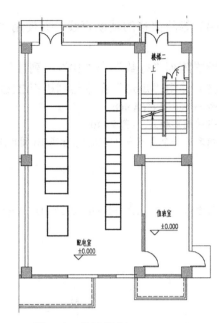

图 4-88　依次绘制 AA1~AA12

▶ 4. 标注机柜说明文字

标注机柜说明文字的步骤如下：

（1）将"注释文字"层设置为当前层。

（2）通过"设计中心"获得文字样式：按【Ctrl+2】快捷键，打开"设计中心"并锚点居左，使用"文件夹"在图形"10kV 一次系统主接线图.dwg"中找到文字样式"Romans"，拖动到窗口中，并将"Romans"设为当前样式。

（3）使用"单行文字"输入第一个说明文字 AH10。

命令: dt TEXT	//输入"dt"，按空格键激活"单行文字"命令
当前文字样式: "Romans" 文字高度: 0 注释性: 否	
指定文字的起点或 [对正(J)/样式(S)]: j	//输入"j"，按空格键指定对正方式
输入选项[对齐(A)/调整(F)/中心(C)/中间(M)/右(R)/左上(TL)/中上(TC)/右上(TR)/左中(ML)/正中(MC)/右中(MR)/左下(BL)/中下(BC)/右下(BR)]: m	//输入"m"，按空格键指定对正方式为"中间"
指定文字的中间点:	//打开"中点"自动对象捕捉，追踪矩形两个边//的中点轨迹，当两个轨迹同时出现时，单击鼠//标左键，指定矩形的中间点为文字的中间点
指定高度 <0>: 400	//输入"400"后按空格键，指定文字的高度
指定文字的旋转角度 <0>:	//按空格键，默认文字的旋转角度为 0°

在窗口中输入文字"AH10"，按两次【Enter】键，结束命令，得到如图 4-90 所示的文字。

（4）使用"复制"和"阵列"命令，复制所有文字，如图 4-91 所示。

注意：使用"复制"命令时的基点选择，不同大小矩形内文字的复制可以选择文字的插入点作为基点。

（5）双击一个文字，进入编辑状态，修改成满足要求的文字内容，依次单击图 4-91 中需要编辑的文字，修改成如图 4-92 所示的图形中的文字。

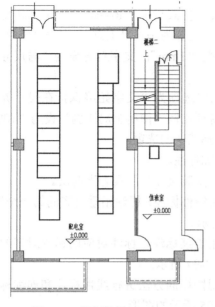

图 4-89　绘制机柜 BPOALE1

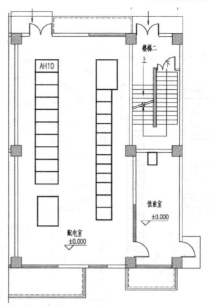

图 4-90　输入第一个说明文字 "AH10"

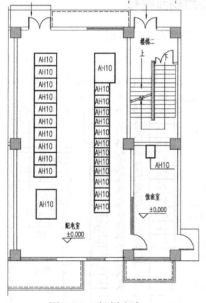

图 4-91　复制文字

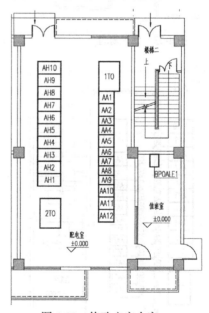

图 4-92　修改文字内容

▶ 5．添加安装尺寸标注

（1）新建标注样式。

在命令行中输入 "D"，按空格键，打开 "标注样式管理器"，单击 "新建" 按钮，以 Standard 作为基础样式，创建名为 "建筑" 的标注样式。在打开的 "新建标注样式" 对话框中，设置的主要参数如下：

- 线：尺寸线基线间距为 "10mm"，尺寸界线的超出尺寸线为 "2mm"，起点偏移量为 "2mm"。
- 箭头和符号：第一个和第二个箭头均设置为 "建筑标记"，箭头大小设置为 "2"。

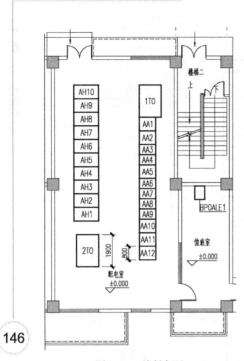

图 4-93　线性标注

● 文字：文字样式设为"Romans"，文字高度设为"3mm"；文字位置为垂直"上方"，水平"居中"，从尺寸线偏移为"1mm"；文字对齐设为"与尺寸线对齐"。

● 调整：调整选项为"文字始终保持在尺寸界线之间"，标注特征比例"使用全局比例"设为"100"。

其他选择默认的选项。

（2）添加标注。

① 将"安装尺寸"层设为当前层。

② 使用线性标注，标注铅垂对齐的第一个标注，如图 4-93 所示。

③ 使用连续标注，标注对应的铅垂对齐的标注尺寸，如图 4-94 所示。

④ 使用同样的方法进行线性标注和连续标注，得到如图 4-95 所示的图形。

▶ 6. 添加剖面符号

（1）新建文字样式"标记"。

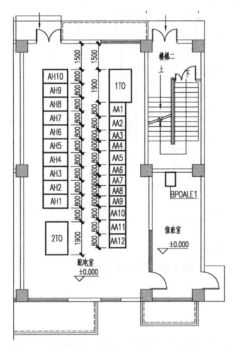

图 4-94　连续标注

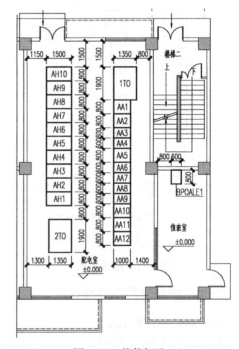

图 4-95　其他标注

在命令行中输入"ST"，按空格键，打开"文字样式"对话框，单击 新建(N)... 按钮，创建一个名为"标记"的文字样式，选择字体名为"romanc.shx"，将"标记"文字样式置为当前。

（2）创建剖面符号图块。

首先使用多段线绘制一条长为 600mm，宽为 40mm 的水平线段；然后将该线段旋转复制，得到如图 4-96 所示的图形。创建成名为"剖面符号"的图块，基点选择水平线的左端点。

图 4-96　剖面符号

（3）使用"插入块"命令在对应的位置上插入图块，使用单行文字标注对应的标记，字高为 350mm，使用"镜像""移动"等命令进行调整，完成如图 4-3 所示的 A-A 剖面标记。

▶ 7．保存文件

按【Ctrl+S】快捷键，或单击"保存"按钮 ▣ 保存文件。

◣ 4.6　变配电所剖面图绘制

在实际工程中，往往需要对电气设备的安装进行详细的说明，需要剖面图，有的还需要安装大样图。若需要剖面图，则应在平面布置图中说明具体的位置。

以 4.5 节的平面布置图为例，图中 A-A 剖面详图如图 4-4 所示。

4.6.1　绘制方法分析

剖面图的绘制要在已有建筑平面图的基础上进行，首先获得主要框架的结构。

变配电所剖面图的绘制主要包括以下几个方面。

（1）根据平面图获得对应的主结构位置，可以使用构造线，获得它们的对应关系。

（2）设备等的绘制。

（3）标高等的标注，标高标注建议首先创建属性块。

4.6.2　相关知识点

1）构造线

构造线（XLINE）命令用来绘制一条或多条两端均为无限长的直线。所绘制的直线可以通过指定其角度或指定其为水平或铅垂的，然后指定通过点来获得；也可以指定构造线为一个角度的二等分线；或指定某一直线对象的等距离偏移的构造线。构造线可以在绘图时作为对齐辅助线，也可以作为实际图元对象进行各种编辑修改。

执行 XLINE 命令的方法有以下几种。

● 在命令行中输入"XL"或"XLINE"后，按【Enter】键。

● 单击"绘图"工具栏中的"构造线"命令按钮 ╱ 。

● 执行菜单命令"绘图"→"构造线"。

2）图案填充

在一张图形中，绘图者因不同的用途需要重复使用某一种图案以填充某一区域，这个过程就称为图案填充。通常，填充图案帮助绘图者实现了表达信息的目的。

在 AutoCAD 中，允许使用实心的填充图案。在 AutoCAD 中填充的图案可以与边界相关联，即随着边界的更新而更新，也可以与边界没有关联性。在 AutoCAD 生成正式的填充图案之前，可以先预览，并根据需要，修改某些选项，以满足使用要求。

填充图案是独立的图形对象，对填充图案的操作就像对一个对象操作一样。如有必要，可以使用 EXPLODE 命令将填充图案分解成单独的线条。一旦填充图案被分解成单独的线条，那么填充图案与原边界对象将不再具有关联性。

用户可以创建渐变填充。渐变填充在一种颜色的不同灰度之间或两种颜色之间使用过渡。渐变填充提供光源反射到对象上的外观，可用于增强演示图形，在实际工程图纸中一般不会用到。本小节主要介绍填充图案的使用。

（1）创建图案填充。

使用命令 HATCH 可以创建图案填充。执行创建图案填充命令的方法有以下几种。

● 在命令行中输入"H"后，按【Enter】键。

● 单击"绘图"工具栏中的"图案填充"命令按钮 。

● 执行菜单命令"绘图"→"图案填充"。

执行 HATCH 命令后，打开如图 4-97 所示的"图案填充和渐变色"对话框。

图 4-97 "图案填充和渐变色"对话框

在图 4-97 所示对话框的"图案填充"选项卡中，可通过以下几方面设置图案的外观。

① 类型和图案。

在"类型"右侧的下拉列表中可以选择 AutoCAD 提供的三种图案类型：预定义、用户定义和自定义；在"图案"右侧的下拉列表框中可以选择各种类型的图案代码，或者单击"图案"列表框右侧的按钮 ，或单击"样例"图案，打开如图 4-98 所示的"填充图案选项板"对话框，从中选择不同的图案。

② 角度和比例：指定选定填充图案的角度和缩放比例。比例越大，图案密度越小。

③ 图案填充原点：在默认情况下，所有图案填充原点都对应于当前的 UCS 原点，可以指定新的填充原点。

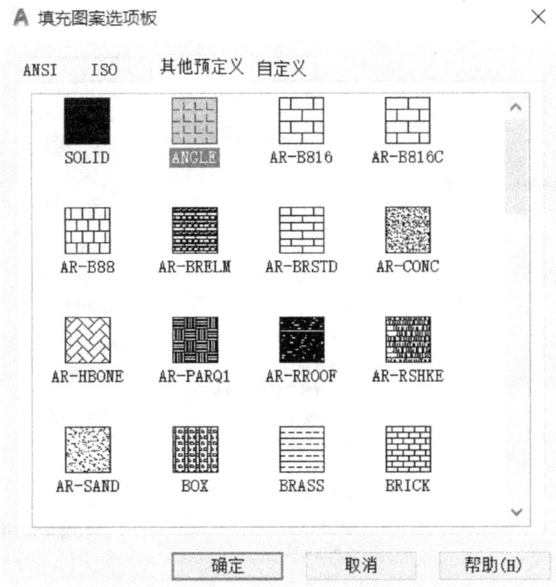

图 4-98 "填充图案选项板"对话框

另外，选择了填充图案以后还需要指定图案填充边界，指定关联和继承选项，进行孤岛设置等。

① 图案填充边界。

AutoCAD 提供了两种选择对象以生成控制边界的方法："拾取点"和"选择对象"。

● 拾取点：如果使用"拾取点"方式选择边界，则边界必须是真实存在的封闭面域。要调用"拾取点"方式，应先在对话框中单击"拾取点"按钮⊞。

● 选择对象："选择对象"方式将使用选择对象的方法确定边界，要调用"选择对象"方式，应先在对话框中单击"选择对象"按钮。

② 关联和继承。

图 4-96 所示对话框中的"选项"区用于控制填充图案是否具有关联性。选中"关联"选项可使填充图案与其边界对象具有关联性。例如，在边界对象被拉伸时，填充图案也将被拉伸到新的边界。

如果要将填充图案的设置，如图案类型、角度、比例等，从一个已存在的关联填充图案应用到另一个要填充的边界中，可以使用"继承特性"选项，单击按钮进行操作。

如果选定了对象，可以单击左下角的预览按钮，观看图案填充的实际效果。预览结束后，按【Enter】键完成填充，或按【Esc】键返回对话框。

③ 孤岛。

默认打开的"图案填充和渐变色"对话框没有显示"孤岛"选项。单击对话框右下角的"更多选项"按钮⊙，将会打开如图 4-99 所示的含有"孤岛"设置的"图案填充和渐变色"对话框，单击"更少选项"按钮⊙，将会隐藏"孤岛"设置。

"孤岛"选项区中的"孤岛显示样式："用于确定在最外端的边界内的对象是否作为填充的边界。如果这些内部对象被看作孤岛，那么在填充图案时可以选择"普通"、"外部"和"忽略"三个选项中的一个。默认的"孤岛显示样式"是"普通"。选择合适的孤岛显示样式对图案填充是非常重要的。

图 4-99　含"孤岛"设置的"图案填充和渐变色"对话框

- "普通"选项：AutoCAD 在绘制填充图案时，由外部边界向里填充。如果碰到内部孤岛，则断开填充直到碰到另一个内部孤岛才能再次填充。
- "外部"选项：AutoCAD 只在最外层区域内进行图案填充。
- "忽略"选项：AutoCAD 填充最外层边界中包含的整个区域，只要最外层边界由一个闭合的且首尾相连的多边形组成即可进行图案填充，而不考虑内部对象是如何选择的。

注意：如果选择了文本、形和属性等对象，AutoCAD 能够识别这些对象而不绘制填充图案。AutoCAD 将在文本对象的四周保留适当的空白区，使文本对象能够被清晰地显示出来，如果使用"忽略"选项，则在绘制图案过程中遇到文本、形、属性等对象时，填充图案将不会被中断。

（2）编辑图案填充。

已经生成的填充图案可以使用"修改"命令进行修改。调用该命令的方法有以下几种。

- 在命令行中输入"HATCHEDIT"后，按【Enter】键。
- 双击要修改的填充图案。
- 执行菜单命令"修改"→"对象"→"图案填充"。

很显然，"双击要修改的填充图案"是最快捷的方法。

调用 HATCHEDIT 命令后，将会打开"图案填充编辑"对话框。"图案填充编辑"对话框与"图案填充和渐变色"对话框的内容完全相同，只是定义填充边界和对孤岛操作的某些按钮不再可用。

4.6.3　绘制过程

▶1．打开平面图，另存为剖面图

打开 4.5.3 节绘制的"变配电设备布置平面图.dwg"，执行菜单命令"文件"→"另存为..."，打开"图形另存为"对话框，将文件另存为"变配电所 A-A 剖面图.dwg"。

▶2．创建需要的图层

打开"图层特性管理器"，新建图层"辅助""结构""标高"，并设置合适的图层特性。

▶3．绘制辅助线

首先将"辅助"层设置为当前层，使用"构造线"命令对应平面图中的柱④、柱⑤，和机柜 AH1、AA9，绘制铅垂的辅助线，如图 4-100 所示。

▶4．绘制主结构

（1）将"构造"层设置为当前层，然后使用"矩形"命令绘制一个长为 10500mm，宽为 200mm 的矩形，并移动到平面图下方辅助线对应的位置上，作为地面，如图 4-100 所示。

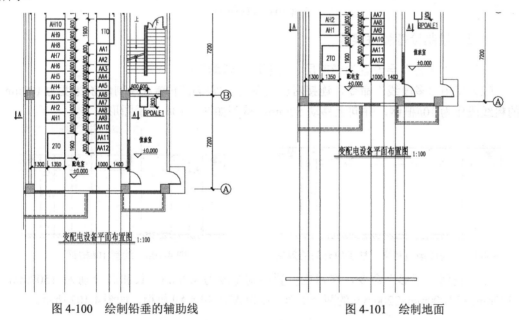

图 4-100　绘制铅垂的辅助线　　　　　　　图 4-101　绘制地面

（2）分解矩形，将上面的水平线向上分别偏移 3150mm、3900mm，得到两条平行线。连接两条平行线的左右端点，作为梁，如图 4-102 所示。

（3）使用"修剪"命令，修剪铅垂线，得到柱，如图 4-103 所示。选中作为柱子的四条铅垂线，在图层工具栏，选中"结构"层，将其转换到"结构"层。

（4）梁和柱的标注文字：将"注释文字"层设置为当前层，使用单行文字，"文字样式"为"工程字"，在图中相应的位置上标注梁和柱。

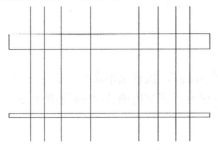

图 4-102　绘制梁

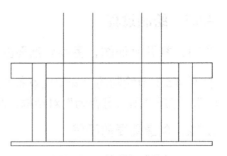

图 4-103　修剪铅垂线

（5）将"结构"层设置为当前层。使用图案填充，填充地面和梁、柱子。其方法是：首先冻结"辅助"层。在命令行中输入"H"，按空格键，打开"图案填充和渐变色"对话框，选择填充图案为"ANSI"内的"45°"斜线，比例为"1000"，如图 4-104 所示，使用"拾取点"方式，选中作为地面的矩形区域，单击"确定"按钮，完成地面填充。采用同样的方法分别填充梁和柱子，选择填充图案为"其他预定义"内的"AR-CONC"，比例为"100"，完成填充后效果如图 4-105 所示。

图 4-104　填充地面

5. 绘制设备和桥架等

（1）将"设备"层设置为当前层，并解冻"辅助"层。

（2）使用"多段线"命令，连接对应设备的辅助线的下端点绘制两条宽度为 100mm 的粗线段作为 10#槽钢，并向上移动 50mm，得到如图 4-106 所示图形。

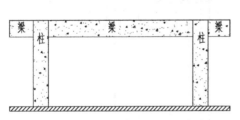

图 4-105　完成地面和梁、柱子填充后的效果

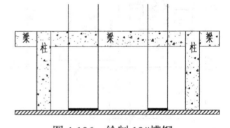

图 4-106　绘制 10#槽钢

（3）使用"矩形"命令，在对应位置绘制宽度为 40mm，长和高分别为 1500mm×2300mm 和 1000mm×2200mm 的两个矩形，作为 AH1 和 AA9 机柜，如图 4-107 所示。

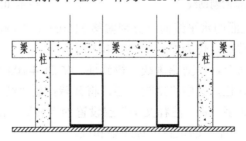

图 4-107　绘制 AH1 和 AA9 机柜

命令: rec RECTANG	//输入"rec"，按空格键激活"矩形"命令
指定第一个角点或 [倒角(C)/标高(E)/圆角(F)/厚度(T)/宽度(W)]: w	//输入"w"，按空格键设置矩形宽度
指定矩形的线宽 <0>: 40	//输入宽度值"40"后按空格键

指定第一个角点或 [倒角(C)/标高(E)/圆角(F)/厚度(T)/宽度(W)]: 750	//使用对象追踪，向下追踪对应 AH1 左侧辅助线和梁
	//下边的交点，当出现追踪轨迹时，在命令行中输入
	//"750"，按空格键，指定矩形的左上角点

指定另一个角点或 [面积(A)/尺寸(D)/旋转(R)]: @1500,-2300	//输入对角点的相对坐标后按空格键
命令: RECTANG	//按空格键，连续激活"矩形"命令
当前矩形模式: 宽度=40	
指定第一个角点或 [倒角(C)/标高(E)/圆角(F)/厚度(T)/宽度(W)]: 850	//使用同样的方法，获得 AA9 矩形的左上角点
指定另一个角点或 [面积(A)/尺寸(D)/旋转(R)]: @1000,-2200	//输入对角点的相对坐标后按空格键

（4）冻结"辅助"层。使用"矩形"命令，绘制高压和低压桥架。

命令: RECTANG	//按空格键，连续激活"矩形"命令
当前矩形模式: 宽度=40	

指定第一个角点或 [倒角(C)/标高(E)/圆角(F)/厚度(T)/宽度(W)]: _from 基点: <偏移>: @300,-250	//在按住【Shift】键的同时，单击鼠标右键，在弹出的
	//快捷菜单中选择"自"命令，命令行显示"_from基
	//点:"，单击梁下线和④号柱右边的交点，指定"捕捉
	//自"的基点，在"<偏移>:"后输入相对坐标，指定高
	//压桥架的左上角点

指定另一个角点或 [面积(A)/尺寸(D)/旋转(R)]: @300,-200	//输入相对坐标，按空格键，指定对角点
命令: RECTANG	//按空格键，重复激活"矩形"命令
当前矩形模式: 宽度=40	

指定第一个角点或 [倒角(C)/标高(E)/圆角(F)/厚度(T)/宽度(W)]: _from 基点: <偏移>: @-200,-250	//使用同样的方法，指定梁下线和⑤号柱左边的交点为
	//"捕捉自"的基点，相对偏移为@-200,-250，指定低
	//压桥架的右上角点

指定另一个角点或 [面积(A)/尺寸(D)/旋转(R)]: @-600,-200	//输入相对坐标后按空格键，完成如图 4-108 所示图形

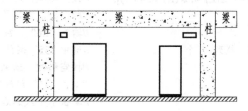

图 4-108　绘制高压和低压桥架

▶6. 添加标高标注

（1）创建"标高"属性块。

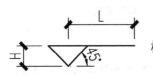

图4-109 标高符号

根据《房屋建筑制图统一标准》GB/T 50001—2001 的要求，标高符号应以直角等腰三角形表示，具体画法如图 4-109 所示。

图 4-109 中 L 取适当长度注写标高数字，H 根据需要取适当高度，一般取≈3mm；标高符号的尖端应指至被注高度的位置。尖端一般应向下，也可向上；标高数字应以 m 为单位，注写到小数点后第三位，注写在标高符号的左侧或右侧；零点标高应注写成±0.000，正数标高不注"+"，负数标高注"−"。

① 将"0"层设置为当前层。

② 绘制标高符号的图元对象。根据图纸的具体情况，绘制的标高符号注写标高数字的引线在左侧。

命令: L LINE 指定第一点:	//输入"L"，按空格键，激活"直线"命令 //单击鼠标指定一点

指定下一点或 [放弃(U)]: ＜极轴 开＞	//打开"极轴"捕捉，设置"增量角"为135°，
	//在 135° 方向上移动鼠标，单击指
	//定第二点

指定下一点或 [放弃(U)]:	//按空格键，结束命令

命令: LINE 指定第一点: 300	//按空格键，连续激活"直线"命令。打开
	//自动对象捕捉和对象追踪，追踪刚绘制的135°
	//斜线的下端点，向上移动鼠标，当出现追
	//踪轨迹时，在命令行中输入"300"，按空
	//格键，指定第一点

指定下一点或 [放弃(U)]: ＜正交 开＞ 1300	//在"正交"模式下，鼠标向左移动，在命
	//令行输入"1300"，按空格键，指定水平
	//线的第二个点

指定下一点或 [放弃(U)]:	//按空格键，结束命令，得到如图 4-110（a） //所示的图形符号
命令: tr TRIM	//输入"tr"按空格键，激活"修剪"命令
当前设置:投影=UCS，边=无	
选择剪切边...	
选择对象或 ＜全部选择＞: 找到 1 个	//选中水平线
选择对象:	//按空格键，结束选择
选择要修剪的对象，或在按住【Shift】键的同时选择要延伸的对象，或	
[栏选(F)/窗交(C)/投影(P)/边(E)/删除(R)/放弃(U)]:	//单击水平线上方的 45° 斜线
选择要修剪的对象，或在按住【Shift】键的同时选择要延伸的对象，或	
[栏选(F)/窗交(C)/投影(P)/边(E)/删除(R)/放弃(U)]:	//按空格键，结束修剪，得到如图 4-110（b） //所示的图形符号
命令: mi MIRROR	//输入"mi"，按空格键，激活"镜像"命令
选择对象: 指定对角点: 找到 1 个	//选中 135° 斜线
选择对象:	//按空格键，结束选择
指定镜像线的第一点:	//单击 135° 斜线的下端点
指定镜像线的第二点:	//单击水平线的右端点
要删除源对象吗? [是(Y)/否(N)] ＜N＞:	//按空格键，默认不删除源对象，得到如 //图 4-110（c）所示的图形符号

选中水平线，选择右端"夹点"，向右拉伸到右侧 45° 斜线的上端点，得到如图 4-110 (d) 所示的图形符号。

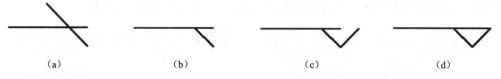

(a)　　　　　　　　(b)　　　　　　　　(c)　　　　　　　　(d)

图 4-110　标高绘制

③ 创建属性。在命令行中输入"ATT"，按空格键，打开"属性定义"对话框，其设置如图 4-111 所示。单击"确定"按钮，在窗口中指定插入点，得到如图 4-112 所示的图形符号。

④ 将如图 4-112 所示的图形符号创建成名为"标高"的图块，指定等腰三角形的下端点为基点，对象设置为删除。

图 4-111　创建"标高"属性设置　　　　　图 4-112　创建"标高"属性

（2）插入"标高"属性块。

将"标高"层设置为当前层。在命令行中输入"I"，按空格键，打开"插入"对话框，选择"标高"图块，其设置如图 4-113 所示，单击"确定"按钮，在命令行将提示"指定插入点或 [基点(B)/比例(S)/旋转(R)]:"，指定插入点后，将提示"输入标高 <±0.000>:"，输入对应的标高值。如果为±0.000，则可直接按空格键确定。

依次插入标高符号，将得到如图 4-114 所示的图形。

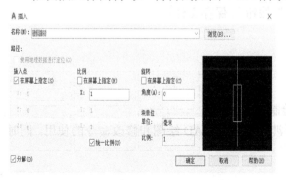

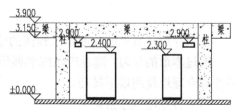

图 4-113　插入"标高"图块对话框　　　　图 4-114　依次插入标高符号

将高压桥架和 AH1 机柜上的标高符号镜像，得到如图 4-115 所示的图形。可以看出，桥架的标高标注由于在梁的填充区域，因此不能清晰显示。双击梁的填充图案，打开"填充图案编辑"对话框，重新选择中间段的填充边界，可以单击"预览"按钮，看一下填充效果，以免错误地选择，其效果如图 4-116 所示。单击"确定"按钮。

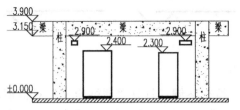

图 4-115　镜像高压桥架和 AH1 机柜上的标高符号

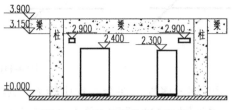

图 4-116　编辑梁的填充边界

▶ 7．添加其他文字标注

将"注释文字"层设置为当前层，使用单行文字，添加其他的文字注释，文字样式为"工程字"，并绘制对应的引线等，得到如图 4-117 所示的图形。

添加柱尺寸和柱子标号，可以从平面图中直接复制获得。添加图纸标题，可以从平面图中复制，然后双击编辑内容，并使用"拉伸"和"移动"命令进行调整，得到如图 4-118 所示的图形。删除上面的平面图。

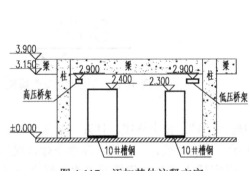

图 4-117　添加其他注释文字

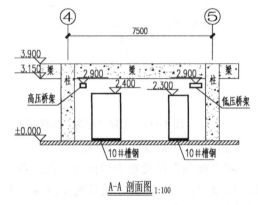

A-A 剖面图 1:100

图 4-118　添加柱标注和标题

▶ 8．保存文件

按【Ctrl+S】快捷键，或单击"保存"按钮 🖫 保存文件。

◢ 4.7　小结

本章介绍了常见的变配电工程图的绘制方法。

通过本章的学习，读者应熟练掌握所涉及的 AutoCAD 绘图和修改命令的使用，同时应注意合理地使用以下技巧。

（1）合理地创建素材文件。

在同类的工程图的绘制过程中，图形符号是很重要的组成部分，所以在实际工作中，应整理和更新图形符号库，这样可以极大地加快绘图的速度。注意，创建符号图块应在 0 层绘制相关图元，然后创建成图块，图块名称应参照国家标准，采用标准名称。

（2）合理地创建和使用图层。

在图纸绘制过程中，要合理地对图元对象进行分类，创建成图层。注意，在创建图层时，要合理地命名图层，并且要养成一定的习惯，同类的对象都有固定的名称。另外，还要注意以下应用技巧。

① 不需要显示，但又暂时不能或不需要删除的图层，要使用"冻结"，而不是使用"关闭"控制。

② 要全部删除某一图层的对象时，可以打开"图层特性管理器"，按【Ctrl+A】快捷键选中所有图层，单击"锁定"按钮，然后选择要删除的图层，单击"解锁"按钮。确定后，返回到绘图窗口，按【Ctrl+A】快捷键选中所有，按【Delete】键，即可完成删除。

③ 在绘图的过程中，可以使用"图层"工具栏进行当前图层的快速转换，在打开图形的图层名称不清楚的情况下，可以单击"将对象的图层置为当前"按钮，然后选择该图层上的对象，快速将该图层转换为当前层。

④ 在创建了图层后，一定要在相关图层上绘图，并且将所有对象的特性设置为随层（ByLayer）。如果在绘制过程中忘记转换当前层，不需要删除而重新绘制，只要使用"特性匹配"就可以将一个对象的某些或所有特性复制到其他对象。单击标准工具栏上的"特性匹配"按钮，即可激活。根据命令行的提示，选择源对象和目标对象，即可将源对象的特性复制到目标对象上。或者选择对象，在"图层"工具栏中，直接转换到相关图层上。

（3）尺寸标注的样式设置和规范。

尺寸标注应按国家标准设置相应的参数，设置参数时，建议尺寸线、尺寸界线、箭头和标注文字的对应参数设置，按打印输出要求进行设置，然后参考图纸的出图比例"调整"选项中"标注特征比例"的"使用全局比例"值，以适应图纸的实际需要。

4.8 习题与练习

一、填空题

1. 变配电工程图主要有＿＿＿＿、＿＿＿＿、＿＿＿＿、＿＿＿＿等，作为整套图纸还应有变配电所的照明系统图、照明平面图、防雷接地布置图等。

2. 电气主接线图也称一次接线图或一次系统图，是根据电能输送和分配的要求表示主要的一次设备相互之间的连接关系，以及变配电所与电力系统的电气连接关系。一次设备是指进行电能的＿＿＿、＿＿＿、＿＿＿的电气设备，包括发电机、变压器、母线、架空线路、电力电缆、断路器、隔离开关、电流互感器、电压互感器、避雷器等；二次设备对一次设备起＿＿＿＿、＿＿＿＿、＿＿＿＿、＿＿＿＿的作用，包括＿＿＿＿、＿＿＿＿、及＿＿＿＿等。由二次设备按一定要求构成的电路称为二次接线或二次回路。二次回路一般包括＿＿＿＿、＿＿＿＿、＿＿＿＿、＿＿＿＿、＿＿＿＿等。

3. 在工程绘图中，一个完整的尺寸标注应由＿＿＿＿、＿＿＿＿、＿＿＿＿、＿＿＿＿等组成。

4. 写出以下命令的命令缩写：图层特性管理器＿＿＿＿；正多边形＿＿＿＿；标注样式＿＿＿＿；构造线＿＿＿＿；图案填充＿＿＿＿；属性定义＿＿＿＿。

二、问答题

1. 图层的主要功能有哪些？

2. 以线性标注为例，说明尺寸标注的各组成部分的设置要求。

3. 简述创建一个属性块的过程。

三、绘图练习和扩展

1. 绘制对应如图4-119所示变配电设备布置平面图的如图4-120所示的B-B剖面图。

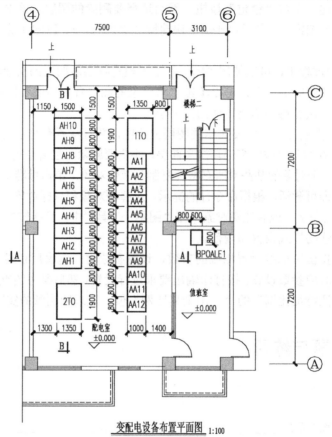

变配电设备布置平面图 1:100

图4-119　变配电设备布置平面图

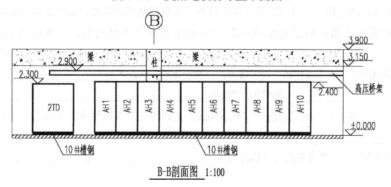

B-B剖面图 1:100

图4-120　变配电所B-B剖面图

2. 绘制如图 4-121 所示某工程变配电所的电力变压器二次接线原理图部分图形。

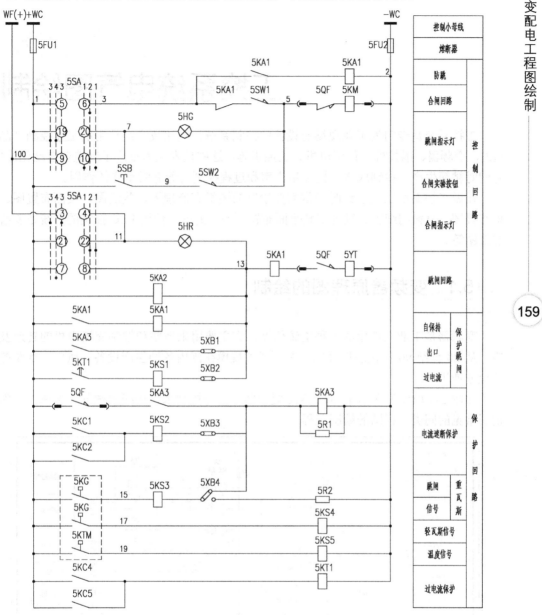

图 4-121 电力变压器二次接线原理图

第5章

工控系统电气图绘制

工控系统是专门为工业现场而设计的控制系统，被比较广泛使用的工业控制产品有 PLC、变频器、触摸屏、伺服电机、工控机等。这些技术大力推广了制造业自动化进程，它们对精简生产、控制成本、提高生产率和过程控制有着非常重要的作用。

在做工控系统工程设计时经常需要绘制的图纸有原理图、接线图、盘面布置图、机柜布置图、材料明细表、设备安装平面布置图等。另外，使用 PLC 控制的系统还要绘制梯形图等。

5.1 变频器原理图的绘制

变频器是工业上常用的一种电源仪器，它主要用来调整和控制交流电机的转速及转矩。从 20 世纪 90 年代后期开始，变频器大规模在国内各种生产设备、风机、水泵控制等地方使用。

如图 5-1 所示为西门子 G120XA 变频器一拖一控制水泵接线原理图。本章以此为例说明常见的同类工程图的绘制过程。

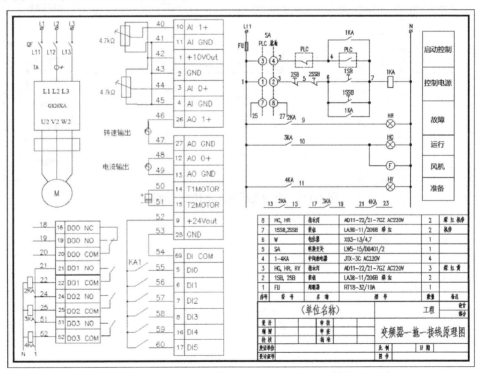

图 5-1　西门子 G120XA 变频器一拖一控制水泵接线原理图

5.1.1 绘制方法分析

从图 5-1 中可以看出，整个图纸由主回路原理图、变频器 I/O 接线图、控制接线图及主要设备清单等组成。整个图纸的图元由元器件、连线、文字标注、表格、图框等几部分组成。根据需要，图纸的绘制可以分为以下几步。

（1）新建图层。

（2）绘制主回路。

① 获得或绘制主回路所需图块，然后绘制上端一相接线，并复制成三相。

② 绘制一个作为变频器的矩形，在里面添加文字标注。

③ 绘制对应水泵电机等，连接电机。

④ 绘制变频器输出端 du/dt 滤波器。

（3）绘制变频器 I/O 接线图。

① 获得或绘制电气元器件图块。

② 绘制变频器输入/输出端子排列图。

③ 排列接线端子、连接元器件和添加文字。

（4）绘制控制接线图。

① 获得或绘制电气元器件图块。

② 绘制控制线路的连接线。

③ 将各电气元器件块插入图中。

④ 使用"修剪"命令，将图中直线进行修剪，缺的部分可以用"直线"命令补全。

⑤ 添加文字控制接线图中文字注释。

⑥ 添加右侧功能文字注释。

（5）添加图框和标题栏。

① 使用"查询距离"命令，查询整个图纸的对角 X/Y 方向距离，确定图纸大小。

② 绘制对应的图框图块，获得标题栏图块，并插入图中。

（6）绘制设备清单。

① 绘制设备清单表格（行间距设为 8mm）。

② 添加文字。

（7）调整图纸内各部分的排列布局，可以适当调整大小。

5.1.2 绘制过程

1. 创建新图和新建图层

（1）创建新图。

运行 AutoCAD2018，在"选择样板"对话框中选择默认的"acadiso.dwt"，建立一个新图，并保存图名为"变频器原理图.dwg"。

（2）新建图层。

打开"图层特性管理器"，新建图层"接线图"、"表格"、"标注文字"和"图框"，并设置图层特性，如图 5-2 所示。

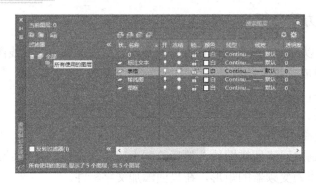

图 5-2　设置图层

2．绘制主回路

（1）获得或绘制图块。

① 按【Ctrl+2】快捷键，打开"设计中心"并锚点居左，使用"文件夹"在第 4 章绘制的"变配电工程图形符号.dwg"中找到图块"断路器"和"两个线圈电流互感器 1"，并拖到窗口。

② 在窗口中选中图块"两个线圈电流互感器 1"，单击鼠标右键，在弹出的快捷菜单中选择"块编辑器"命令，打开"块编辑器"窗口，删除一个线圈和铅垂线；单击左侧"块编写选项板"中"参数"的 ⊕ 基点，在窗口中捕捉"圆心"为"基点"；单击"将块另存为"按钮 ⬚，将块名设置为"电流互感器"，单击 关闭块编辑器(C)，关闭"块编辑器"窗口。

③ 绘制"接线端子"图块：将 0 层设置为当前层，绘制一条长度为 3mm 的铅垂线，以其中心点为圆心绘制一个半径为 1mm 的圆；使用"旋转"命令，以圆心为基点顺时针旋转 45°；以圆心为基点，将这两个图元创建成名为"接线端子"的图块。

④ 删除窗口中的所有图元。

（2）绘制上端一相接线。

① 将"接线图"图层设置为当前层，在窗口中插入图块"接线端子"；使用"直线"命令，捕捉"接线端子"圆的下侧象限点为起点，绘制一条长度为 5mm 的铅垂线段；在线段的下端插入图块"断路器"；以"断路器"的下端点为起点，绘制一条长度为 10mm 的铅垂线段。

② 通过"设计中心"获得文字样式：按【Ctrl+2】快捷键，打开"设计中心"并锚点居左，使用"文件夹"在图形"10kV 一次系统主接线图.dwg"中找到文字样式"Romans"和"工程字"，并拖到窗口。然后将"Romans"设为当前样式。

③ 将"标注文字"图层设置为当前层，使用"单行文字"命令，设置字高为"3mm"，添加文字，如图 5-3 所示。

注意：L1 的文字对正为"中间"，L11 的文字对正为默认的"左"，即不需要修改对正方式。

（3）复制成三相。

① 使用"阵列"命令，复制刚绘制的一相接线：在命令行中输入"AR"，按空格键，打开"阵列"对话框，在画布上选择图形，然后根据下拉菜单选择所需的"行"和"列"数量及其他距离等选项参数，再次按空格键即可完成。设置如图 5-4 所示，单击"确定"按钮，得到如图 5-5 所示的图形。

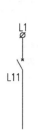

图 5-3　一相接线

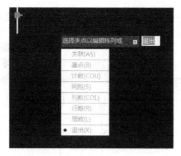

图 5-4　"阵列"对话框设置

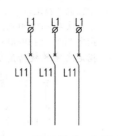

图 5-5　阵列得到三相图形

② 插入"电流互感器"：将"接线图"图层设置为当前层，在命令行中输入"I"，按空格键，打开"插入"对话框，选择"电流互感器"图块，单击"确定"按钮，在如图 5-6 所示合适的位置插入。

③ 使用"复制"命令，在如图 5-7 所示的位置复制文字。

④ 双击一个文字，激活"编辑文字"命令，依次修改图中文字内容，如图 5-8 所示。

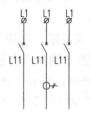

图 5-6　插入"电流互感器"

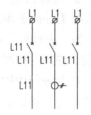

图 5-7　复制文字

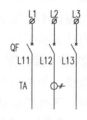

图 5-8　修改文字内容

（4）绘制变频器。

① 首先绘制一个 30mm×35mm 的矩形，然后移动到如图 5-9 所示的位置。

命令: rec RECTANG	//输入"rec"，按空格键激活"矩形"命令
指定第一个角点或 [倒角(C)/标高(E)/圆角(F)/厚度(T)/宽度(W)]:	
	//在窗口单击一点，指定第一个角点
指定另一个角点或 [面积(A)/尺寸(D)/旋转(R)]: @30,35	//输入相对坐标"@30,35"后按空格键
命令: m MOVE	//输入"m"，按空格键激活"移动"命令
选择对象: 指定对角点: 找到 1 个	//选中刚绘制的矩形
选择对象:	//按空格键结束选择
指定基点或 [位移(D)] <位移>:	//捕捉矩形上边的中点作为基点
指定第二个点或 <使用第一个点作为位移>:	//捕捉三相中间的下端点，指定矩形位置

② 使用"复制"命令复制文字 L1 到如图 5-10 所示的位置。

③ 双击一个文字，激活"编辑文字"命令，依次修改变频器（矩形内）文字内容，如图 5-11 所示。

（5）绘制对应水泵电机，连接电机。

① 将 0 层设置为当前层，绘制一个半径为 10mm 的圆；使用单行文字，在圆心处输入文字"M"，字高为 4mm。

命令: c CIRCLE	//输入"c"，按空格键激活"画圆"命令
指定圆的圆心或 [三点(3P)/两点(2P)/切点、切点、半径(T)]:	
	//在窗口单击一点，指定圆心
指定圆的半径或 [直径(D)]: 10	//输入"10"，指定圆的半径，按空格键
命令: dt TEXT	//输入"dt"，按空格键激活"单行文字"命令
当前文字样式: "Romans" 文字高度: 3.0000 注释性: 否	
指定文字的起点或 [对正(J)/样式(S)]: j 输入选项	//输入"j"，按空格键，选择"对正"选项

[对齐(A)/布满(F)/居中(C)/中间(M)/右对齐(R)/左上(TL)/中上(TC)/右上(TR)/左中(ML)/正中(MC)/右中(MR)/左下(BL)/中下(BC)/右下(BR)]: m　　　　//输入"m"，按空格键指定"中间"对正
　　指定文字的中间点:　　　　　　　　　　　　//捕捉圆心为文字的中间点
　　指定高度 <3.0000>: 4　　　　　　　　　　//输入字高"4"，按【Enter】键
　　指定文字的旋转角度 <0>:　　　　　　　　　//按空格键默认文字的旋转角度为 0°

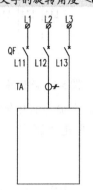
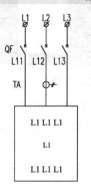
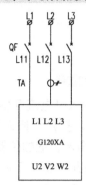

图 5-9　绘制矩形并移动矩形的位置　图 5-10　复制 L1 文字　　　图 5-11　修改变频器文字内容

在窗口中输入文字"M"后，按两次【Enter】键，完成文字输入。

将绘制的圆和文字"M"创建成名为"电动机"的图块，以圆上侧象限点为基点。

② 将"接线图"图层设置为当前层，使用"直线"命令，以变频器下侧中点为起点，向下绘制一条长度为 35mm 的铅垂线；在命令行中输入"I"后按空格键，打开"插入"对话框，选择"电动机"图块，单击"确定"按钮，捕捉刚绘制的铅垂线的下端点，插入图块，如图 5-12 所示。

③ 使用"直线"命令，追踪三相左侧一相的下端点向下和变频器下边的交点作为线段的起点，向下绘制铅垂线，在合适的位置单击，指定第二点，向电动机圆捕捉垂足指定第三个点，得到如图 5-13 所示的折线。

④ 在命令行中输入"MI"，按空格键，激活"镜像"命令，选择刚绘制的折线进行镜像，得到如图 5-14 所示的右侧折线。

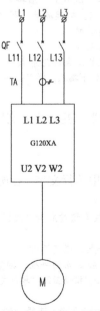
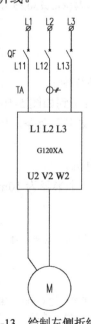
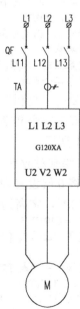

图 5-12　插入"电动机"图块　　　图 5-13　绘制左侧折线　　　图 5-14　镜像右侧折线

（6）绘制变频器输出端 du/dt 滤波器。

使用"矩形"命令，绘制一个合适大小的矩形，在中间位置使用"单行文字"命令，添加文字"du/dt"。

命令： rec RECTANG	//输入"rec"，按空格键激活"矩形"命令
指定第一个角点或 [倒角(C)/标高(E)/圆角(F)/厚度(T)/宽度(W)]：	//向下追踪变频器左下端点，到合适位置单 //击，指定矩形的一个角点
指定另一个角点或 [面积(A)/尺寸(D)/旋转(R)]：	//向下追踪变频器右下端点，到合适位置单 //击，指定矩形的另一个角点。得到 //如图 5-15 所示的矩形
命令： dt TEXT	//输入"dt"，按空格键激活"单行文字"命令
当前文字样式： "Romans" 文字高度： 4.0000 注释性： 否	
指定文字的起点或 [对正(J)/样式(S)]： j 输入选项	//输入"j"，按空格键选择"对正"选项
[对齐(A)/布满(F)/居中(C)/中间(M)/右对齐(R)/左上(TL)/中上(TC)/右上(TR)/左中(ML)/正中(MC)/右中(MR)/左下(BL)/中下(BC)/右下(BR)]： m	//输入"m"，按空格键指定"中间"对正
指定文字的中间点：	//捕捉矩形铅垂线中点水平追踪线和中线 //的交点作为文字的中间点
指定高度 <4.0000>： 3	//输入字高"3"，按【Enter】键
指定文字的旋转角度 <0>：	//按空格键默认文字的旋转角度为 0°

在窗口中输入文字"du/dt"后，按两次【Enter】键，完成文字输入，如图 5-16 所示。

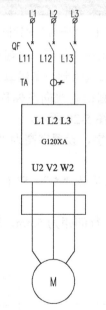

图 5-15　绘制矩形

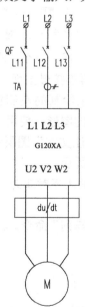

图 5-16　输入文字"du/dt"

◈3. 绘制变频器 I/O 接线图

（1）获得或绘制图块。

① 按【Ctrl+2】快捷键，打开"设计中心"，使用"文件夹"在第 3 章绘制的"电动机正、反转控制原理图.dwg"中找到图块"动合触点"和"继电器线圈"，并拖到窗口。然后删除窗口中的两个图块。

② 绘制属性块"接线号"：将 0 层设置为当前层，使用"画圆"命令绘制一个半径为

3mm 的圆；在命令行中输入"att"按空格键，打开"属性定义"对话框，其设置如图 5-17 所示。

单击"确定"按钮，在窗口捕捉圆心为属性插入点。

使用"创建块"命令，将绘制的圆和属性创建成属性块"接线号"，指定圆心为插入点。

（2）绘制变频器输入/输出端子排列图。

① 将"接线图"图层设置为当前层，使用"直线"命令绘制一条长度为 35mm 的水平线段；使用"阵列"命令，在命令行中输入"AR"，按空格键，打开"阵列"对话框，设置如图 5-18 所示，选择刚绘制的水平线，单击"确定"按钮进行阵列。

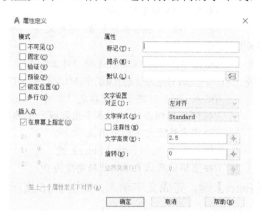

图 5-17 "属性定义"对话框设置

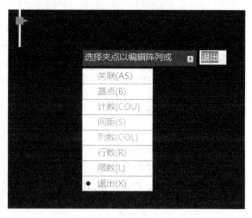

图 5-18 "阵列"对话框设置

② 使用"直线"命令，连接阵列结果的最上面一条线和最下面一条线的左端点绘制一条铅垂线，再连接最上面一条线和最下面一条线的右端点绘制一条铅垂线；使用"偏移"命令，将刚绘制的左侧铅垂线向右偏移 7mm，右侧铅垂线向左偏移 8mm，得到如图 5-19 所示的图形；使用"修剪"命令修剪图形，如图 5-20 所示。

③ 将"标注文字"图层设置为当前层，使用单行文字，设置字高为"3mm"，添加文字如图 5-21 所示。

注意：10 的文字对正为"中间"，10 的文字对正为默认的"左"，即不需要修改对正方式。

④ 使用"阵列"命令，将文字"10"向上复制三行，行间距为 5mm，得到如图 5-22 所示的图形。

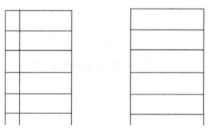

图 5-19 绘制和偏移线段　　图 5-20 修剪图形

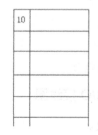

图 5-21 添加文字

图 5-22 阵列文字"10"

⑤ 双击一个文字，激活"编辑文字"命令，将文字修改成如图 5-23 所示的内容。

⑥ 使用"阵列"和"复制"命令获得如图 5-24 所示的文字。双击一个文字，激活"编辑文字"命令，将文字修改成如图 5-25 所示的内容。

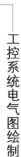
图 5-23 修改文字内容 1（左列）：

10	
11	
1	

图 5-24 阵列和复制文字（中列）：

10	AI1+
11	AI GND
1	+10Vout
10	GND
11	AI0+
1	AI GND
1	AO 1+

10	AI1+
11	AI GND
1	+10Vout
10	GND
11	AI0+
1	AI GND
1	AO 1+

10	AI1+
11	AI GND
1	+10Vout
10	GND
11	AI0+
1	AI GND
1	AO 1+

图 5-25 修改文字内容 2（右列）：

10	AI1+
11	AI GND
1	+10Vout
2	GND
3	AI0+
4	AI GND
26	AO 1+

27	A0 GND
12	AI 0+
13	AO GND
14	T1MOTOR
15	T2MOTOR
9	+24Vout
28	GND

69	DI COM
5	DI0
6	DI1
7	DI2
8	DI3
16	DI4
17	DI5

图 5-23 修改文字内容 1　　　图 5-24 阵列和复制文字　　　图 5-25 修改文字内容 2

（3）排列接线端子、连接元器件，添加文字。

① 如图 5-26 所示，在 AI1+端子左侧绘制一条长度为 15mm 的线段，并使用"单行文字"，文字对正为"中间"，在线段上中间对正位置添加数字"40"。

② 根据需要，使用"复制"命令，在如图 5-27 所示的位置复制线段和文字。

③ 双击一个文字，激活"编辑文字"命令，将文字修改成如图 5-28 所示的内容。

图 5-26 绘制线段和添加文字"40"：

40		
	10	AI1+
	11	AI GND
	1	+10Vout
	2	GND
	3	AI0+
	4	AI GND
	26	AO 1+
	27	A0 GND
	12	AI 0+
	13	AO GND
	14	T1MOTOR
	15	T2MOTOR
	9	+24Vout
	28	GND
	69	DI COM
	5	DI0
	6	DI1
	7	DI2
	8	DI3
	16	DI4
	17	DI5

图 5-27 复制线段和文字：

40	10	AI1+
40	11	AI GND
40	1	+10Vout
40	2	GND
40	3	AI0+
40	26	AO 1+
40	27	A0 GND
40	12	AI 0+
40	13	AO GND
40	14	T1MOTOR
40	15	T2MOTOR
40	9	+24Vout
40	28	GND
40	69	DI COM
40	5	DI0
40	6	DI1
40	7	DI2
40	8	DI3
40	16	DI4
40	17	DI5

图 5-28 修改文字内容 3：

40	10	AI1+
41	11	AI GND
42	1	+10Vout
43	2	GND
44	3	AI0+
45	4	AI GND
46	26	AO 1+
47	27	A0 GND
48	12	AI 0+
49	13	AO GND
50	14	T1MOTOR
51	15	T2MOTOR
52	9	+24Vout
53	28	GND
54	69	DI COM
55	5	DI0
56	6	DI1
57	7	DI2
58	8	DI3
59	16	DI4
60	17	DI5

图 5-26 绘制线段和添加文字"40"　　　图 5-27 复制线段和文字　　　图 5-28 修改文字内容 3

④ 将"接线图"图层设置为当前层，使用"直线"命令绘制如图 5-29 所示连接线，各水平线段向左延长 20mm（如端子 40 对应的水平线段向左延长 20mm 后向下画铅垂线），其他连接线根据需求在适当位置绘制。

⑤ 使用"修剪"命令，修剪图形；并将端子标号 42 使用"夹点"向左移动到合适的位置；然后使用"圆环"命令，在对应的连接点添加连接点标识，设置圆环内径为"0"，外径为"1.5mm"，完成图形如图 5-30 所示。

⑥ 在如图 5-31 所示的位置插入图块"动合触点"、"继电器线圈"和"接线号"：在插入"动合触点"时，应设置其旋转角度为"-90°"；在插入"接线号"属性块时，首先使用"插入"命令，插入"接线号"属性块，输入属性值（接线号）为"55"，然后使用"复制"命令，水平向下移动 8mm 得到一个复制对象，双击该属性块，在打开的"增强属性编辑器"对话框中，修改"值"为"55"。

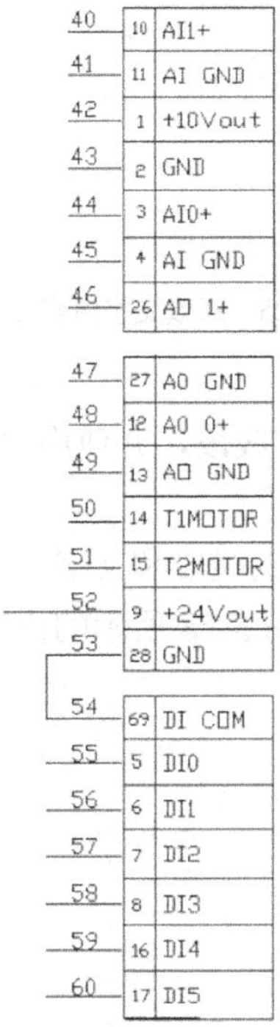

图 5-29　绘制连接线 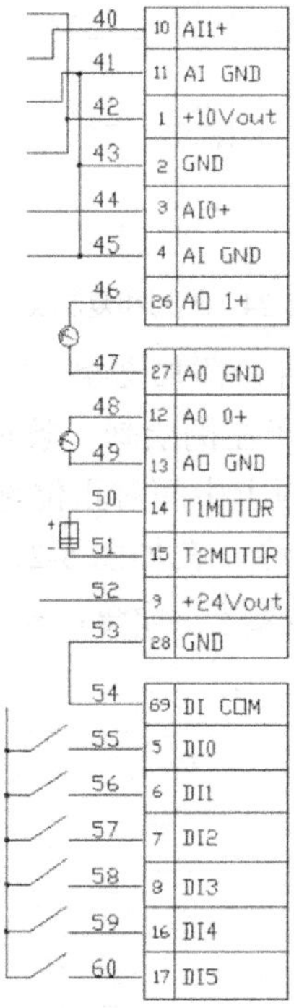　　　图 5-30　修剪线段、添加连接点 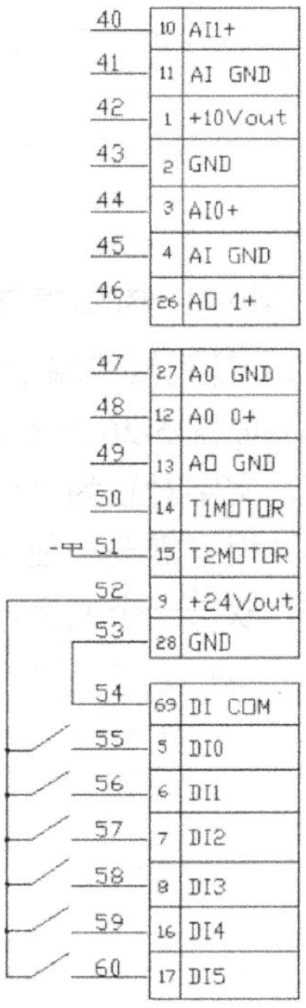　　　图 5-31　插入图块

⑦ 绘制一个 9mm×3mm 的矩形作为端子 42 处的电位器，移动到如图 5-32 所示的位置；并使用"直线"命令绘制其他的连接线，使用"多段线"命令，绘制箭头，设置两端宽度分别为"0"和"1"；在矩形内标识接线端号 50、51，字高设置为"2"，如图 5-32 所示。

⑧ 使用"修剪"命令，修剪元器件处的多余线段，得到如图 5-33 所示的图形。

⑨ 将"标注文字"图层设置为当前层，使用单行文字添加如图 5-34 所示的其他文字注释。

注意： 英文字母和数字使用文字样式"Romans"，字高设为"3mm"；中文注释使用文字样式"工程字"，字高设为"4mm"。

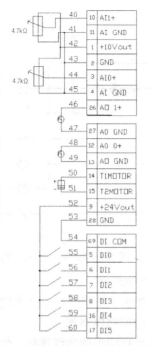

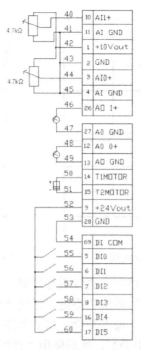

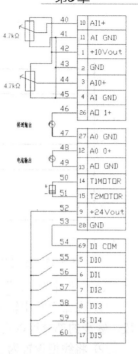

图5-32　添加端子50处的可变电阻　图 5-33　修剪元器件处的多余线段　图 5-34　添加其他文字注释

4．绘制控制接线图

（1）获得或绘制电气元器件图块。

按【Ctrl+2】快捷键，打开"设计中心"，使用"文件夹"在第 3 章绘制的"电动机正、反转控制原理图.dwg"中找到图块"熔断器""自动复位的手动按钮动合开关""自动复位的手动按钮动断开关""动断触点"，并拖到窗口，在第 4 章绘制的"10kV 一次系统主接线图.dwg"中找到图块"灯"，并拖到窗口。然后删除不需要的图块。

（2）绘制控制线路的连接线。

将"接线图"图层设置为当前层，使用"直线"命令绘制如图 5-35 所示的控制线路的连接线图。

（3）将各电气元器件块插入图中。

① 使用"插入块"命令，将各电气元器件图块插入图中，如图 5-36 所示。

注意：在插入图块时，"灯"图块需要放大 1.5 倍插入，在"插入"对话框中，将比例设置为"统一比例"，并设置比例值为"1.5"；风机可以借助属性图块"接线号"，将属性值设为"F"；图块"自动复位的手动动合按钮开关"、"自动复位的手动按钮动断开关"、"动断触点"和"动合触点"需要旋转后插入，在"插入"对话框中，将旋转角度设为"-90°"；接线号①、②、③、④、⑦、⑧，可以直接从左侧变频器 I/O 接线图中复制⑤、⑥接线号，然后分别双击一个属性块打开"增强属性编辑器"对话框，将属性值修改成对应的值即可。

② 在如图 5-36 所示连接点处添加连接点标识：使用"圆环"命令，设置圆环内径为"0"，外径为"1.5mm"。

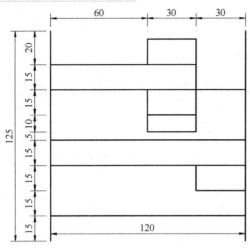

图 5-35　控制线路的连接线图

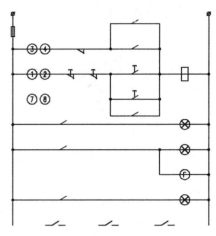

图 5-36　插入元器件图块，添加连接点标识

（4）使用"修剪"命令，将图中直线进行修剪，并补齐其他连接。

① 在命令行中输入"TR"后按空格键，激活"修剪"命令，修剪图形中多余的线段，缺少的部分可以用"直线"命令补全，得到如图 5-37 所示控制电路部分。

② 将线型设置为"DASHED2"，然后使用"直线"命令绘制图中的虚线连线，使用"矩形"命令绘制 PLC 矩形框，使用"修剪"命令，修剪图中多余的虚线段。将图形设置为合理的大小显示，可以看到虚线比例太大，在命令行中输入"LT"，按空格键，在打开的"线型管理器"中，单击"显示细节"按钮，保证下面显示细节内容，在"全局比例因子"右侧的文本框中输入"0.3"，单击"确定"按钮，窗口的虚线将合理地显示，如图 5-38 所示。

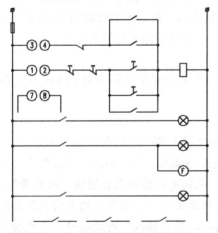

图 5-37　修剪图形中多余的线段

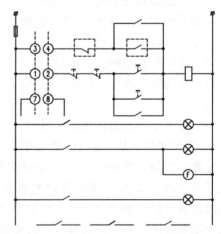

图 5-38　绘制虚线并调整虚线比例

（5）添加文字注释。

① 使用"复制"命令，将左侧接线图中的对应样式的文字复制到控制接线图上，如图 5-39 所示。

② 双击一个文字，激活"编辑文字"命令，将文字修改成如图 5-40 所示的内容。

（6）在控制接线图右侧添加功能注释。

① 首先使用"直线"命令绘制如图 5-41 所示的表格，直接对应左侧的图，选择合

适的大小，单击鼠标指定各线段的大小即可。

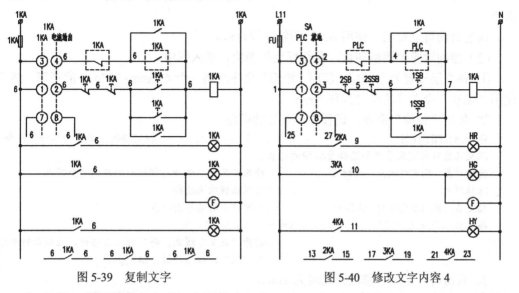

图 5-39　复制文字　　　　　　　　　图 5-40　修改文字内容 4

② 使用"单行文字"命令，在表格中添加一个文字，设置字高为"5mm"，然后复制其他文字，如图 5-42 所示。双击一个文字，激活"编辑文字"命令，将文字修改成如图 5-43 所示的内容。

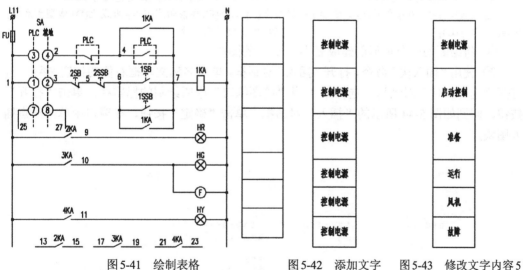

图 5-41　绘制表格　　　　　　图 5-42　添加文字　　图 5-43　修改文字内容 5

▶ 5．添加图框和标题栏

（1）查询图纸大小。

使用"查询距离"命令，查询整个图纸的对角 *X/Y* 方向距离，确定图纸大小。

```
命令: di DIST              //在命令行中输入"di"，按空格键，激活"查询距离"命令
指定第一点:                //在整个图纸的左下角单击，指定第一个点
指定第二个点或 [多个点(M)]:  //在整个图纸的右上角单击，指定第二个点
距离 = 340.3757，XY 平面中的倾角 = 31，　与 XY 平面的夹角 = 0
X 增量 = 291.5878，　　Y 增量 = 175.4245，　　Z 增量 = 0.0000
```

命令行将会显示指定的两个点之间的距离、角度及 *X*、*Y* 轴的增量值。通过 *X*、*Y*

轴的增量值可以知道图纸 X 轴的长度和 Y 轴的宽度，根据查询的值可以确定图纸的大小。

通过查询可以看出，使用 A3 的图纸比较合适。

（2）绘制对应的图框图块，获得标题栏图块，插入图中。

① 将 0 层设置为当前层，使用"矩形"命令绘制一个 420mm×297mm 的矩形，然后使用"偏移"命令将其向内偏移 5mm。

② 使用"拉伸"命令，调整左侧装订线间距。

```
命令: s STRETCH                          //命令行中输入"s"，按空格键，激活"拉伸"命令
以交叉窗口或交叉多边形选择要拉伸的对象...
选择对象: 指定对角点: 找到 2 个            //使用交叉窗口选择内侧矩形的左侧两个顶点
选择对象:                                //按空格键结束选择
指定基点或 [位移(D)] <位移>:              //在窗口中随意单击一点
指定第二个点或 <使用第一个点作为位移>:    <正交 开> 20
                                        //打开"正交"模式，将鼠标向右移动，在命令行中输
                                        //入"20"，按空格键，指定位移
```

③ 双击内侧矩形，修改其宽度为 1mm。

```
命令: _pedit                             //双击内侧矩形，激活"编辑多段线"命令
输入选项 [打开(O)/合并(J)/宽度(W)/编辑顶点(E)/拟合(F)/样条曲线(S)/非曲线化(D)/线型生成(L)/
反转(R)/放弃(U)]: w                      //输入"w"，按空格键，修改宽度
  指定所有线段的新宽度: 1                 //输入"1"，按空格键，指定宽度为1mm
输入选项 [打开(O)/合并(J)/宽度(W)/编辑顶点(E)/拟合(F)/样条曲线(S)/非曲线化(D)/线型生成(L)/
反转(R)/放弃(U)]:                        //按空格键结束编辑
```

④ 将绘制的两个矩形创建成名为"A3"的图块。

⑤ 使用"插入块"命令，打开"插入"对话框，单击名称文本框右侧的按钮 浏览(B)... ，打开"选择文件"对话框，选择第 1 章"绘图练习"中所绘制的标题栏，单击"打开"按钮，回到如图 5-44 所示的"插入"对话框，单击"确定"按钮，在窗口中单击一点插入图块。

图 5-44　插入"标题栏"

⑥ 双击插入的"标题栏"图块，打开"编辑块定义"对话框，单击"确定"按钮，进入"块编辑器"窗口，双击"（图名）"，将其改为"变频器一拖一接线原理图"；单击"块编写选项板"的"基点"参数按钮 ，指定参数位置在标题栏右下角端点；单击 按钮，保存块定义，关闭"块编辑器"。

使用"移动"命令，将"图框"和"标题栏"图块移动到合适的位置上。

注意：应将"图框"和"标题栏"放到"图框"图层。

▶ 6. 绘制设备清单

（1）绘制设备清单表格。

① 将"表格"图层设置为当前层，使用"直线"命令，以标题栏左上角端点为起点向上绘制一条长度为 72mm 的铅垂直线，从其上端向右到图框内边绘制一条水平线。

② 使用"阵列"命令，将水平线向下复制为 9 条，间距为 8mm。"阵列"对话框设置如图 5-45 所示。

注意：因为是向下复制，行偏移设置为-8mm。

③ 使用"偏移"命令，将绘制的铅垂线以间距分别为 10mm、25mm、35mm、70mm、15mm 向右偏移，得到设备清单表格。

图 5-45 "阵列"对话框设置

（2）添加文字。

① 首先在左下角的第一个格中使用"单行文字"，字体样式为"工程字"，"中间"对正，字高为"4.5mm"，添加文字"序号"。然后使用"复制"命令在最下面的第一行每个格的中心位置复制一个文字，双击一个文字，激活"编辑文字"命令，将文字修改成如图 5-46 所示的内容。

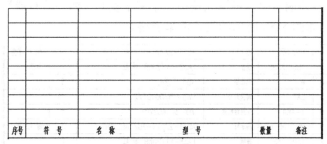

序号	符 号	名 称	型 号	数量	备注

图 5-46 表格最下面第一行的文字

② 在第二行使用"单行文字"命令输入如图 5-47 所示的文字。

注意：数字和英文字母选择"Romans"文字样式，字高为"3.5mm"；中文选择"工程字"文字样式，字高为"4.5mm"；"序号"和"数量"栏均设置为"中间"对正，"符号"、"名称"、"型号"和"备注"均设置为默认的左下角对正。

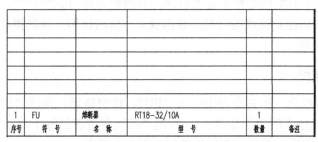

1	FU	熔断器	RT18-32/10A	1	
序号	符 号	名 称	型 号	数量	备注

图 5-47 表格第二行的文字

③ 使用"阵列"命令，将第二行的文字向上每行复制，设置"8"行、"1"列，行

偏移为"8mm"，得到如图 5-48 所示的文字。

1	FU	熔断器	RT18-32/10A	1	
1	FU	熔断器	RT18-32/10A	1	
1	FU	熔断器	RT18-32/10A	1	
1	FU	熔断器	RT18-32/10A	1	
1	FU	熔断器	RT18-32/10A	1	
1	FU	熔断器	RT18-32/10A	1	
1	FU	熔断器	RT18-32/10A	1	
1	FU	熔断器	RT18-32/10A	1	
序号	符 号	名 称	型 号	数量	备注

图 5-48　阵列表格第二行的文字

④ 双击一个文字，激活"编辑文字"命令，将文字修改成如图 5-49 所示的内容。

8	HG, HR	指示灯	AD11-22/21-7GZ AC220V	2	
7	1SSB,2SSB	按钮	LA38-11/206B	2	
6	W	电位器	XD3-13/4,7	1	
5	SA	转换开关	LW5-15/D0401/2	1	
4	1-4KA	中间继电器	JTX-3C AC220V	4	
3	HG, HR, HY	指示灯	AD11-22/21-7GZ AC220V	3	
2	1SB, 2SB	按钮	LA38-11/206B	2	
1	FU	熔断器	RT18-32/10A	1	
序号	符 号	名 称	型 号	数量	备注

图 5-49　修改文字

⑤ 添加备注等其他文字。可以先使用一个文字复制（如"熔断器"），然后再修改文字内容，最终得到如图 5-50 所示的设备清单表格。

8	HG, HR	指示灯	AD11-22/21-7GZ AC220V	2	绿红 机旁
7	1SSB,2SSB	按钮	LA38-11/206B 绿 红	2	机旁
6	W	电位器	XD3-13/4,7	1	
5	SA	转换开关	LW5-15/D0401/2	1	
4	1-4KA	中间继电器	JTX-3C AC220V	4	
3	HG, HR, HY	指示灯	AD11-22/21-7GZ AC220V	3	绿红黄
2	1SB, 2SB	按钮	LA38-11/206B 绿 红	2	
1	FU	熔断器	RT18-32/10A	1	
序号	符 号	名 称	型 号	数量	备注

图 5-50　添加其他文字

7．调整图纸内各部分的排列布局

可以看出，图中的空间布局不是太合理，有的地方留出的空较大，建议把主回路、变频器 I/O 接线图和控制接线图三部分分别放大一定的比例，让其摆放比较合理，最后完成的图如图 5-51 所示。

8．保存图形

图形绘制完成以后，在命令行中输入"PU"，按空格键，激活"清理"命令，打开"清理"对话框，选中"清理嵌套项目"，取消"确认要清理的每个项目"，单击"全部清理"按钮，清理完成后，单击"关闭"按钮，退出对话框。

按【Ctrl+S】快捷键或单击工具栏中的"保存"按钮 🖫 对图纸进行保存。

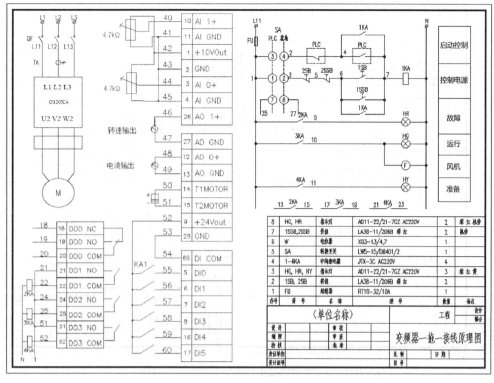

图 5-51　完成的图

5.2　电梯控制图

电梯作为高层建筑物的重要使用工具与人们的工作和生活日益紧密联系。电梯的控制方式有继电器控制系统、PLC 控制系统和微机控制系统等几种。

继电器控制系统，在早期的电梯和目前我国正在使用的一些电梯中使用得较多；PLC作为新一代工业控制器，以其高可靠性和技术先进性，在电梯控制中得到广泛应用，从而使电梯由传统的继电器控制方式发展为计算机控制的一个重要方向，成为当前电梯控制和技术改造的热点之一；用微机控制的电梯进一步提高了电梯的性能，使电梯运行更加可靠，并具有很大的灵活性，可以完成更为复杂的控制任务，已成为电梯控制的发展方向。

电梯控制系统分为调速部分和逻辑控制部分。调速部分的性能对电梯运行和乘客的舒适感有着重要影响，而逻辑控制部分则是电梯安全可靠运行的关键。

电梯控制图常见的有电机控制主回路图、控制回路图、安全及门锁等控制回路图、电源、照明、显示、抱闸、制动等控制回路、端子布置图、系统布置图等。

本节以某变频调速电梯控制系统电源回路图为例介绍电梯相关图纸的绘制方法。

如图 5-52 所示为变频调速电梯控制系统电源回路图。

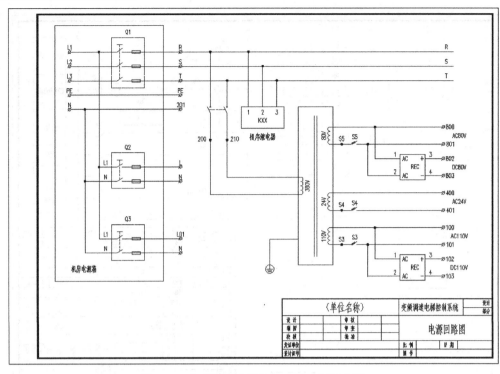

图 5-52　变频调速电梯控制系统电源回路图

5.2.1　绘制方法分析

整个图形由线路图和注释文字组成，绘制过程如下：

（1）创建图层，准备图块。

（2）绘制上边的电源母线。

（3）分别绘制各路电源。

（4）绘制其他图元，完整图形。

（5）添加图框和标题栏。

5.2.2　绘制过程

1. 创建图层，准备图块

（1）创建新图。

运行 AutoCAD 2018，在"选择样板"对话框中选择默认的"acadiso.dwt"，建立一个新图，并保存图名为"电源回路图.dwg"。

（2）新建图层。

按【Ctrl+2】快捷键，打开"设计中心"，使用"文件夹"在前面绘制的"变频器原理图.dwg"中找到图层"接线图"、"标注文字"和"图框"，并拖到窗口。

（3）获得或绘制图块。

① 通过"设计中心"获得图块。

在"设计中心"，使用"文件夹"在前面绘制的"变频器原理图.dwg"中找到图块"动合触点"、"断路器"、"接线端子"、"熔断器"、A3 和"标题栏",并拖到窗口;在第 3 章"电流互感器三相完全星形接线图.dwg" 中找到图块"电流互感器"和"接地符号"并拖到窗口;在第 4 章"变配电工程图形符号.dwg"中找到图块"熔断器开关",并拖到窗口。然后删除窗口中的所有图块。

② 创建图块变压器"线圈"。

单击"标准"工具栏中的"块编辑器"按钮 🔧,打开"编辑块定义"对话框,选中图块"电流互感器"后,单击"确定"按钮,进入"块编辑器"窗口。

将水平和铅垂线段删除,然后使用"复制"命令将剩下的两个半圆弧复制成 4 个,注意捕捉合适的圆弧端点作为"基点"和"第二个点"。

单击"块编写选项板"的按钮 ⊕基点,在窗口中捕捉最上面的圆弧端点作为基点;单击"将块另存为"按钮 🔧,在打开的对话框中输入块名"线圈",单击"确定"按钮。

③ 创建图块"三相空气开关"和"单相空气开关"。

单击"编辑或创建块定义"按钮 🔧,在打开的对话框中选中图块"动合触点"后,单击"确定"按钮,进入"块编辑器"窗口。

使用"旋转"命令,将"动合触点"所有图元旋转-90°;在命令行中输入"I",按空格键,打开"插入"对话框,选择图块"熔断器",设置旋转角度为 90°,并在对话框中选中左下角的"分解"复选框,如图 5-53 所示。单击"确定"按钮,在窗口中捕捉"动合触点"的右端点,插入图块。

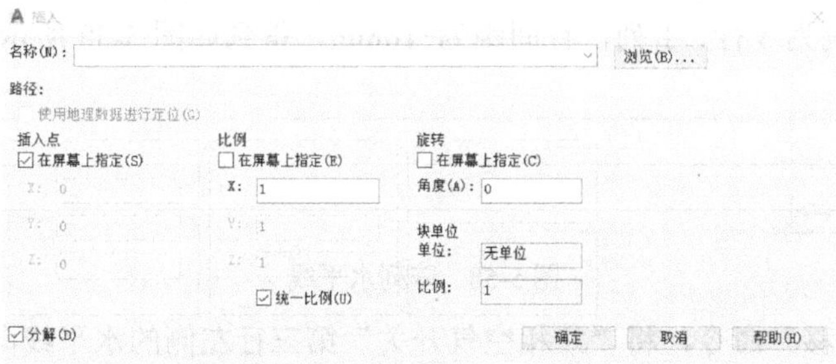

图 5-53 插入"熔断器"对话框设置

使用"阵列"命令,将所有对象阵列为三行,行间距为 10mm,如图 5-54 所示。

打开"线型管理器",单击 加载(L)... 按钮,打开"加载或重载线型"对话框,分别选择 JIS_02_2.0 和 JIS_09_08 两个线型加载,将线型 JIS_02_2.0 设为当前线型,捕捉下面的"动合触点"的斜线中点为起点,向上绘制一条铅垂线,如图 5-55 所示。

将当前线型设为"ByLayer",使用"直线"命令,向左追踪虚线的上端点 2mm,指定起点,向右绘制长为 4mm 的水平线段,如图 5-56 所示。

将当前线型设为 JIS_09_08,激活"矩形"命令,向上追踪第一行的左端点 10mm,指定第一个角点,向下追踪第三行的右端点 5mm,指定另一个角点,绘制矩形如图 5-57 所示。

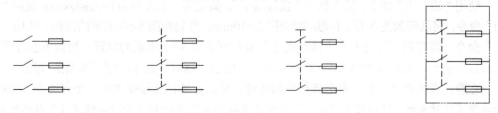

图 5-54 阵列为三行　　　图 5-55 绘制铅垂线　　　图 5-56 绘制水平线段　　　图 5-57 绘制矩形

单击"块编写选项板"的按钮⊕╾╼，在窗口中捕捉中间一行的左端点作为基点；单击"将块另存为"按钮▢，在打开的对话框中输入块名"三相空气开关"，单击"确定"按钮。

删除第三行，使用"夹点"将铅垂虚线的下端点移到第二行"动合触点"斜线的中点；使用"拉伸"命令在命令行中输入"S"后，按空格键，使用交叉选择方式，选择矩形下面的两个端点，向上拉伸10mm；单击"将块另存为"按钮▢，在打开的对话框中输入块名"单相空气开关"，单击"确定"按钮。

④ 创建图块"保护接地"。

单击"编辑或创建块定义"按钮▢，在打开的对话框中选中图块"接地符号"后，单击"确定"按钮，进入"块编辑器"窗口。

将当前线型设为"ByLayer"，使用"画圆"命令画一个圆：圆心为铅垂线的下端点，半径为铅垂线的长度；单击"将块另存为"按钮▢，在打开的对话框中输入块名"保护接地"，单击"确定"按钮。单击 关闭块编辑器(C) 按钮，返回绘图窗口。

▶2. 绘制上边的电源母线

（1）绘制水平母线。

① 将"接线图"图层设置为当前层，插入"三相空气开关"；使用"直线"命令，以"三相空气开关"第一行左侧端点为起点，向左绘制一条长为30mm的水平线，以第一行右侧端点为起点向右绘制一条长为220mm的水平线；使用"阵列"命令，将刚绘制的两条水平线复制为3行、1列，行间距为-10mm，得到如图5-58所示的图形。

图5-58 阵列水平线

② 使用"偏移"命令，将"三相空气开关"第三行左侧的水平线向下偏移10mm，获得两条线，使用"拉伸"命令将这两条线的右端点向右拉伸50mm，得到如图5-59所示的图形。

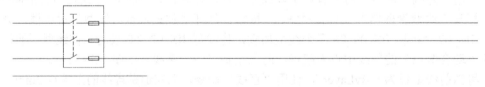

图5-59 偏移、拉伸线段

（2）插入"接线端子"。

使用"插入块"命令，插入图块"接线端子"，捕捉第一行左端点作为插入点；使用"阵列"命令，将其阵列为5行、1列，行间距为-10mm，得到如图5-60所示的图形；使用"复制"命令，将阵列所得的5个"接线端子"复制到如图5-61所示的位置，捕捉下面线段的左端点为基点，右端点为第二个点（目标点）。使用"修剪"命令，修剪多余的线段。

注意：在使用"修剪"命令选择剪切边时，可以直接按空格键默认"全部选择"，在选择要修剪的对象时，可以使用"窗选"的方式直接一次选中一列5个"接线端子"内的线段。

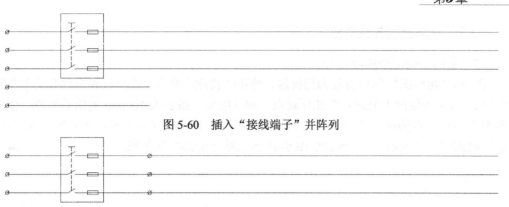

图 5-60　插入"接线端子"并阵列

图 5-61　复制"接线端子"

（3）添加文字注释。

① 将"标注文字"图层设置为当前层，在"设计中心"，使用"文件夹"在前面绘制的"变频器原理图.dwg"中找到文字样式"Romans"和"工程字"，并拖到窗口；将文字样式"Romans"设为当前样式，使用"单行文字"命令，设置文字对正为中间，在如图 5-62 所示的左侧第一行的位置添加文字 L1，字高为 3mm。

图 5-62　添加文字 L1

② 使用"阵列"和"复制"命令，在如图 5-63 所示的位置复制文字。

图 5-63　复制文字

③ 双击一个文字，激活"编辑文字"命令，将文字修改成如图 5-64 所示的内容。

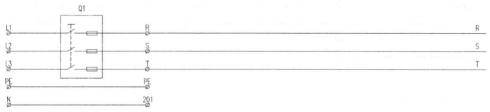

图 5-64　修改文字内容

注意：对文字的复制和修改可以交叉进行，根据文字的相似或相同的情况自主安排。

3. 分别绘制各路电源

（1）绘制左侧两个单相电源。

① 将"接线图"图层设置为当前层，使用"直线"命令，在"三相空气开关"左侧线段大约 1/3 处使用"最近点"捕捉起点，向下绘制一条长为 100mm 的铅垂线段；使用"偏移"命令向右偏移一条间距为 10mm 的平行线；使用"夹点"捕捉"垂足"，将右侧线段拉伸到第一行的线上，得到如图 5-65 所示单相电源的两条线。

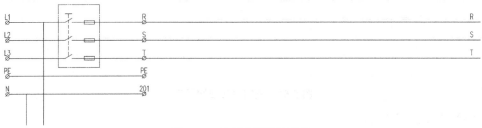

图 5-65　单相电源的两条线

② 使用"复制"命令将 PE 和 N 两条线和右侧的两个"接线端子"及注释文字向下复制 50mm。

③ 使用对象追踪与"三相空气开关"上下对齐，在复制所得的两条线上获得插入交点，插入图块"单相空气开关"，如图 5-66 所示。

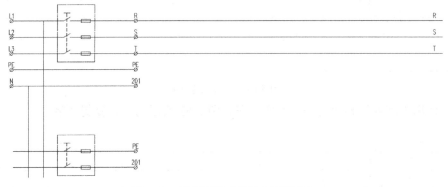

图 5-66　插入图块"单相空气开关"

④ 修剪多余的线段，复制添加其他的文字注释，并修改文字内容，如图 5-67 所示。

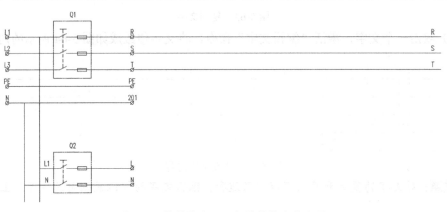

图 5-67　修剪线段，添加其他的文字注释

⑤ 使用"复制"命令，将绘制完成的单相电源向下偏移 50mm，复制第二个单相电源，修改文字注释，修剪多余的线段，得到如图 5-68 所示的图形。

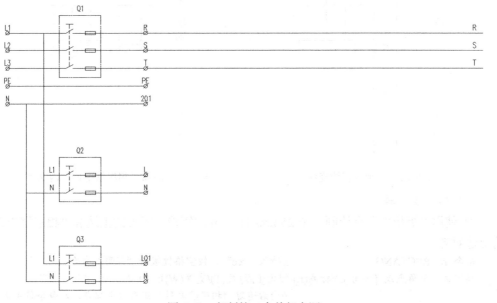

图 5-68　复制第二个单相电源

（2）绘制 380V 电源。

使用"直线"命令，用"最近点"在 R 相线上捕捉合适的点作为起点，向下绘制一条长为 100mm 的铅垂线；使用偏移命令向右偏移 12mm，得到平行线；使用"夹点"将右侧线段的上端点拉伸到和 T 相线的交点位置。在两条拉出的铅垂相线上插入图块"断路器"，并修剪多余的线段，如图 5-69 所示；连接两个断路器图块的斜线的中点，绘制一条水平线，并将其线型设置为 JIS_02_2.0，如图 5-70 所示。

（3）添加"相序继电器"。

使用"矩形"命令在 380V 右侧对应断路器大约 10mm 位置绘制一个 30mm×15mm 的矩形，如图 5-71 所示；以矩形上面的水平线中点为起点向 S 相线绘制一条铅垂线，然后将其向左右分别偏移 10mm，获得三条平行线，将左右两条线分别拉伸连接到 R 和 T 相线，如图 5-72 所示；复制添加"相序继电器"内文字，并修改文字内容如图 5-73 所示。

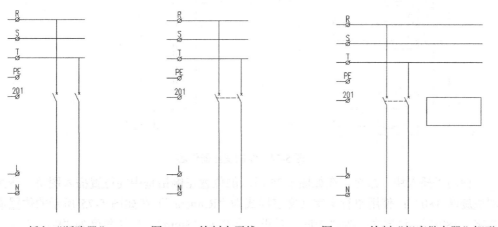

图 5-69　插入"断路器"　　　图 5-70　绘制水平线　　　图 5-71　绘制"相序继电器"矩形

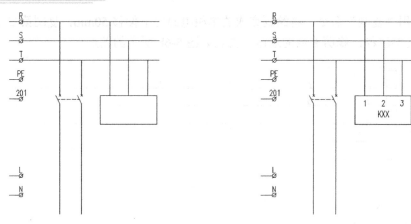

图 5-72　绘制各相线连线　　　　　图 5-73　添加"相序继电器"内文字

（4）绘制变压器。

① 使用"矩形"命令绘制一个 25mm×110mm 的矩形，矩形的上边和"相序继电器"的上边对齐。

命令: rec RECTANG　　　　　　　　//输入"rec"，按空格键激活"矩形"命令
指定第一个角点或 [倒角(C)/标高(E)/圆角(F)/厚度(T)/宽度(W)]: 10
　　　　　　　　　　　　　　　　//向右追踪"相序继电器"矩形右上端点，在命令行中输入
　　　　　　　　　　　　　　　　// "10"后，按空格键指定第一个角点
指定另一个角点或 [面积(A)/尺寸(D)/旋转(R)]: @25,-110
　　　　　　　　　　　　　　　　//输入相对坐标"@25,-110"后按空格键

在矩形中和上下边中点对齐的位置绘制一条铅垂线，然后向左右各偏移 1mm，获得两条平行线作为铁芯，删除开始绘制的铅垂线，得到如图 5-74 所示的图形。

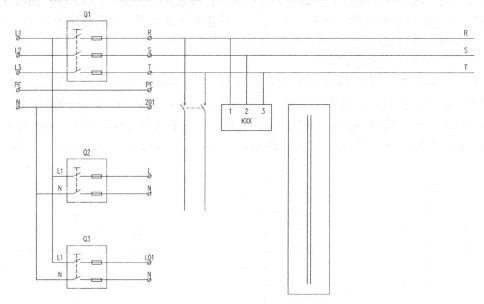

图 5-74　绘制变压器铁芯

使用"插入块"命令，在如图 5-75 所示的位置左侧铅垂中间位置插入图块"线圈"，图块旋转 180°；使用单行文字（文字样式为"Romans"）在如图 5-75 所示的位置输入文字"380V"，设置文字为"中间"对正，字高为"3mm"，旋转角度为"90°"。

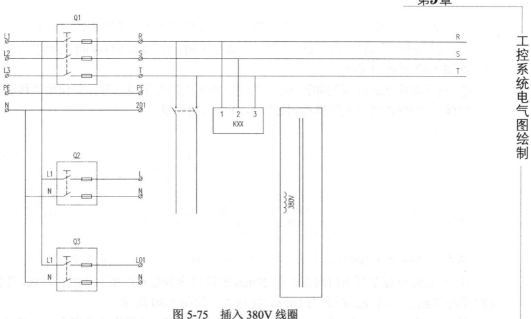

图 5-75　插入 380V 线圈

② 使用"镜像"命令，将线圈和文字"380V"以矩形上下边的中点连线为镜像线，在右侧获得镜像对象，保留原对象。将镜像对象向上移动 35mm。

③ 使用"直线"命令，分别以左侧 380V 线圈的上下端点为起点，向 380V 电源的两条铅垂线绘制水平垂线，修剪多余的线段，得到如图 5-76 所示的图形。

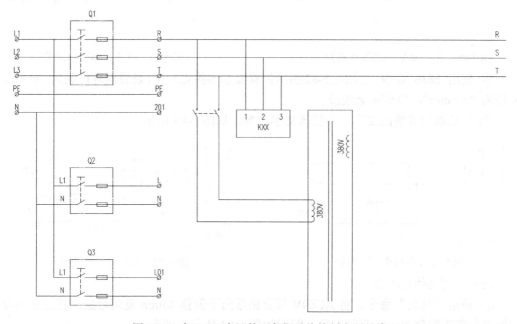

图 5-76　向 380V 电源的两条铅垂线绘制水平垂线

（5）绘制 80V 电源输出。

① 双击右侧线圈的标注文字"380V"，激活"编辑文字"命令，将文字修改成"80V"；使用"直线"命令，分别以右侧线圈的上下端点为起点，向右绘制一条长 80mm 的水平线；使用"插入块"命令，插入图块"接线端子"，捕捉水平线右端点作为插入点；并复

制相似文字，添加到"接线端子"右侧和两个接线端子之间，如图 5-77 所示。

② 绘制 REC 直流电源：使用"矩形"命令绘制一个 18mm×18mm 的矩形，在里面添加如图 5-80 所示的文字。

③ 向下偏移 22mm 复制如图 5-78 所示的 80V 电源引出线部分；并使用"移动"命令，将绘制的 REC 直流电源移动到如图 5-79 所示的位置。

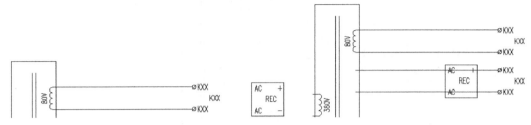

图 5-77　绘制 80V 电源引出线　　图 5-78　直流电源　　图 5-79　REC 直流电源的位置

④ 以直流电源左侧出口向左大约 20mm 的位置作为起点绘制向上的铅垂线，连接到 80V 的电源线上，两线的距离为 5mm，并修剪，如图 5-80 所示。

⑤ 在如图 5-81 所示的位置插入图块"熔断器开关"，设置旋转角度为"-90°"。

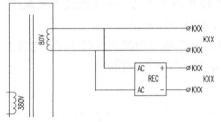

图 5-80　连接 80V 电源线并修剪

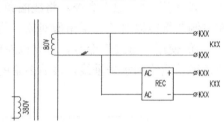

图 5-81　插入"熔断器开关"

⑥ 使用"圆环"命令，在如图 5-82 所示位置添加连接点标记，设置圆环内径为"0mm"，外径为"1.5mm"，修剪多余线段。

⑦ 复制添加其他的文字，并修改文字内容，如图 5-83 所示。

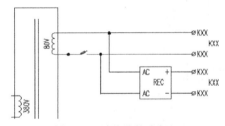

图 5-82　添加连接点标记

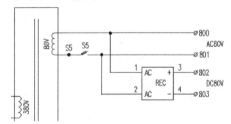

图 5-83　添加并修改文字

（6）绘制其他电源部分。

① 使用"复制"命令，将 AC80V 部分铅垂向下偏移 45mm 复制对象；将整个 80V 电源部分向下偏移 70mm 复制对象，得到如图 5-84 所示的图形。

② 修改文字内容如图 5-85 所示。

（7）添加保护接地。

① 使用"直线"命令，在变压器矩形左下侧如图 5-85 所示的位置捕捉"最近点"作为起点，向左绘制 20mm 水平线，向下绘制合适的长度。

② 使用"插入块"命令，捕捉铅垂线的下端点，插入图块"保护接地"。

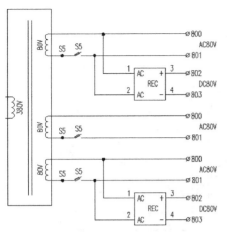

图 5-84 复制其他电源部分

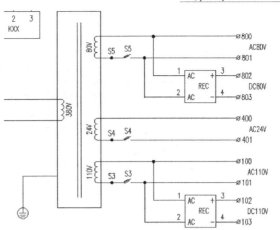

图 5-85 修改文字、添加"保护接地"

4. 绘制其他图元，使图形完整

（1）完整机房电源箱。

① 使用"矩形"命令，绘制一个矩形，将机房电源部分内容框到矩形内。

② 使用"工程字"字体样式，在矩形中合适的位置，使用"单行文字"命令，添加文字"机房电源箱"，如图 5-86 所示，文字设置为"中间"对正，字高设为"5mm"，并将其图层设为"标注文字"（选中文字，在图层工具栏设置为"标注文字"图层）。

185

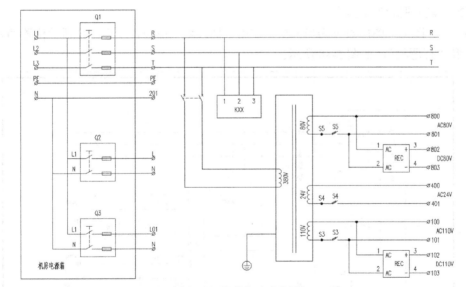

图 5-86 完整机房电源箱

（2）添加其他的文字和未标记的连接点。

① 使用"复制"命令，将汉字"机房电源箱"复制到绘制完成的相序继电器下方，并双击激活"文字编辑"，将其文字内容改为"相序继电器"。

② 使用"圆环"命令，添加未标记的连接点，如图 5-87 所示，设置圆环的内径为"0"，外径为"1.5mm"。

③ 复制数字标注到 380V 的电源连线上的连接点旁边，然后将其分别修改为"200"和"201"，如图 5-87 所示。

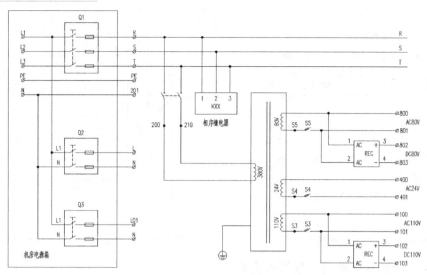

图 5-87　添加其他的文字和未标记的连接点

▶ 5．添加图框和标题栏

（1）查询图纸大小。

使用"查询距离"命令，查询整个图纸的对角 X/Y 方向距离，确定图纸大小。通过查询得到，图纸可以使用 A3 图框。

（2）添加图框和标题栏。

① 将"图框"图层设置为当前层，使用"插入块"命令，在窗口合适的位置插入图块 A3 和"标题栏"，如图 5-88 所示。

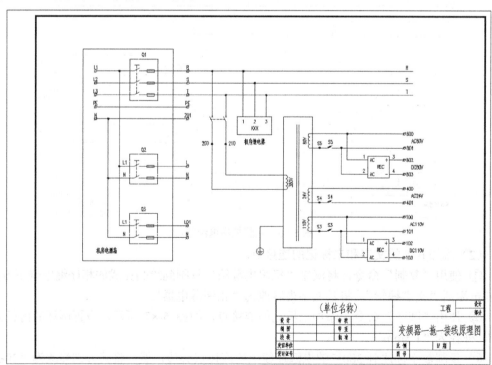

图 5-88　添加图框和标题栏

② 修改标题栏：在"块编辑器"窗口中，将标题栏中的"工程"修改为"变频调速电梯控制系统"，将工程名称"变频器一拖一接线原理图"改为"电源回路图"。

③ 可以看出，在 A3 的图框中图形外有较大的空白处，可以将整个图形放大一定的比例，使图纸排列更合理。使用"缩放"命令，将整个图形放大 1.2 倍，得到如图 5-89 所示的"电源回路图"完成图。

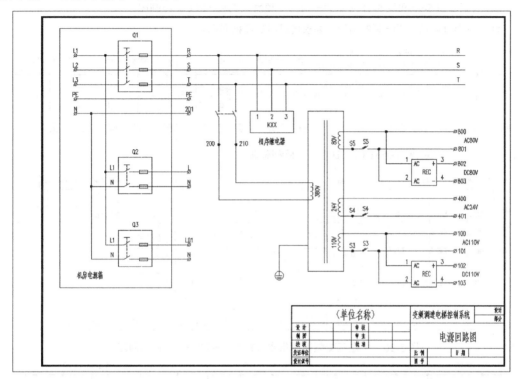

图 5-89 "电源回路图"完成图

5.3 小结

本章以变频器控制原理图和电梯控制图为例，介绍了常见工控系统电气工程图的绘制过程。通过本章可以学会工控系统电气工程图的绘图思路：在绘制工控图纸时，和绘制其他的图纸一样，要先设置图层和导入或创建图块，然后要对图形进行分析，确定绘图思路和绘制顺序。具体步骤如下：

（1）要看图纸的功能分块。

（2）看各块的类型和相似情况，要把相似的分块尽量使用复制、修改的方式，分到一组，同时绘制，这样可以极大地提高效率，减少工作量。

（3）在绘制的过程中，一方面，要有基本的尺寸标准，另一方面，可以参照旁边的图元，直接按视觉间距绘制，不一定要指定准确的尺寸。在绘制的过程中，可以根据情况使用"移动""拉伸"等命令对图形随时进行调整。

（4）一般电气控制图，在满足最小文字显示等条件下，最小采用 A3 图框。在图纸很复杂的情况下，可以选择更大的图纸。

总之，绘图的过程并不是固定的，要通过多做练习，逐步优化。

5.4　习题与练习

1. 绘制如图 5-90 和图 5-91 所示的一拖三变频恒压供水（PLC）控制图。

注：图中只显示了要绘制的图形，要求自己添加图框和标题栏。

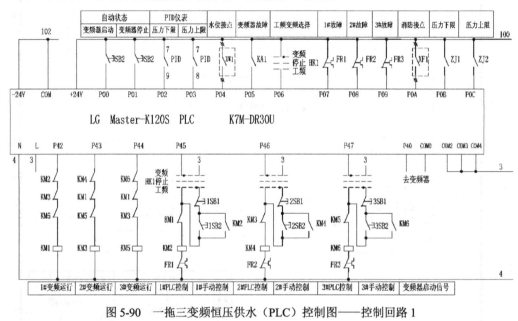

图 5-90　一拖三变频恒压供水（PLC）控制图——控制回路 1

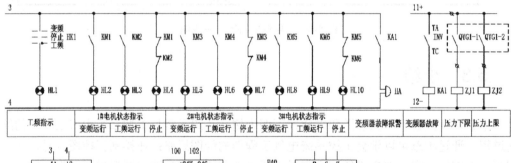

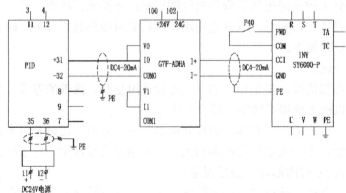

图 5-91　一拖三变频恒压供水（PLC）控制图——控制回路 2

2．绘制如图 5-92～图 5-94 所示的电梯控制图。

注：图中只显示了要绘制的图形，要求自己添加图框和标题栏。

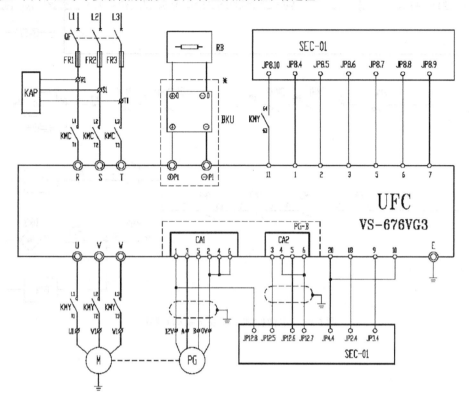

图 5-92　电梯控制系统变频恒主回路图

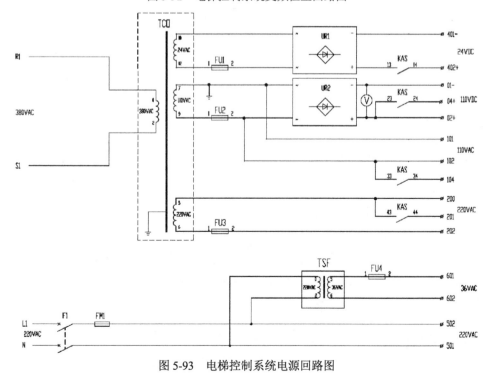

图 5-93　电梯控制系统电源回路图

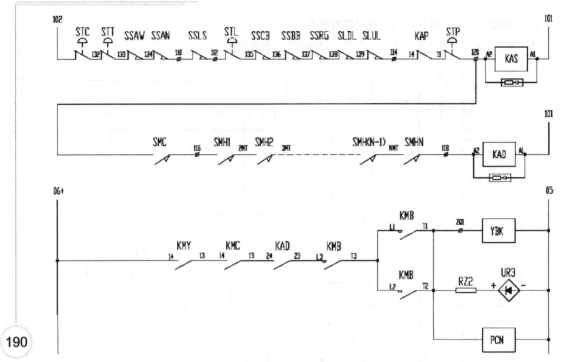

图 5-94　电梯控制系统安全制动回路图

第6章

建筑电气工程图绘制

6.1　建筑电气图基本知识

工业与民用建筑的各个环节均离不开图纸的表达，建筑设计单位设计、绘制图纸，建筑施工单位按图纸组织工程施工，图纸成为双方信息表达交换的载体，所以设计和施工等部门必须共同执行图纸的一定格式及标准。建筑电气工程设计中的这些规定包括建筑电气工程自身的规定，另外也需涉及机械制图、建筑制图等相关工程方面的一些规定。

建筑电气工程图的内容则主要通过如下图纸表达，即位置图（平面图）、系统图、设备材料表、电路图（控制原理图）、接线图、端子接线图等。

（1）平面图。

建筑电气平面图是在建筑平面图的基础上设计绘制的，它是各种电气系统工程图中最主要的图纸，主要表示某一电气工程中电气设备、装置和线路的平面布置。常见的平面图如下：

① 强电平面——电力平面图、照明平面图、防雷接地平面图、厂区电缆平面图等。

② 弱电部分——消防系统平面布置图、综合布线系统平面图、安全防范系统平面图等。

（2）系统图。

建筑电气系统图是用规定的符号表示系统的组成和连接关系，它用单线将整个工程的供电线路示意连接起来，主要表示整个工程或某一项目的供电方案和方式，也可以表示某一装置各部分的关系。系统图包括供配电系统图（强电系统图）、弱电系统图。

① 供配电系统图（强电系统图）是表示供电方式、供电回路、电压等级及进户方式；标注回路个数、设备容量及启动方法、保护方式、计量方式、线路敷设方式。强电系统图有高压系统图、低压系统图、电力系统图、照明系统图等。

② 弱电系统图是表示电气设备和元器件的连接关系，以及它们的规格、型号、参数等，通过系统图掌握该系统的基本情况。常见的弱电系统图有综合布线系统图、火灾报警及联动系统图、安全防范系统图等。

（3）设计说明、图例和设备材料表等。

① 设计说明包括的内容：设计依据、工程概况、负荷等级、保安方式、接地要求、负荷分配、线路敷设方式、设备安装高度、施工图未能表明的特殊要求、施工注意事项、测试参数及业主的要求和施工原则。

② 图例：即图形符号。

③ 设备材料表：表明本套图纸中的电气设备、器具及材料明细。

（4）原理图：表示控制原理的图纸，在施工过程中，指导调试工作。

（5）接线图：表示系统的接线关系的图纸，在施工过程中指导安装与调试工作。

建筑电气工程图不同于机械图、建筑图，掌握建筑电气工程图的特点，将会对建筑电气工程制图及识图提供很多方便。

（1）建筑电气工程图大多是在建筑图上采用统一的图形符号，并加注文字符号绘制出来的。

绘制和阅读建筑电气工程图，首先必须明确和熟悉这些图形符号、文字符号及项目代号所代表的内容和物理意义及它们之间的相互关系，关于图形符号、文字符号及项目代号可查阅相关标准的解释，如《电气图用图形符号》（GB4628）《电气技术中的项目代号》（GB/T5094）。

（2）任何电路均为闭合回路，一个合理的闭合回路一定包括4个基本元素，即电源、用电设备、导线和开关控制设备。正确读懂图纸还必须了解各种设备的基本结构、工作原理、工作程序、主要性能和用途，以便于对设备安装及运行的了解。

（3）电路中的电气设备、元器件等之间都是通过导线连接起来构成一个整体的。识图时可将各有关的图纸联系起来，相互参照，应通过系统图、电路图联系，通过布置图、接线图找位置，交叉查阅可达到事半功倍的效果。

（4）在电气施工图中，有时图样标注和反映是不齐全的，看图时要熟悉有关的技术资料和施工验收规范（如开关高度距地 1.3～1.4m，距门框 0.15～0.20m）。

本章将以常见的几种典型图纸的绘制为例，介绍建筑电气工程图的绘制过程和方法。

6.2 电气照明平面图的绘制

如图 6-1 所示是某办公大楼局部照明平面图，本节通过其绘制过程，说明建筑电气工程平面图的绘制过程和方法。

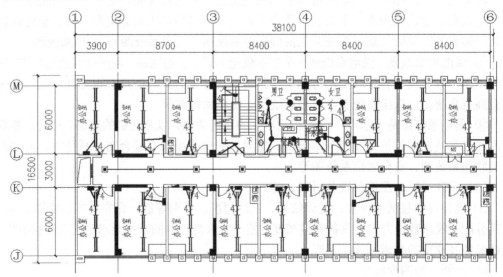

图 6-1 某办公大楼局部照明平面图

6.2.1 绘制方法分析

建筑电气平面图的设计一般是基于甲方所提供的平面图进行设计绘制的，所以建筑电气平面图的绘制步骤如下：

（1）清理平面图，即将甲方所提供的平面图删除与本系统无关的图元对象、图层等，并另存为相关文件名。

（2）建立本系统需要的图层。

（3）获得或创建图块。

（4）在相关图层绘制和添加对象。

（5）绘制其他。

6.2.2 相关知识点

选择过滤器

在 AutoCAD 中，用户可以使用对象特性或对象类型将对象包含在选择集中或排除对象。在"快速选择"或"对象选择过滤器"对话框中，可以按特性（如颜色）和对象类型过滤选择集。例如，只选择图形中所有红色的圆而不选择任何其他对象，或者选择除红色圆以外的所有其他对象。

（1）快速选择。

执行菜单命令"工具"→"快速选择"，或在"特性"选项板或"块定义"对话框中，单击"快速选择"按钮 ，将会打开如图 6-2 所示的"快速选择"对话框。

① 使用"快速选择"功能可以根据指定的过滤条件快速定义选择集。例如，使用"快速选择"选择图形中的红色对象。

在"快速选择"对话框的"应用到"列表框中选择"整个图形"选项；在"对象类型"列表框中选择"所有图元"选项；在"特性"列表框中选择"颜色"选项；在"运算符"列表框中选择"=等于"选项；在"值"列表框中选择"红色图层"选项；在"如何应用"选项组中选中"包括在新选择集中"单选按钮；单击"确定"按钮。图形中的所有红色对象将被选择，并关闭"快速选择"对话框。选择集中包含设置为 ByLayer并且因为图层颜色为红色而呈红色的对象。

图 6-2 "快速选择"对话框

如果要选择多个不同特性的对象，保留已选的选择集，可以再执行一次"快速选择"，在"快速选择"对话框中，指定条件，并选中"附加到当前选择集"复选框 ✓附加到当前选择集(A)，单击"确定"按钮。

② 使用"快速选择"功能可以根据指定的过滤条件，快速从选择集中排除对象。例如，从选定的对象集中排除所有半径大于 1mm 的圆。

在"快速选择"对话框中的"应用到"列表框中选择"当前选择"选项；在"对象

类型"列表框中选择"圆"选项；在"特性"列表框中选择"半径"选项；在"运算符"列表框中，选择">大于"选项；在"值"列表框中输入"1"；在"如何应用"选项组中选中"排除在新选择集之外"单选按钮；单击"确定"按钮。将从选择集中删除所有半径大于 1mm 的圆。

（2）对象选择过滤器。

在命令行中输入"FILTER"后，按【Enter】键，可以打开如图 6-3 所示的"对象选择过滤器"对话框。

对象选择过滤器是可以透明操作的，在命令行"选择对象："的提示下，输入"FILTER"后，按【Enter】键，同样可以打开"对象选择过滤器"对话框。

选择过滤器的方法有以下两种。

① 在"对象选择过滤器"对话框的"选择过滤器"选项组中，选择过滤器（如直线），单击"添加到列表"按钮，选择的对象特性将会在"过滤器特性列表"中显示
对象　　　　　　　　　　＝ 直线 。

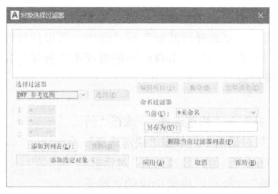

图 6-3　"对象选择过滤器"对话框

② 在"对象选择过滤器"对话框中单击"添加选定对象"按钮 添加选定对象 ‹ ，返回绘图窗口中单击要过滤的对象，将会回到"对象选择过滤器"对话框，被选中对象的所有特性将会在"过滤器特性列表"中显示。

选中"过滤器特性列表"中的特性项目，通过单击列表右下侧的 编辑项目(I) 、 删除(D) 、清除列表(C) 按钮，可以对特性项目进行编辑修改。

设定好的特性项目，可以在"另存为"按钮 另存为(V): 右侧的文本框中输入过滤器名称，单击 另存为(V): 按钮，将会保存当前的"过滤器特性列表"中的特性项目，以后可以在"当前（U）："右侧的列表中选择该过滤器。

选择了已有的过滤器或直接使用刚设置的"过滤器特性列表"中的特性项目，单击"应用"按钮 应用(A) ，将会进入绘图窗口，命令行提示"选择对象："，使用指定 Window（窗口）、Crossing（窗交）要选择的对象，或在命令行中输入"all"，按空格键选择所有图形，再按空格键结束选择，在选择区域中符合过滤条件的对象将会被选中。

6.2.3　绘制过程

❯❯1. 清理平面图，另存文件

（1）运行 AutoCAD 2018，打开图纸文件"某办公大楼局部平面图.dwg"，如图 6-4 所示。

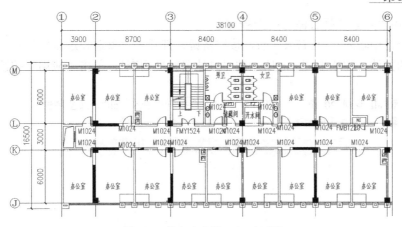

图 6-4　某办公大楼局部平面图

（2）从图 6-4 中可以看出各个门图块的属性值在后面的照明设计中是不需要的，所以要删除。可以用以下两种方法删除属性值。

① 使用"快速选择"选择对象。

按【Ctrl+1】快捷键，打开"特性"选项板，单击"快速选择"按钮，打开"快速选择"对话框，在"应用到"列表框中选择"整个图形"选项；在"对象类型"列表框中选择"块参照"选项；在"特性"列表框中选择"名称"选项；在"运算符"列表框中选择"=等于"选项；在"值"列表框中选择"$DorLib2D$00000001"；在"如何应用"选项组中选中"包括在新选择集中"单选按钮；单击"确定"按钮，可以看到，图 6-4 中的单门图块被选中。

再次单击"快速选择"按钮，打开"快速选择"对话框，首先选择"附加到当前选择集" 复选框，在"应用到"列表框中选择"整个图形"选项；在"对象类型"列表框中选择"块参照"选项；在"特性"列表框中选择"名称"选项；在"运算符"列表框中选择"=等于"选项；在"值"列表框中选择"$DorLib2D$00000002"；在"如何应用"选项组中选中"包括在新选择集中"单选按钮；单击"确定"按钮，可以看到，图 6-4 中的双门图块也被选中。

在"特性"选项板的最下面的属性显示值为"*多种*"，选中并删除，按【Esc】键退出选择。可以得到如图 6-5 所示的平面图。

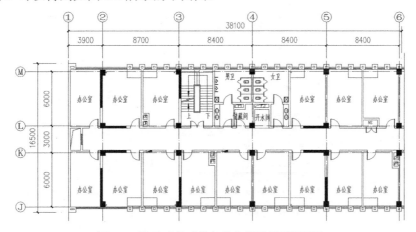

图 6-5　清理后的"某办公大楼局部平面图"

② 使用"对象选择过滤器"选择对象。

在命令行中输入"FILTER"后，按空格键，打开"对象选择过滤器"对话框，使用前面介绍的方法，构造如图 6-6 所示的"过滤器特性列表"，单击"应用"按钮，在命令行提示：

选择对象: all 找到 20 个　　　　　　　　//在命令行中输入"all"，按空格键
选择对象：　退出过滤出的选择　　　　　　//按空格键退出选择

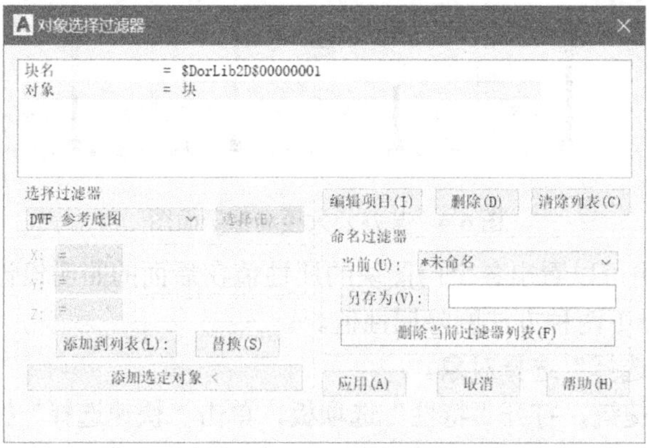

图 6-6　"对象选择过滤器"对话框中的"过滤器特性列表"

可以看到，窗口中的单门图块被选中，单击余下的两个双门图块，按【Ctrl+1】快捷键，打开"特性"选项板，在"特性"选项板的最下面，属性显示值为"*多种*"，选中并删除，按【Esc】键退出选择。同样可以得到如图 6-5 所示的平面图。

（3）运行"清理"命令，删除所有的垃圾。在命令行中输入"PU"，按空格键，打开"清理"对话框，设置如图 6-7 所示，单击 全部清理(A) 按钮，然后单击 关闭(O) 按钮，关闭"清理"对话框。

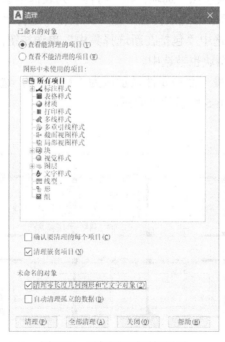

图 6-7　"清理"对话框设置

（4）执行菜单命令"文件"→"另存为"，打开"图形另存为"对话框，将图形另存为"某办公大楼局部照明平面图.dwg"。

2. 建立本系统需要的图层

单击"图层"工具栏中的 按钮，打开"图层特性管理器"窗口，单击"新建图层"按钮 ，创建"照明设备"、"照明线路"和"照明标注"三个图层，并设置图层颜色以区分不同对象。

3. 获得或创建图块

将 0 层设置为当前层。

（1）创建"双管荧光灯"图块。

① 使用"多段线"命令，绘制一条长度为 1200mm 的铅垂线段，设置宽度为 50mm。

② 使用"偏移"命令，将绘制的铅垂线段向右偏移 160mm，创建一条平行线。

③ 使用"直线"命令，在平行线的一端绘制一条适当的水平线段，然后使用"镜像"或"复制"命令，在另一端得到一条水平线段，如图 6-8 所示。

④ 在命令行中输入"B"，按空格键，打开"块定义"对话框，将如图 6-8 所示的图形定义为图块"双管荧光灯"，指定一条铅垂线多段线的中点为基点，将对象设置为"删除"。

图 6-8　双管荧光灯

（2）创建"球形灯"图块。

① 使用"画圆"命令，绘制一个半径为 250mm 的圆。

② 使用"图案填充"命令，在命令行中输入"H"，按空格键，打开"图案填充和渐变色"对话框，选择 SOLID 填充图案，将圆内填充，得到一个实心圆。

③ 使用"创建块"命令，将绘制的实心圆定义为图块"球形灯"，指定圆心为基点，将对象设置为"删除"。

（3）创建"吸顶灯"图块。

① 单击"编辑或创建块定义"按钮 ，打开"编辑块定义"对话框，选择"球形灯"图块，单击"确定"按钮，进入"块编辑器"窗口。

② 删除圆内的图案填充；使用"直线"命令连接圆水平的两个象限点绘制一条水平线段；使用"修剪"命令，将上半个圆弧修剪掉。

③ 使用"图案填充"命令，在命令行中输入"H"，按空格键，打开"图案填充和渐变色"对话框，选择 SOLID 填充图案，将剩下的半圆填充，得到一个实心半圆。

④ 单击"将块另存为"按钮 ，将块另存为"吸顶灯"。关闭"块编辑器"窗口。

（4）创建"自带电源控制照明灯"图块。

① 使用"矩形"命令，绘制一个 500mm×500mm 的矩形。

② 使用"偏移"命令，向内侧偏移 60mm，获得一个矩形。

③ 使用"直线"命令，连接内侧矩形的对角点获得交叉线段，得到如图 6-9（a）所示图形，删除内侧矩形。

④ 使用"画圆"命令，以交叉线段的交点为圆心，绘制半径为 140mm 的圆。

⑤ 使用"图案填充"命令，在命令行中输入"H"，按空格键，打开"图案填充和渐

变色"对话框，选择 SOLID 填充图案，将绘制的圆填充，得到如图 6-9（b）所示的图形。

注意： 选择填充边界，应单击"添加：选择对象"按钮 ▣，然后选择要填充的圆。

（a）　　　　　　　（b）

图 6-9　"自带电源控制照明灯"绘制

⑥ 使用"创建块"命令，将绘制的如图 6-9（b）所示的图形定义为图块"自带电源控制照明灯"，指定圆心为基点，对象设置为"删除"。

（5）创建"照明配电箱"图块。

① 使用"矩形"命令，绘制一个 600mm×300mm 的矩形。

② 使用"图案填充"命令，在命令行中输入"H"，按空格键，打开"图案填充和渐变色"对话框，选择 SOLID 填充图案，将矩形填充。

③ 使用"创建块"命令，将填充的矩形定义为图块"照明配电箱"，指定矩形的一个角点为基点，将对象设置为"删除"。

（6）创建"单极开关"图块。

① 使用"画圆"命令，绘制一个半径为 120mm 的圆。

② 使用"直线"命令，以圆的上侧象限点为起点，向上绘制一条 350mm 的铅垂线段，向右绘制一条 100mm 的线段，如图 6-10（a）所示。

③ 使用"旋转"命令将绘制的对象旋转-45°，得到如图 6-10（b）所示的图形符号。

④ 使用"创建块"命令，将绘制的图形符号定义为图块"单极开关"，指定圆心为基点，将对象设置为"删除"。

（7）创建"防爆单极开关"图块。

① 单击"编辑或创建块定义"按钮 ▣，在打开的"编辑块定义"对话框中选择"单极开关"图块，单击"确定"按钮，进入"块编辑器"窗口。

② 使用"直线"命令连接圆的铅垂方向的象限点，如图 6-11（a）所示。

③ 使用"图案填充"命令，在命令行中输入"H"，按空格键，打开"图案填充和渐变色"对话框，选择 SOLID 填充图案，将左侧的半圆填充，效果如图 6-11（b）所示。

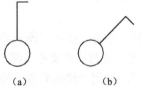　　　　　　　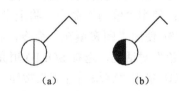

（a）　　　　（b）　　　　　　　　　　　　　（a）　　　　（b）

图 6-10　"单极开关"绘制　　　　　　　　　　图 6-11　"防爆单极开关"绘制

④ 单击"将块另存为"按钮 ▣，将块另存为"防爆单极开关"。

（8）创建"双联开关"和"三联开关"图块。

① 双击"防爆单极开关"的填充，将会打开"图案填充编辑"对话框，单击"边界"的"添加:拾取点"按钮 ▣，单击圆的右半边区域后按空格键，回到"图案填充编辑"对话框，单击"确定"按钮，得到如图 6-12（a）所示的图形符号。

② 使用"偏移"命令，将上端的小横线向圆的一侧偏移 80mm，获得一条平行线，

如图 6-12（b）所示，得到"双联开关"的图形符号。

③ 单击"将块另存为"按钮 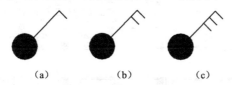，将块另存为"双联开关"。

④ 使用"偏移"命令，将小横线向圆的一侧再偏移 80mm 获得一条平行线，得到如图 6-12（c）所示的三条平行线段，即"三联开关"的图形符号。

⑤ 单击"将块另存为"按钮，将块另存为"三联开关"。关闭"块编辑器"窗口。

（a）　　　　　（b）　　　　　（c）

图 6-12　　"双联开关"和"三联开关"绘制

4. 在"照明设备"图层添加照明设备图块

（1）添加"双管荧光灯"。

① 将"照明设备"图层设置为当前层，使用"插入块"命令，在如图 6-13 所示的左侧一个办公室添加 3 个"双管荧光灯"。

② 可以看出，文字"办公室"和插入的图块重叠，按【Ctrl+1】快捷键打开"特性"选项板，将文字旋转角度设置为"90°"，如图 6-14 所示，得到如图 6-15 所示效果。

③ 使用"特性匹配"将所有"办公室"文字注释均旋转 90°，如图 6-16 所示。首先选中一个"办公室"文字，在"图层"工具栏可以看到，其所在的图层为"A-Text Function 功能名称"，打开"图层特性管理器"窗口，按【Ctrl+A】快捷键，选中所有的图层，然后单击 按钮，将所有图层锁定，单独选中图层"A-Text Function 功能名称"，然后单击其后面"锁定"图标，解锁图层；单击"特性匹配"按钮，命令行提示：

命令:'_matchprop	//单击 按钮，激活"特性匹配"
选择源对象:	//单击旋转 90° 的文字"办公室"
当前活动设置: 颜色 图层 线型 线型比例 线宽 厚度 打印样式 标注 文字 填充图案 多段线 视口 表格材质 阴影显示 多重引线	
选择目标对象或 [设置(S)]: 指定对角点:	//使用"窗交"的方法选择包含需旋转的文字区域
目标对象在锁定的图层上。无法更新。	
选择目标对象或 [设置(S)]:	//选择了所有需修改的文字后，按空格键结束选择

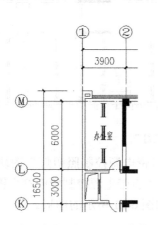

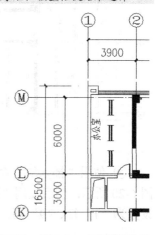

图 6-13　在一个办公室添加"双管荧光灯"　图 6-14　设置文字旋转角度为"90°"　图 6-15　文字旋转效果

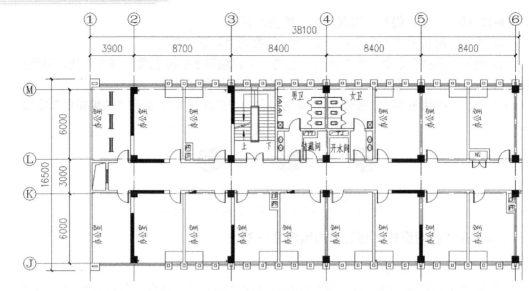

图 6-16　"特性匹配"旋转所有"办公室"文字

④ 在"图层特性管理器"窗口中将所有图层"解锁"，然后使用"复制"命令，在所有办公室布置"双管荧光灯"，如图 6-17 所示。

（2）添加"球形灯"、"吸顶灯"和"自带电源控制照明灯"。

① 使用"插入块"命令，在卫生间等处添加一个"球形灯"，然后使用"复制"命令，在如图 6-18 所示的位置共添加 8 个"球形灯"图块。

② 使用"插入块"命令，在如图 6-19 所示楼梯添加"吸顶灯"图块。

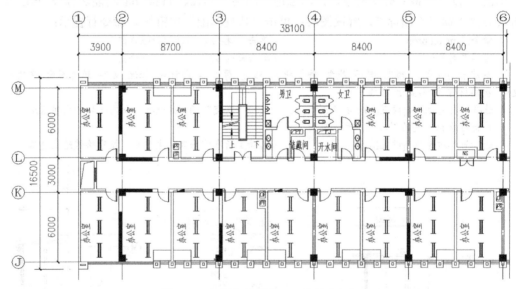

图 6-17　复制布置所有"双管荧光灯"

③ 使用"插入块"命令，在走廊左侧添加一个"自带电源控制照明灯"图块，如图 6-20 所示；然后使用"阵列"命令，在走廊添加 9 个"自带电源控制照明灯"图块，设置为"1"行、"9"列，列间距为"4200mm"，得到如图 6-21 所示的图形。

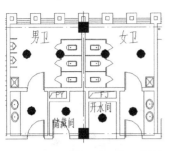

图 6-18　添加"球形灯"图块

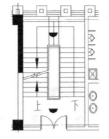

图 6-19　添加"吸顶灯"图块

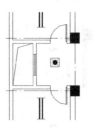

图 6-20　在走廊一端添加灯具

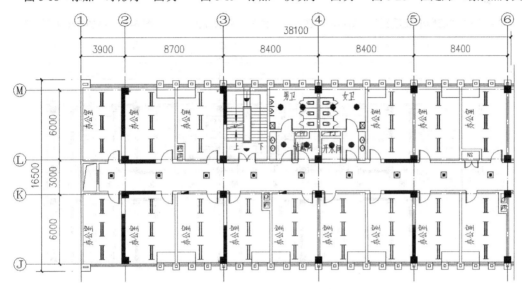

图 6-21　添加"球形灯"、"吸顶灯"和"自带电源控制照明灯"图块

（3）添加各种"开关"。

使用"插入块"命令和"复制"命令，在各办公室添加"三联开关"（注意：在上侧办公室直接插入图块，如图 6-22 所示；在下侧办公室在插入图块时，需要将图块旋转 180°，如图 6-23 所示）；在楼梯添加"防爆单极开关"（注意：下侧图块直接插入，上侧图块旋转 180° 后插入，如图 6-24 所示）；在卫生间添加"双联开关"，如图 6-25 所示；在洗手间、储藏室和开水间添加"单极开关"，如图 6-26 所示；最终得到如图 6-27 所示的图形。

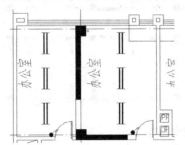

图 6-22　在上侧办公室插入"三联开关"

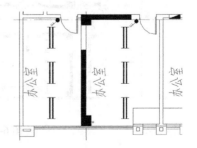

图 6-23　在下侧办公室插入"三联开关"

（4）添加"照明配电箱"。

使用"插入块"命令和"复制"命令，在如图 6-28 所示的对应位置添加"照明配电箱"。

注意： 根据位置要求确定插入旋转角度。

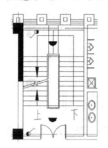
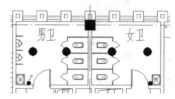
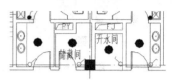

图 6-24　添加"防爆单极开关"　　图 6-25　在卫生间添加"双联开关"　　图 6-26　添加"单极开关"

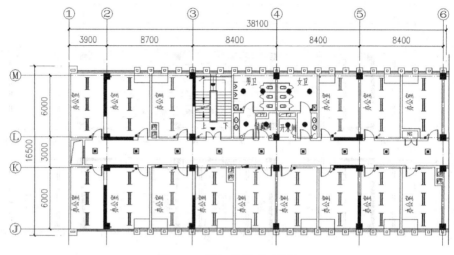

图 6-27　添加各种"开关"

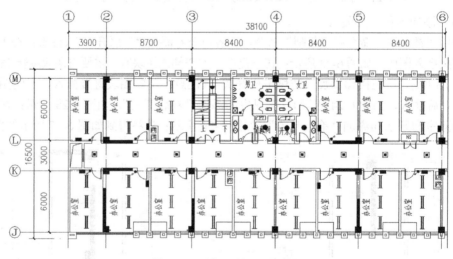

图 6-28　添加"照明配电箱"

5. 绘制照明线路

（1）将"照明线路"图层设置为当前层。

（2）使用"多段线"命令，连接各照明设备，绘制照明线路。设置多段线的宽度为60mm。完成照明线路绘制如图 6-29 所示。

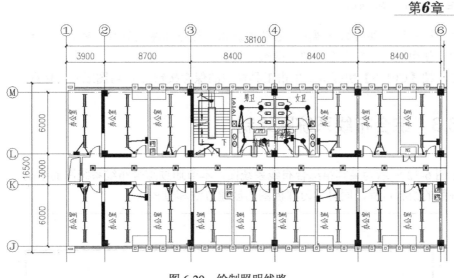

图 6-29　绘制照明线路

◆6．添加照明线路标注

照明标注主要是管线的标注，穿管和线槽的尺寸会在设计施工说明中做说明，在设计施工说明中无法清楚表述的，将结合平面图进行标注。

（1）将"照明标注"图层设置为当前层。

（2）在要标注的线路上使用"直线"命令画一条适当长度的小斜线段，在其旁边使用"单行文字"命令标注线的数量，如图 6-30 所示，文字样式设置为"DIM_FONT"，文字高度为"600mm"。

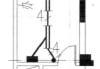

图 6-30　添加线路文字注释

（3）首先在每个需要标注的线路上使用"直线"命令画一条适当长度的小斜线段，然后使用"复制"命令在旁边添加文字注释，完成全部照明线路标注，如图 6-31 所示。

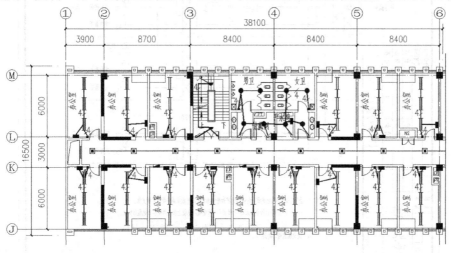

图 6-31　添加所有照明线路标注

◆7．绘制其他

（1）通过"查询距离"命令查询图纸大小，然后根据图纸大小选择合适的图框；添加图框和标题栏，并根据需要进行必要的编辑，如添加图纸类型、名称、比例等。

（2）使用"清理"命令，清理图纸垃圾。

（3）按【Ctrl+S】快捷键或单击工具栏中的保存按钮 ⊟ ，对图纸进行保存。

6.3　综合布线系统图绘制

如图 6-32 所示为某宾馆综合布线系统图。本节通过综合布线系统图的绘制，学习常见系统图的绘制过程，同时学习样板图的创建方法和过程。

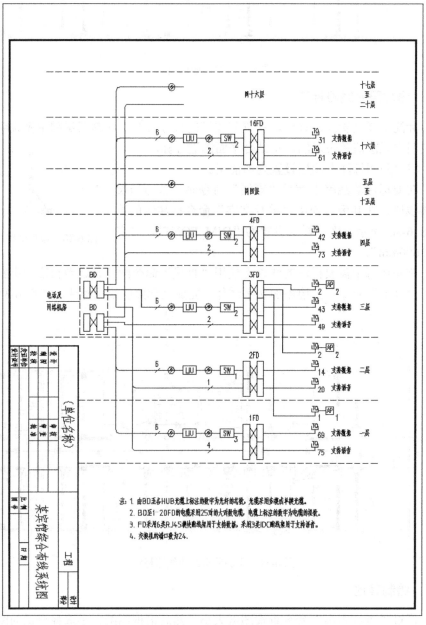

图 6-32　某宾馆综合布线系统图

6.3.1 绘制方法分析

综合布线系统图是所有配线架和电缆线路全面通信空间的立面图，在图中一般包括以下几方面的主要内容。

（1）各层的信息插座类型/型号和数量等。

（2）从主配线架（BD）到各分配线架（FD）的干线线缆的类型/型号和根数。

（3）电信间、设备间的主要设备。

绘制步骤如下：

（1）创建图层，并另存为相关文件名。

（2）获得或创建图块。

（3）绘制一层的对象内容，然后复制修改，得到其他楼层对象。

（4）添加设备间设备，然后和各层连接，并完善对应标注。

（5）绘制其他。

注意：一种类型系统图的图层、图块等内容都是相同的，如果先创建对应的样板图，将会达到事半功倍的作用，以后就可以直接使用创建的样板图创建新图，第（1）和第（2）两步的操作就可以省掉。

6.3.2 相关知识点

样板图

图纸的样板图作为绘制图纸的样板包含了初始绘图状态的设置信息，可根据公司要求的规格来设置这些参数值。它可以包括边界、标题框、图层及其设置、块定义、文字样式、标注样式、在图纸空间内浮动的视口，以及对所有的图形都要有的一些注释和说明。

图形样板文件的扩展名为 dwt。如果根据现有的样板文件创建新图形，则新图形中的修改不会影响样板文件。可以使用随程序提供的一个样板文件，也可以创建自定义样板文件。

1. 样板图的创建

需要创建使用相同惯例和默认设置的多个图形时，通过创建或自定义样板图，而不是每次启动时都指定惯例和默认设置，这样可以节省很多时间。

通常在自定义样板文件中要指定的惯例和设置包括：单位类型和精度、标题栏、边框和徽标、图层及与图层相关设置、标注样式、文字样式、线型等，在必要的情况下，可以包括常用的图块等。

创建样板图一般要有以下的基本步骤。

（1）新建图形文件。

单击"新建"按钮，打开"选择样板"对话框，选择一个已有的样板文件（默认的是选"acadiso.dwt"），单击"打开"按钮，开始新图纸的绘制。

（2）设置绘图单位和精度。

在命令行中输入"UN"或"UNITS"，按【Enter】键，或执行菜单命令"格式"→

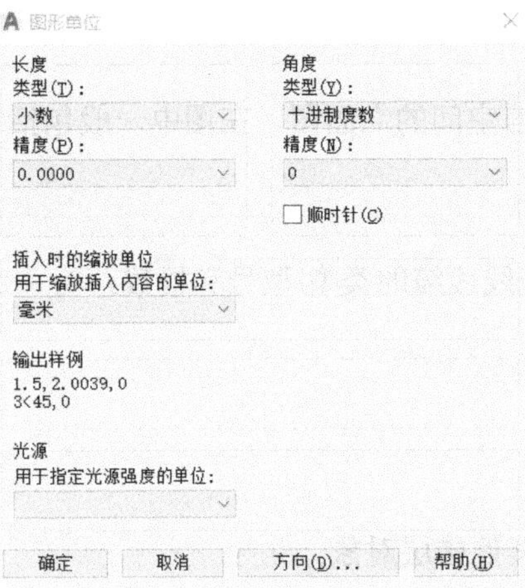

图 6-33 "图形单位"对话框设置

"单位"，在打开的"图形单位"对话框中设置绘图单位和精度，如图 6-33 所示。也可以根据图纸中的需求重新设置对应精度。

（3）设置图层。

创建的图层一般需要指定图层的名称、颜色、线型和线宽。

在命令行中输入"LA"，按【Enter】键，或执行菜单命令"格式"→"图层"，或单击"图层"工具栏中的"图层特性管理器"按钮，在打开的"图层特性管理器"窗口中创建图层和设置图层特性。

（4）设置文字样式。

在一张图纸中需要多种文字样式，如图纸名称、文字标注、尺寸标注、标题栏等。对于文字样式的设置，主要有文字的字体、大小（可以在文字输入的时候设置）、宽度比例等要素。

按照国家有关制图标准，一般最少设置 3 种文字样式。

① 标题文字：用于说明中的标题和图纸名称等需用大字表示的地方，文字的宽度比例为 1，根据图纸大小和使用位置，高度一般为 8～16mm。

② 说明文字：用于图纸中的说明文字和文字标注，文字的宽度比例为 0.6 或 0.8，根据图纸大小和使用位置，高度一般为 3～6mm。

③ 标注文字：用于尺寸标注，文字的宽度比例为 0.6 或 0.8，根据图纸大小，高度一般为 3～6mm。

汉字的文字字体作为标题文字时建议选择长仿宋体、宋体或黑体；作为说明文字时，建议按前面章节设置的"工程字"格式，选择字体名为"gbenor.shx"，选中"大字体"，为"gbcbig.shx"（注：由于 gbenor.shx 和 gbcbig.shx 字体本身定义即为长方形，故宽度因子应设置为"1"）；数字和字母可以选择"Romans.shx"，宽度因子设置为"0.6"或"0.8"。

在命令行中输入"ST"，按【Enter】键，或执行菜单命令"格式"→"文字样式"，或单击"样式"工具栏中的"文字样式"命令按钮，打开"文字样式"对话框，创建和设置需要的文字样式，文字的高度一般设置为"0"，在文字输入的时候再设置其高度。

（5）设置标注样式。

不同类型的图纸，尺寸标注的样式是不同的。在命令行中输入"D"，按【Enter】键，或执行菜单命令"格式"→"标注样式"，或"标注"→"标注样式"，或单击"标注"工具栏中的"标注样式"命令按钮，在打开的"标注样式管理器"对话框中创建和设置需要的标注样式。

以下是标注样式主要设置的内容。

① 尺寸线：超出标记一般设置为 0；基线间距一般设置为标注文字高度加文字从尺寸线的偏移量的和的 2～3 倍，可以根据图纸的大小适当调整。

② 尺寸界限：超出尺寸线的长度建议设为 2～3mm，根据图纸的大小可以适当调整；起点偏移量可设为 2～9mm，根据图纸的大小可以适当调整。

③ 箭头：根据国家标准，建筑图纸采用 45° 粗实线的建筑标记，其他一般为实心闭合箭头；箭头大小根据图纸的大小，一般为 2～6mm。

④ 文字：文字高度根据图纸的大小可设置为 3～6mm；从尺寸线的偏移量可设置为 1～3mm。

⑤ 其他："调整"选项的标注特征比例，全局比例和图纸的出图比例有关。如果图纸比例为 1∶100，则标注特征全局比例可设为 100，即所有的标注特征尺寸都扩大 100 倍。"主单位"选项的精度一般为 0，测量单位比例因子如果按对象的实际大小绘图，则为 1，如果对图形对象进行缩放绘制，则应根据缩放比例确定。如果对象缩小了 10%绘制，则测量单位比例因子应为 10。

以上标注样式的设置值仅为参考值，在实际绘制图纸的过程中，可以根据图纸的大小和空余空间的大小进行适当的调整。

（6）绘制图框和标题栏。

图框和标题栏在样板图中可以在模型空间绘制，也可以在布局空间绘制。

输出的图纸，所有的图形对象均应在图框线以内。

标题栏一般位于图框的右下角，可以参照第 1 章的方法来绘制标题栏。

（7）保存样板图。

执行菜单命令"文件"→"另存为"，打开"图形另存为"对话框，在"文件类型"列表框中选择"AutoCAD 图形样板（*.dwt）"选项，将显示样板图默认目录。在默认情况下，图形样板文件存储在 Template 文件夹中，以便访问。如果要另外设置保存的目录，可以在"保存于"后面进行选择。

在"文件名"后面的文本框中输入文件名称，单击"确定"按钮，将会打开如图 6-34 所示的"样板选项"对话框。在"说明"下面的文本框中可以输入本样板图的文字说明，在"启动"或"创建新图形"对话框中选择样板时，将显示此说明，以便在选择时能了解该样板图的情况；在"测量单位"列表框中选择"公制"或"英制"选项，一般选择"公制"；单击"确定"按钮，完成该样板图的创建。

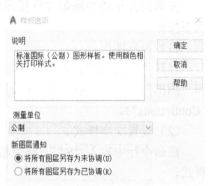

图 6-34　"样板选项"对话框

2．样板图的使用

使用"新建"命令新建图形文件时将打开"选择样板"对话框，直接指向 Template 文件夹，可以选择一个需要的样板图文件创建一个包含样板图中原始默认值的新图形。

如果用户创建大量自己的样板图文件，建议把它们放到一个自己的特定文件夹中。为了避免每次新建图形均要去选择样板图文件路径，可以通过单击鼠标右键，在弹出的快捷菜单中选择"选项"命令，打开"选项"对话框，在如图 6-35 所示的"选项"对话框的"文件"选项卡中，选择"样板设置"→"样板图形文件位置"选项，然后单击右侧的 浏览(B)... 按钮，在打开的"浏览文件夹"对话框中选择自己的特定文件夹作为默认样板图目录。因此，在新建图形文件中打开"选择样板"对话框时，将非常方便地直接指向自己的特定文件夹。

图 6-35　"选项"对话框"样板图形文件位置"设置

6.3.3　绘制过程

▶**1. 创建"综合布线系统图"样板图**

按前面介绍的步骤创建样板图时应首先新建图形文件，设置绘图单位和精度，再做以下操作。

（1）设置图层。

打开"图层特性管理器"窗口，新建图层"设备"、"接线"、"标注文字"、"虚线"和"图框"，并设置图层特性（设置"虚线"图层的线型为"DASHED"，其他图层均为"Continuous"）。

（2）设置文字样式。

在命令行中输入"ST"，按空格键，打开"文字样式"对话框，创建并设置以下文字样式。

① 标题文字：创建文字样式"标题"，其设置如图 6-36 所示。

② 说明文字：使用"设计中心"在第 5 章绘制的"变频器原理图.dwg"中直接获得文字样式"工程字"。

③ 英文或数字：使用"设计中心"在第 5 章绘制的"变频器原理图.dwg"中直接获得文字样式"Romans"。

图 6-36　"标题"文字样式设置

（3）绘制和创建设备图块。

① 创建"信息点"符号。

将 0 层设置为当前层，使用"直线"命令，绘制如图 6-37 所示的图形，图形尺寸见图 6-37。

注意： 因为建筑类平面图出图比例一般为 1∶100 或 1∶150 等，所以绘制建筑电气类图形符号按 1∶100 出图比例绘制，文字高度最小设置为 300mm，个别数字和字母可以设置高度为 250mm。

图 6-37 绘制信息点图形尺寸

添加属性：在命令行中输入"ATT"，按空格键，打开"属性定义"对话框，其设置如图 6-38 所示，单击"确定"按钮，在窗口指定属性插入点，得到如图 6-39 所示的图形。

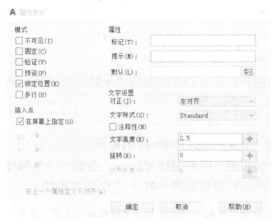

图 6-38 信息点"属性"设置

图 6-39 添加属性

在命令行中输入"B"，按空格键，打开"块定义"对话框，将绘制的图形定义为图块"信息点"，指定下端点为基点，将对象设置为"删除"。

② 创建"光纤"符号。

首先使用"直线"命令绘制一条长度为 1400mm 的线段。

使用"画圆"命令以绘制的线段的中点为圆心，绘制一个半径为 200mm 的圆。

使用"多段线"命令绘制一个如图 6-40（a）所示箭头。

```
命令: pl PLINE              //输入"pl"，按空格键激活"多段线"命令
指定起点:                   //在窗口单击指定起点
当前线宽为 50
指定下一个点或 [圆弧(A)/半宽(H)/长度(L)/放弃(U)/宽度(W)]: w
                           //输入"w"，按空格键指定宽度
指定起点宽度 <50>: 0         //输入"0"，按空格键
指定端点宽度 <0>:           //按空格键
指定下一个点或 [圆弧(A)/半宽(H)/长度(L)/放弃(U)/宽度(W)]:120
                           //用鼠标在"正交"模式下向上移动指定方向，
                           //输入"120"，按空格键指定长度
指定下一点或 [圆弧(A)/闭合(C)/半宽(H)/长度(L)/放弃(U)/宽度(W)]: w
                           //输入"w"，按空格键指定宽度
指定起点宽度 <1>: 50        //输入"50"，按空格键
指定端点宽度 <50>: 0        //输入"0"，按空格键
指定下一点或 [圆弧(A)/闭合(C)/半宽(H)/长度(L)/放弃(U)/宽度(W)]: 120
```

> //用鼠标在"正交"模式下向上移动指定方向，输
> //入"120"，按空格键指定长度
>
> 指定下一点或 [圆弧(A)/闭合(C)/半宽(H)/长度(L)/放弃(U)/宽度(W)]:
>
> //按空格键结束命令

使用"偏移"命令，将箭头向一侧偏移100mm，获得一平行复制箭头，如图6-40（b）所示。

使用"旋转"命令，将两个箭头旋转-45°；然后使用"移动"命令将其移动到如图6-40（c）所示的圆心位置，得到光纤符号。

（a）　　　　　（b）　　　　　　　　（c）

图6-40　"光纤"符号绘制

使用"创建块"命令，将绘制的光纤符号创建成名为"光纤"的图块，捕捉左侧端点作为基点。

③ 创建"配线架"符号。

首先使用"矩形"命令，绘制一个400mm×1000mm的矩形。

然后使用"复制"命令，将绘制的矩形向右偏移800mm，得到一个复制体。

使用"直线"命令，在两个矩形之间绘制如图6-41（a）所示的斜线。

> 命令: L LINE　　　　　　　　//在命令行中输入"L"，按空格键激活"直线"命令
> 指定第一点: 200　　　　　　　//使用"对象追踪"向下追踪左侧矩形的右上端点，在命令行中输
> 　　　　　　　　　　　　　　//入"200"，按空格键，指定斜线的第一个点
> 指定下一点或 [放弃(U)]:　<正交 关> 200
> 　　　　　　　　　　　　　　//使用"对象追踪"向上追踪右侧矩形的左下端点，在命令行中输
> 　　　　　　　　　　　　　　//入"200"，按空格键，指定斜线的第二个点
> 指定下一点或 [放弃(U)]:　　//按空格键结束直线，得到如图6-41（a）所示的图形

使用"镜像"命令，将经过刚绘制斜线的中点的铅垂线作为镜像线，将斜线镜像，得到如图6-41（b）所示的图形。

使用"创建块"命令，将如图6-41（b）所示的图形创建成名为"配线架"的图块，捕捉两条斜线的交点作为图块的插入点。

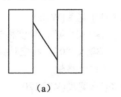　　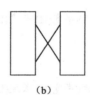

（a）　　　　　　（b）

图6-41　"配线架"符号绘制

④ 创建"无线信息点"符号。

使用"矩形"命令，绘制一个450mm×450mm的矩形；使用"单行文字"命令，在矩形中心位置添加一个文字"AP"，设置文字样式为"Romans"，"中间"对正，字高为"250mm"。

使用"创建块"命令，将绘制的符号创建成名为"无线信息点"的图块，捕捉矩形

左侧铅垂线中点作为基点。

⑤ 创建"光纤连接盘"和"网络交换机"符号。

使用"矩形"命令，绘制一个 800mm×500mm 的矩形；使用"单行文字"命令，在矩形中心位置添加一个文字"LIU"，设置文字样式为"Romans"，"中间"对正，字高为"300mm"。

使用"创建块"命令，将绘制的符号创建成名为"光纤连接盘"的图块，捕捉矩形左侧铅垂线中点作为基点。

单击"编辑或创建块定义"按钮 ⊏，在打开的"编辑块定义"对话框中选择"光纤连接盘"图块，单击"确定"按钮，进入"块编辑器"窗口；双击图块中的文字"LIU"，将文字内容改为"SW"；单击"将块另存为"按钮 ⊏，将块另存为"网络交换机"。关闭"块编辑器"窗口。

（4）绘制图框和标题栏图块。

参考 6.1.2 节绘制 A3 图框的方法绘制 A3、A2、A1、A0 等图框并创建为图块。

根据需要绘制标题栏，本小节可以直接使用"设计中心"引用第 5 章图形"变频器一拖一控制水泵接线原理图.dwg"中的"标题栏"图块，然后双击"标题栏"图块，在"编辑块定义"对话框单击"确定"按钮，进入"块编辑器"窗口；双击"标题栏"中的图纸名称文字，激活"编辑文字"，将文字内容修改为"图纸名称"，保存图块后，关闭"块编辑器"窗口。

（5）保存样板图。

执行菜单命令"文件"→"另存为"，打开"图形另存为"对话框，将"文件类型"选择为 AutoCAD 图形样板 (*.dwt)，"文件名"设置为"综合布线系统图.dwt"，单击"保存"按钮，打开"样板选项"对话框，添加必要的说明后单击"确定"按钮。

▶ 2. 绘制一层的对象内容

（1）新建图形文件。

单击"新建"按钮 ⬜，打开"选择样板"对话框，选择样板文件"综合布线系统图.dwt"，单击"打开"按钮，创建新图；并将新图另存为"某宾馆综合布线系统图.dwg"。

（2）放置设备，绘制接线。

① 将"设备"图层设置为当前层，使用"插入块"命令在窗口中放置图块"配线架"。

② 将"接线"图层设置为当前层，使用"直线"命令，以图块"配线架"右侧铅垂线的中点为起点，向右绘制一条长度为 3000mm 的水平线段；以图块"配线架"左侧铅垂线的中点为起点，向左绘制一条长度为 6000mm 的水平线段。

③ 将"设备"图层设置为当前层，使用"插入块"命令捕捉 3000mm 线段的右端点，插入图块"信息点"，输入"信息点类型"为 TO。

④ 复制绘制的所有对象，向上获得复制对象，如图 6-42 所示。

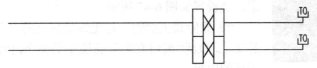

图 6-42　复制对象

⑤ 捕捉"最近点"在上面一行合适的位置，从右向左依次插入图块"网络交换机"、"光纤"、"光纤连接盘"和"光纤"，如图 6-43 所示。

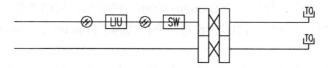

图 6-43　插入图块

⑥ 复制右侧信息点及连线，并插入图块"无线信息点"符号，连接如图 6-44 所示。

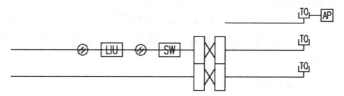

图 6-44　插入"无线信息点"符号并连接

（3）添加注释文字。

① 使用"修剪"命令，修剪"网络交换机"和"光纤连接盘"内的多余线段；将"标注文字"图层设置为当前层，设置当前文字样式为"Romans"，使用"单行文字"添加注释文字如图 6-45 所示，将文字高度设为"300mm"。

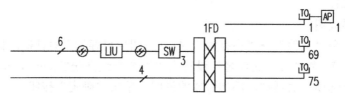

图 6-45　添加注释文字

② 设置当前文字样式为"工程字"，使用"单行文字"命令添加右侧汉字注释文字，如图 6-46 所示，将文字高度设为"400mm"。

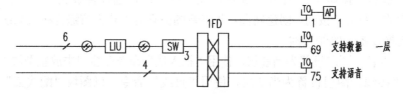

图 6-46　添加右侧汉字注释文字

3．复制并修改得到其他楼层对象

（1）阵列复制得到一～四层并修改对象。

① 使用"阵列"命令，将绘制的一层对象复制为一～四层，其设置如图 6-47 所示。

② 删除最上面的一行无线信息点的内容；然后双击对应的文字，激活"编辑文字"，将图中的文字内容修改为如图 6-48 所示的内容。

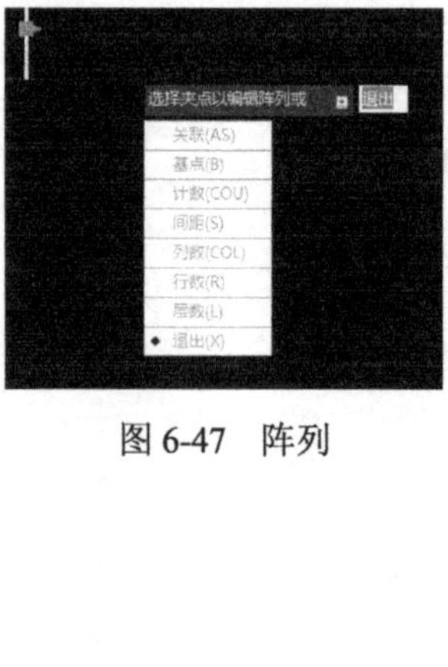

图 6-47　阵列

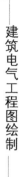

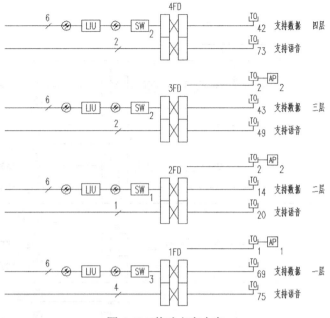

图 6-48　修改文字内容

（2）创建其他楼层对象。

① 将"四层"文字标注移动到合适位置。

② 将"虚线"图层设置为当前层，使用"直线"命令和"复制"命令绘制楼层之间的分隔线；在命令行中输入"LT"后，按空格键，打开"线型管理器"对话框，将"全局比例因子"设置为"30"，得到如图 6-49 所示的图形。

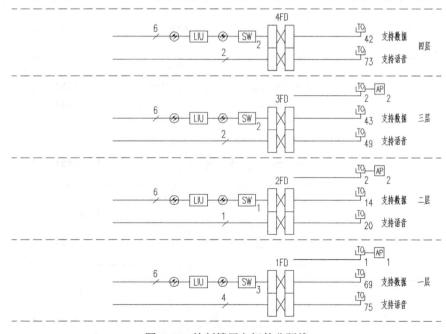

图 6-49　绘制楼层之间的分隔线

③ 将"四层"的对应对象复制，得到"五层～十五层"的对象，如图 6-50 所示。

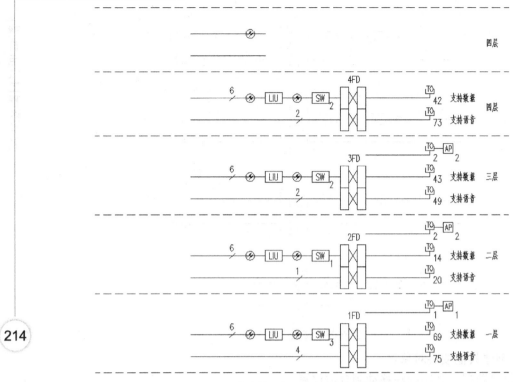

图 6-50　复制得到"五层～十五层"的对象

④ 使用"复制"命令，将标注文字"四层"复制到五层对应的标注文字位置上，并双击激活"编辑文字"，将内容进行修改，如图 6-51 所示。可以适当调整对象位置。

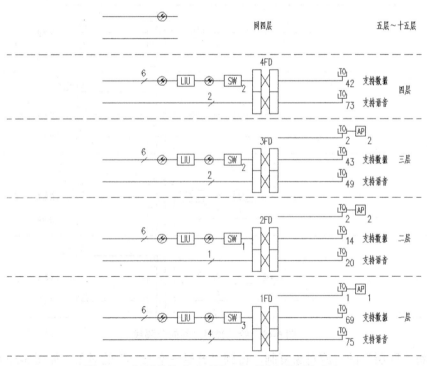

图 6-51　复制并修改"五层～十五层"的标注文字

⑤ 将"四层"和"五层~十五层"的所有对象进行复制，得到"十六层"和"十七层~二十层"的对象，并修改对应的文字标注，如图 6-52 所示。

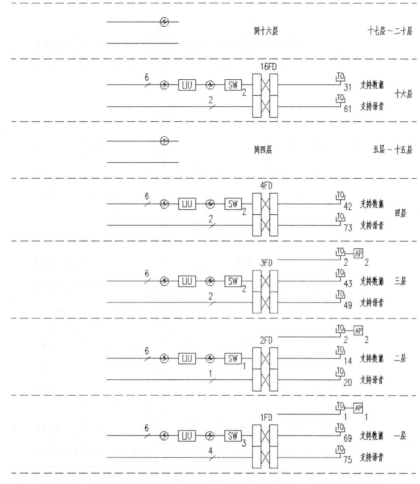

图 6-52　复制并修改得到"十六层"和"十七层~二十层"的对象

▶4．修改三层的对象和绘制三层设备间设备，并连接所有设备

（1）修改三层的对象。

① 使用"移动"命令，将三层和四层之间的分层虚线以上的对象向上移动 500mm。

② 将标注文字"3FD"向上移动 500mm。

③ 复制一个"配线架"，放置到三层两个配线架的上面，如图 6-53 所示。

（2）绘制三层的设备间设备并连接。

① 将"设备"层设置为当前层，在三层左侧合适的位置插入两个"配线架"图块作为"建筑物配线架"。

② 复制两个标注文字，放到两个"配线架"上方，并修改为"BD"，如图 6-54 所示。

③ 将"接线"图层设置为当前层，使用"直线"、"偏移"和"复制"等命令，在"建筑物配线架"的右侧绘制三条间距为 300mm 的连接线段；将"虚线"图层设置为当前层，使用"矩形"命令，绘制一个大小合适的矩形，将两个"建筑物配线架"框选在内，如图 6-55 所示。

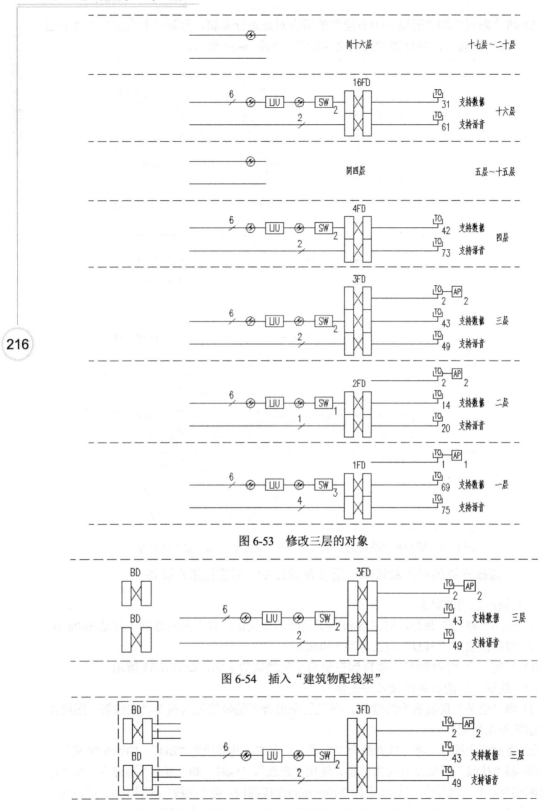

图 6-53　修改三层的对象

图 6-54　插入"建筑物配线架"

图 6-55　绘制"建筑物配线架"连线

④ 将"接线"图层设置为当前层，使用"直线"命令在"建筑物配线架"框的左侧绘制一条水平线段作为外部连线，并在其上面标注文字"电话及网络机房"，如图 6-56 所示。

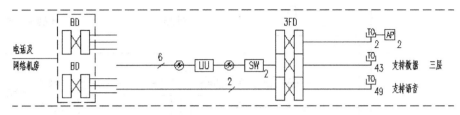

图 6-56　绘制"建筑物配线架"外部连线并标注

5. 连接所有楼层连线

（1）绘制并修改垂直子系统连线。

① 使用"直线"和"偏移"命令，绘制 3 条间距为 500mm 的铅垂线段，垂直连接所有楼层，如图 6-57 所示。

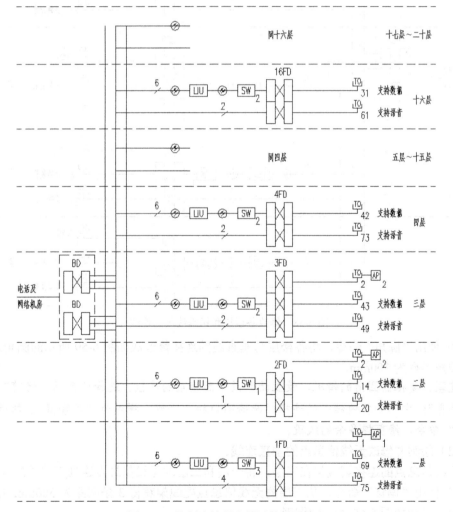

图 6-57　绘制连接所有楼层的铅垂线段

② 使用"修剪"命令和"夹点"拉伸，将所有连接线修改为合适的长度，三层设备间设备连线可以使用"直线"命令做修补，得到如图 6-58 所示的图形。

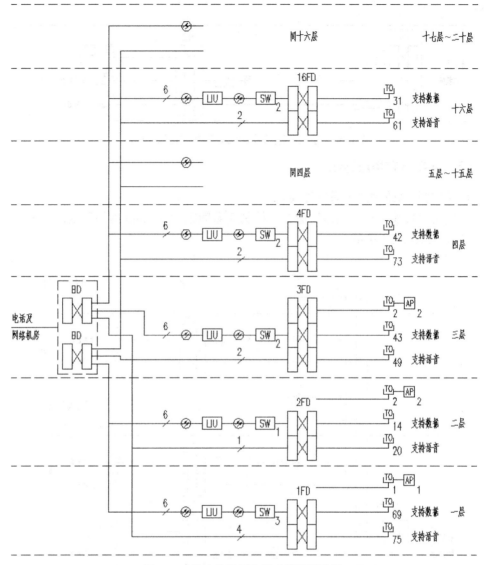

图 6-58　修改各楼层和铅垂线段的连线

③ 使用"圆角"命令，将各楼层与垂直线的连接修改成如图 6-59 所示的圆角连接，选择圆角半径为 300mm。

注意： 要根据圆角的情况，最上面和最下面楼层的连接，选择圆角的"修剪"模式为"修剪"；中间的其他楼层的连接，选择圆角的"修剪"模式为"不修剪"，然后使用"修剪"命令，修剪掉多余的线段。

（2）绘制并修改无线信息点的垂直连线。

无线信息点的连接配线架在三层，将一层和二层的无线信息点连到三层的配线架。

① 使用"偏移"命令，从三层的无线信息点配线架获得 3 条间距为 300mm 的平行引出线，得到如图 6-60 所示的图形。

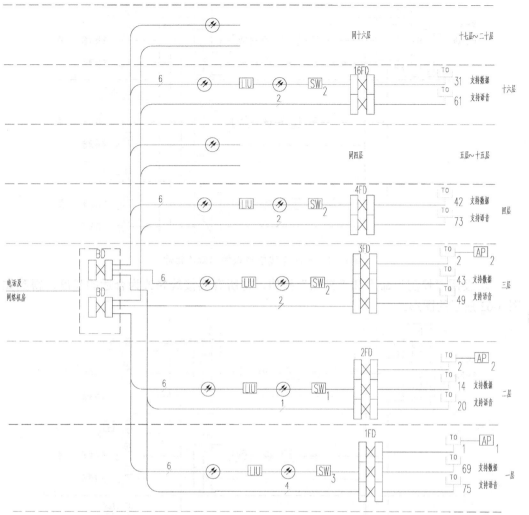

图 6-59　使用"圆角"命令,将各楼层与垂直线的连接修改成圆角连接

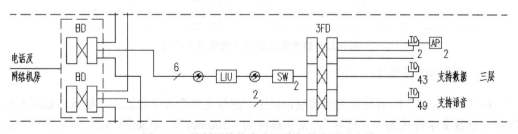

图 6-60　绘制无线信息点配线架的水平引出线

②　使用"直线"命令在一层到三层之间合适的位置绘制一条铅垂线段;然后使用"偏移"命令,获得另外两条间距为500mm的平行线。得到如图6-61所示的图形。

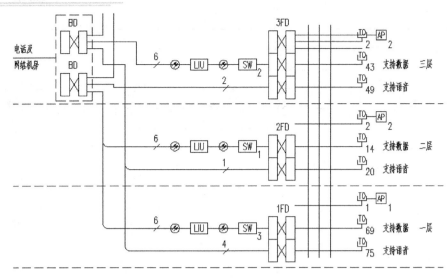

图 6-61　绘制无线信息点的铅垂连接线

③ 使用"修剪"命令和"夹点"拉伸，将所有连接线修改为合适的长度，得到如图 6-62 所示的图形。

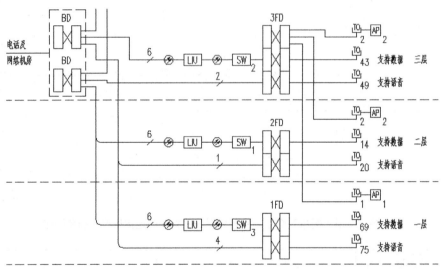

图 6-62　修改无线信息点的铅垂连接线

6. 添加注释文字

将"标注文字"图层设置为当前层，使用"多行文字"命令设置文字格式，如图 6-63 所示（设置文字样式为"工程字"，文字高度为"400mm"），在如图 6-64 所示的位置添加其中的文字内容。

图 6-63　设置文字格式

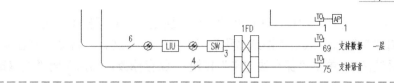

注：1. 由BD至各HUB光缆上标注的数字为光纤的芯数，光缆采用多根或单模光缆。
　　2. BD至1-20FD的电缆采用25对的大对数电缆，电缆上标注的数字为电缆的根数。
　　3. FD采用6类RJ45模块配线架用于支持数据，采用3类IDC配线架用于支持语音。
　　4. 交换机的端口数为24个。

图 6-64　添加注释文字的内容

▶7．添加图框和标题栏

① 将"图框"图层设置为当前层，使用"插入块"命令，分别插入图块 A3 和"标题栏"，如图 6-65 所示。

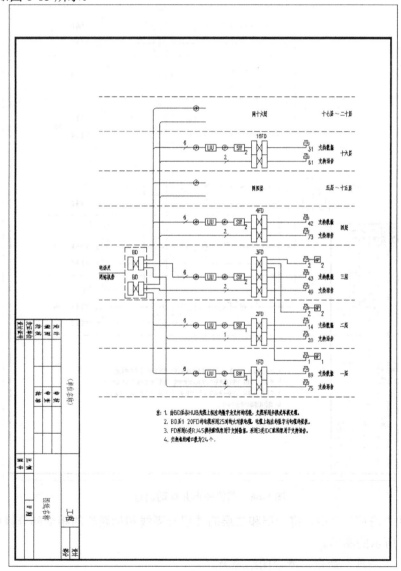

图 6-65　插入图框和标题栏

② 双击"标题栏"图块，在打开的"编辑块定义"对话框中单击"确定"按钮，进入"块编辑器"窗口，双击"图纸名称"，激活"文字编辑"，将文字内容改为"某宾馆综合布线系统图"，单击"保存块定义"按钮 保存修改，然后关闭"块编辑器"窗口。

③ 从图 6-65 中可以看出，整个图形图框内空余空间太大，图纸不够协调，故使用"缩放"命令，将图形缩放为 1.2 倍，然后使用"移动"命令，将图框、标题栏和注释文字等进行移动，使整个图形更加协调，得到如图 6-66 所示的图形。

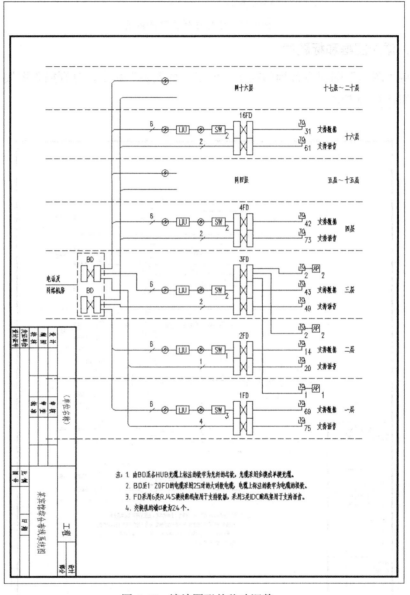

图 6-66　缩放图形并移动调整

④ 使用"修剪"命令，将一层和二层的楼层分隔线和标题栏的相交部分修剪掉，得到如图 6-32 所示的图形。

⑤ 使用"清理"命令，清理图纸垃圾。

⑥ 按【Ctrl+S】快捷键或单击工具栏中的"保存"按钮 ，对图纸进行保存。

6.4 设备间平面布置图绘制

如图 6-67 所示为某建筑设备间平面布置图，本节通过该图的绘制学习常见小型建筑平面图的绘制及设备布置图的绘制过程。

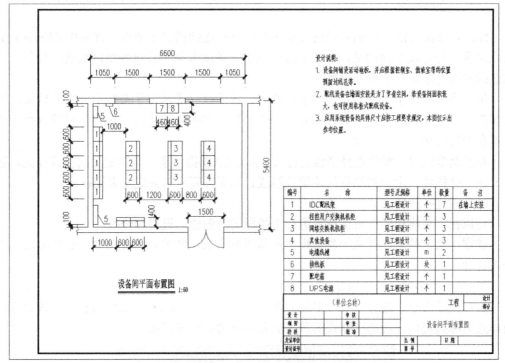

图 6-67 设备间平面布置图

6.4.1 绘制方法分析

设备布置图主要是用来表示设备与建筑物、设备与设备之间的相对位置，并能直接指导设备的安装布置。在图中一般包括以下几方面的主要内容。

（1）建筑物的基本平面图。

（2）建筑物内的设备及相对位置尺寸。

（3）设备明细表、说明。

绘制步骤如下：

（1）获得或创建建筑平面图。

（2）绘制和摆放设备。

（3）添加文字注释和尺寸标注。

（4）添加图框、标题栏等。

（5）绘制设备明细表。

（6）添加说明文字。

（7）添加图纸名称等。

6.4.2 相关知识点

多线

多线是由多条平行线组成的组合对象，它可以用来快速绘制墙体等平行线对象。

▶ 1. 绘制多线

绘制多线的方法与绘制直线的方法相似：可以连续指定多个点，直到按【Enter】键结束命令。与直线不同的是，一条多线可以由一条或多条平行直线线段组成，并且一次创建的多线对象是一个单一对象。

每条多线都基于一个预定义的多线样式，该多线样式决定了多线中元素的数量，以及颜色、线型和间距，每种样式都有唯一的名称。多线样式也可以决定多线端点终止的外观和中间连接点的可见性。

在绘制多线时，要先选择多线的样式。AutoCAD 提供了一个预定义的多线样式，称为 Standard 样式，由一对平行的连续线组成。如果需要应首先定义多线样式。

（1）创建多线样式。

可以在"多线样式"对话框里进行多线样式的创建、设置和修改。

注意： 定义的多线样式一旦在图中被使用就不能被修改，除非删除所有使用该样式绘制的对象。

① 打开"多线样式"对话框。

执行菜单命令"格式"→"多线样式"，将打开如图 6-68 所示的对话框。该对话框由样式名称列表框、被选中样式的预览框和各种功能按钮组成。

图 6-68　"多线样式"对话框

② 新建多线样式。

在"多线样式"对话框中单击 新建(N)... 按钮，将会打开如图 6-69 所示的"创建新的多线样式"对话框，在"新样式名"后的文本框中输入新样式的名称，单击 继续按钮，将会打开如图 6-70 所示的"新建多线样式"对话框，在该对话框中可以设置新多线样式的特性和元素。

图 6-69　"创建新的多线样式"对话框

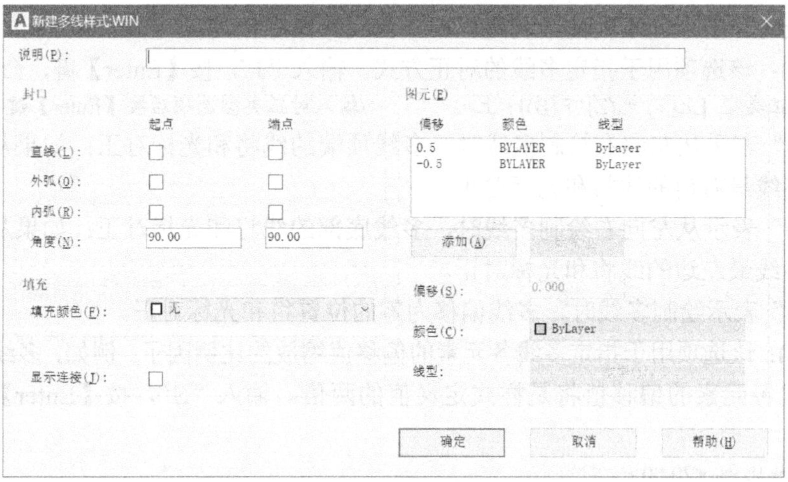

图 6-70　"新建多线样式"对话框

经常设置的特性有以下几点。

● 图元特性：单击 添加(A) 或 删除(D) 按钮可以添加新的图元或删除选中的已有图元；可以在偏移右侧的文本框中显示选中的图元的偏移值或输入新的偏移值；可以在颜色右侧的下拉列表中选择元素的颜色；单击"线型"右侧的按钮，可以在打开的"选择线型"对话框中选择需要的线型。

● 封口特性：在对话框中可以设置起点和端点的封口的外观和角度。要选择一种封口外观，可单击所对应的空白框，使其显示 ☑ ，如果要取消封口，可通过单击使其恢复空白框。在角度右侧的文本框中可以显示当前的封口角度或输入新的封口角度。

③ 修改多线样式。

一旦创建了多线样式，将其"置为当前"，就可以使用该样式绘制多线。在没有使用以前，单击 修改(M)... 按钮，打开和"新建多线样式"对话框内容相同的"修改多线样式"对话框，可以对多线样式进行修改。

④ 加载和保存多线样式。

单击 加载(L)... 按钮将会打开"加载多线样式"对话框，在该对话框中可以选择库文件中已经定义的多线样式进行加载。

单击 保存(A)... 按钮将会打开"保存多线样式"对话框，在该对话框中可以将当前多线样式保存到库文件里。

（2）绘制多线。

确定了多线样式后，可以使用 MLINE 命令绘制多线。

① 执行 MLINE 命令的方法有以下两种。

● 在命令行中输入"ML"或"MLINE"，按【Enter】键。

● 执行菜单命令"绘图"→"多线"。

② 执行 MLINE 命令后，AutoCAD 命令行给出提示和操作选项如下：

当前设置：对正 = 上，比例 = 20.00，样式 = Standard   //显示当前的设置
指定起点或 [对正(J)/比例(S)/样式(ST)]:   //指定起点或输入选项

指定起点：如果要绘制的多线的设置和当前设置相同即可直接指定起点。注意指定的点是多线对正的点。下面的绘制过程和"直线"命令相同。

对正(J)：该选项用于指定多线的对正方式。输入"J"，按【Enter】键，命令行提示：

输入对正类型 [上(T)/无(Z)/下(B)] <上>:   //输入对正类型选项后按【Enter】键

"上(T)"表示从左向右绘制多线时，多线顶端的线将和光标对正；如果从上向下绘制多线，多线最右边的线将和光标对正。

"下(B)"表示从左向右绘制多线时，多线底部的线将和光标对正；如果从上向下绘制多线，多线最左边的线将和光标对正。

"无(Z)"表示绘制多线时，多线偏移为零的位置将和光标对正。

比例(S)：该选项用于指定多线各元素的偏移值缩放的比例因子。例如，多线比例为2，绘制的多线各元素的偏移值将是样式定义值的两倍。输入"S"，按【Enter】键，命令行提示：

输入多线比例 <20.00>:

样式(ST)：如果当前的样式不是需要的样式，该选项可以修改多线的样式。输入"ST"，按【Enter】键，命令行提示：

输入多线样式名或 [?]:   //输入多线样式名称或输入"?"，按【Enter】键

如果不记得多线样式名称可以先在命令行中输入"?"，按【Enter】键，AutoCAD 将会打开"文本窗口"，列出已加载的全部多线样式。

2. 编辑多线

可以使用标准的对象修改命令（如"复制""旋转""拉伸""比例缩放"等）对多线进行修改，但其他编辑命令（如"修剪""延伸""打断""倒角""圆角""偏移"等）不能作用于多线。另外，使用"编辑多线"命令可以编辑多线的交点，修改多线的顶点，剪切或缝合多线。

（1）执行 MLEDIT 命令的方法有以下几种。

● 在命令行中输入"MLEDIT"后，按【Enter】键。

● 执行菜单命令"修改"→"对象"→"多线"。

● 双击某条多线。

（2）执行 MLEDIT 命令，打开如图 6-71 所示的"多线编辑工具"对话框。

在这个对话框中提供了 12 个编辑多线的选项，单击任一图标按钮，该对话框将立即消失，AutoCAD 提示选择要编辑的多线，提示的内容根据所选的选项不同而异。

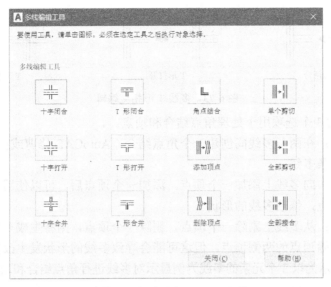

图 6-71　"多线编辑工具"对话框

① 第一列的 3 个选项用于处理十字交叉的多线。

● 十字闭合：在两条多线之间创建闭合的十字交叉。选择的第一条多线将被剪切。

● 十字打开：在两条多线之间创建开放的十字交叉。如果选择的多线超过两个元素，则第一条多线的全部元素被剪切，第二条多线只剪切外部元素。

● 十字合并：在两条多线之间创建合并的十字交叉。选择的两条多线均只剪切外部元素，结果与选多线的顺序无关。

如图 6-72 所示为以 3 个元素的多线为例显示对多线进行十字交叉编辑的结果。

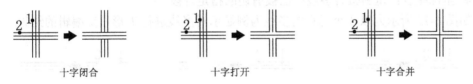

图 6-72　多线十字交叉编辑

② 第二列的 3 个选项用于处理 T 形相交的多线：选择的多线的顺序决定了多线剪裁或拉伸的结果，第一条多线相当于 T 的竖线部分，第二条多线相当于 T 的横线部分。

● T 形闭合：在两条多线之间创建闭合的 T 形交叉。AutoCAD 修剪第一条多线或将它延伸到与第二条多线的交点处相交一侧的外部元素处；第二条多线不变。

● T 形打开：在两条多线之间创建开放的 T 形交叉。AutoCAD 修剪第一条多线或将它延伸到与第二条多线的交点处相交一侧的外部元素处；第二条多线相交一侧的元素将被剪切。

● T 形合并：在两条多线之间创建合并的 T 形交叉。AutoCAD 第一条多线的外部元素将被修剪或将它延伸到与第二条多线的交点处相交一侧的外部元素处，而其内部元素将继续延伸到与第二条多线的内部元素相交；第二条多线相交一侧的元素将被剪切，内部元素可能被第一条多线的两个或两个以上的内部元素剪切。

如图 6-73 所示为以 3 个元素的多线为例显示对多线进行 T 形相交编辑的结果。

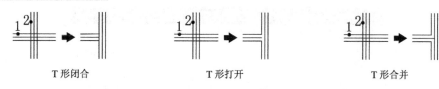

图 6-73　多线 T 形相交编辑

③ 第三列的 3 个选项用于处理角点结合和顶点。

● 角点结合：在两条多线间创建一个角点结合，AutoCAD 修剪或拉伸第一条多线，交于第二条多线。

● 添加顶点：向多线上添加一个顶点。添加一个顶点后，可以使用"拉伸"命令移动新的顶点，修改多线的形状。

● 删除顶点：从多线上删除一个顶点。删除一个顶点，则将生成一条直的多线段，以连接删除顶点的两侧顶点，但这可能会导致多线的形状发生改变。

如图 6-74 所示为以 3 个元素的多线为例显示对多线进行角点结合和顶点编辑的结果。

图 6-74　多线角点结合和顶点编辑

④ 第四列的 3 个选项用于处理多线的剪切或接合。

● 单个剪切：剪切多线上的选定元素。

● 全部剪切：剪切多线上的所有元素并将其分为两个部分。

● 全部接合：重新接合多线中已被剪切的指定片段。

如图 6-75 所示为以 3 个元素的多线为例显示对多线进行 T 形相交编辑的结果。

图 6-75　多线剪切和接合编辑

根据提示选择要编辑的多线，可以连续编辑多处多线，直到按【Enter】键退出命令。

6.4.3　绘制过程

▶ 1. 新建图形文件和设置图层

（1）新建图形文件。

单击"新建"按钮，打开"选择样板"对话框，选择样板文件"acadiso.dwt"，单击"打开"按钮，创建新图；并将新图另存为"设备间平面布置图.dwg"

（2）设置图层。

打开"图层特性管理器"窗口，新建图层"轴线""墙""门窗""设备""标注""设计说明""设备明细""标题""图框"，并设置图层特性，"轴线"图层的线型设置为"CENTER"，其他图层均为"Continuous"。

（3）设置文字样式。

按【Ctrl+2】快捷键，打开"设计中心"并锚点居左，使用"文件夹"在第 4 章图形"变配电设备布置平面图.dwg"中找到文字样式"Romans"、"工程字"和"标题"，然后将其拖到窗口。

（4）新建多线样式。

可以看出，"变配电设备布置平面图"中的窗户是由四条平行线和两头的直线封口组成的，可以通过多线快速绘制，故新建一个多线样式"WIN"。

执行菜单命令"格式"→"多线样式"，将打开"多线样式"对话框，单击 新建(N)... 按钮，打开"创建新的多线样式"对话框，在新样式名文本框中输入新样式的名称"WIN"，单击 继续 按钮，打开"新建多线样式"对话框，设置参数如图 6-76 所示。

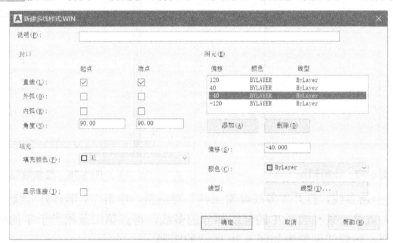

图 6-76 "新建多线样式 WIN"参数设置

（5）设置标注样式。

在"设计中心"中，使用"文件夹"在第 4 章的图形"变配电设备布置平面图.dwg"中找到标注样式"建筑"，然后将其拖到窗口。

2. 绘制建筑平面图

（1）绘制轴线。

① 将"轴线"图层设置为当前层，使用"直线"命令绘制一条长度为 6000mm 的水平线段，和其一端交叉绘制一条长度为 6000mm 的铅垂线段。双击滚轮最大化显示后，可以看到线段没有显示为"点画线"。在命令行中输入"LT"后，按空格键，打开"线型管理器"对话框，在"全局比例因子"后面的文本框中，设置为"10"，单击"确定"按钮。

② 使用"偏移"命令，将水平线段向上偏移 5400mm，获得一条平行线；将铅垂线段向右偏移 6600mm 获得一条平行线，如图 6-77 所示。

（2）绘制墙线。

① 将"墙"图层设置为当前层。

命令: ml MLINE	//输入"ml"，按空格键激活"多线"命令
当前设置: 对正 = 上，比例 = 20.00，样式 = Standard	
指定起点或 [对正(J)/比例(S)/样式(ST)]:s	//输入"s"，按空格键，设置多线比例
输入多线比例 <20.00>: 240	//输入多线比例"240"，按空格键

当前设置：对正 = 上，比例 = 240.00，样式 = Standard
指定起点或 [对正(J)/比例(S)/样式(ST)]:j   //输入 "j"，按空格键，设置多线对正位置
输入对正类型 [上(T)/无(Z)/下(B)] <上>:z   //输入 "z"，按空格键，设置多线对正位置为
                                  //"无"（对于 Standard 样式 "无" 对正即是
                                  //两条线的中间）
当前设置：对正 = 无，比例 = 240.00，样式 = Standard
指定起点或 [对正(J)/比例(S)/样式(ST)]:   //捕捉一条轴线的一个端点为多线起点
指定下一点: //捕捉该轴线的另一个端点为多线终点
指定下一点或 [放弃(U)]:   //按空格键结束绘制一条多线

用同样的方式，分别捕捉其他的轴线的端点，绘制其他的多线，得到如图 6-78 所示的图形。

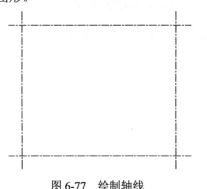

图 6-77　绘制轴线　　　　　　　　　　　　　　　图 6-78　绘制墙线

② 双击一条多线，打开"多线编辑工具"对话框，单击"T 形打开"或"T 形合并"按钮，以"先点第一条相当于 T 的竖线部分的多线，再点第二条相当于 T 的横线部分的多线"的原则，将墙线编辑为如图 6-79 所示的图形。

③ 使用"直线"命令，在一条水平墙线的一端绘制"断开线"，并使用"复制"命令将其复制到两条水平墙线的每一端，得到如图 6-80 所示的图形。

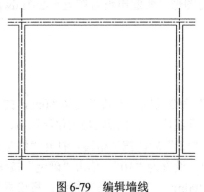
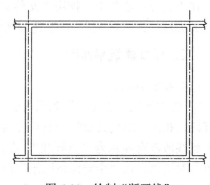

图 6-79　编辑墙线　　　　　　　　　　　　　　　图 6-80　绘制"断开线"

（3）插入"门"。

① 绘制 1500mm 宽的"门"。

将 0 层设置为当前层。首先绘制一个半径为 650mm 的圆，然后使用"直线"命令，以圆心为起点向下面的"象限点"绘制一条铅垂线；使用"打断"命令去除圆的 3/4。

命令: br BREAK   //在命令行中输入 "br"，按空格键激活 "打断" 命令
选择对象: _qua 于   //在按住【Shift】键的同时单击鼠标右键，弹出快捷菜单，选择 "象

//限点"命令，捕捉圆右侧的"象限点"作为第一个打断点

指定第二个打断点 或 [第一点(F)]: //捕捉铅垂线的下端点作为第二个打断点，完成"打断"命令

使用"镜像"命令将绘制完成的对象向右获得一个镜像复制体，得到如图 6-81 所示的门的图形。

使用"创建块"命令将绘制的图形创建成名为"门 1500"的图块，将左侧铅垂线的上端点设置为基点。

② 插入"门"图块。

将"门窗"图层设置为当前层。使用"直线"命令在下面墙上绘制一条铅垂线，然后使用"偏移"命令，将其偏移 1500mm，得到门两侧线段；使用"插入块"命令，将图块"门 1500"插入到对应的位置上，然后使用"修剪"命令，修剪掉多余的线段，得到如图 6-82 所示的图形。

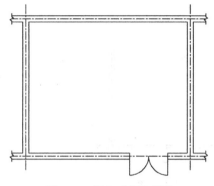

图 6-81　绘制"门"图形　　　　　图 6-82　插入"门"图块

（4）插入"窗"。

使用"多线"命令绘制窗。

命令: ml MLINE	//在命令行中输入"ml"，按空格键激活"多线"命令
当前设置: 对正 = 无，比例 = 240.00，样式 = Standard	
指定起点或 [对正(J)/比例(S)/样式(ST)]:st	//输入"st"，按空格键选择多线样式
输入多线样式名或 [?]: win	//输入"win"，按空格键设置多线样式"win"为 //当前样式
当前设置: 对正 = 无，比例 = 240.00，样式 = WIN	
指定起点或 [对正(J)/比例(S)/样式(ST)]: s	//输入"s"，按空格键设置多线比例
输入多线比例 <240.00>: 1	//输入"1"，按空格键设置多线比例为"1"
当前设置: 对正 = 无，比例 = 1.00，样式 = WIN	
指定起点或 [对正(J)/比例(S)/样式(ST)]: j	//输入"j"，按空格键设置对正类型
输入对正类型 [上(T)/无(Z)/下(B)] <无>: t	//输入"t"，按空格键设置对正类型为"上对正"
当前设置: 对正 = 上，比例 = 1.00，样式 = WIN	
指定起点或 [对正(J)/比例(S)/样式(ST)]: 1050	//追踪左侧铅垂轴线和上面水平墙线上面线的交 //点，向右移动鼠标，当出现追踪轨迹时，输入 //"1050"，按空格键，指定窗线的起点
指定下一点: 1500	//在"正交"模式下，将鼠标向右移，输入"1500"， //按空格键
指定下一点或 [放弃(U)]:	//按空格键结束命令，完成一个窗的绘制

使用"复制"命令，将绘制的窗，向右平移 3000mm 复制，得到如图 6-83 所示的图形。

（5）标注平面图

① 将"标注"图层设为当前层，并将"建筑"标注样式设为当前样式。

② 单击"样式"工具栏中的"标注样式"按钮 ，在打开的"标注样式管理器"中选择"建筑"标注样式，单击 修改(M)... 按钮，打开"修改标注样式：建筑"对话框，单击 "调整"选项卡，在"标注特征比例"下，选中"使用全局比例"，并在其后面将全局比例设置为"80"。

③ 使用"线型标注"、"连续标注"和"基线标注"完成平面图标注，如图6-84所示。然后，在"图层"工具栏中，将"轴线"图层冻结。

图6-83 绘制"窗"

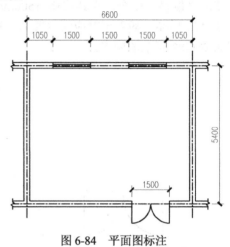

图6-84 平面图标注

3. 绘制和布置设备

（1）绘制各设备图块。

将0层设置为当前层。

① 绘制机柜1（IDC配线架）。

使用"矩形"命令，绘制一个600mm×400mm的矩形；然后使用"分解"命令，将绘制的矩形分解；使用"偏移"命令，将矩形上面的水平线向下偏移130mm获得平行线；使用"创建块"命令，将绘制的对象创建为名为"机柜1"的图块，选择左下角端点为插入点。

② 绘制机柜2（程控交换机、网络交换机等机柜）。

使用"矩形"命令，绘制一个600mm×600mm的矩形；然后使用"分解"命令，将绘制的矩形分解；使用"偏移"命令，将矩形右侧的水平线向左偏移130mm获得平行线；使用"创建块"命令，将绘制的对象创建为名为"机柜2"的图块，选择左下角端点为插入点。

（2）布置设备。

① 将"设备"图层设置为当前层。使用"矩形"命令，绘制左上角电缆线槽。

```
命令: rec RECTANG                    //在命令行中输入"rec"，按空格键
指定第一个角点或 [倒角(C)/标高(E)/圆角(F)/厚度(T)/宽度(W)]: 100
                                     //向下追踪房间左上角内侧端点，出现轨迹线时输入
                                     // "100"，按空格键
指定另一个角点或 [面积(A)/尺寸(D)/旋转(R)]: @200,-500
```

//在命令行中输入"@200,-500",按空格键结束命
//令,绘制一个200mm×500mm的矩形作为线槽

② 使用同样的方法绘制左下角电缆线槽。

命令: RECTANG　　　　　　　　　　//按空格键重复激活"矩形"命令

指定第一个角点或 [倒角(C)/标高(E)/圆角(F)/厚度(T)/宽度(W)]: 100

//向上追踪房间左下角内侧端点,出现轨迹线时输
//入"100",按空格键

指定另一个角点或 [面积(A)/尺寸(D)/旋转(R)]: @200,800

//在命令行中输入"@200,800"并按空格键结束命
//令,绘制一个200mm×800mm的矩形作为线槽

③ 放置机柜 1（IDC 配线架）。

使用"插入块"命令,在房间下面墙上插入图块"机柜 1",指定插入点为房间左下角内侧端点向右追踪 1000mm;使用"复制"命令,将其向右复制,得到如图 6-85 所示下侧"IDC 配线架"图形。

使用"插入块"命令,在空白处插入图块"机柜 1",指定"旋转角度"为"-90°";然后使用"阵列"命令,将插入的图块进行阵列复制,设置参数为"5"行、"1"列,行间距为"600mm";使用"移动"命令,将阵列所得的 5 个图块移动到房间左侧墙的合适位置（注意,应使用合适的基点捕捉）,如图 6-86 所示。

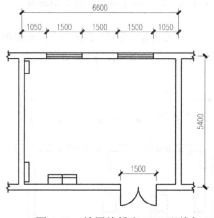

图 6-85　放置线槽和 IDC 配线架 1

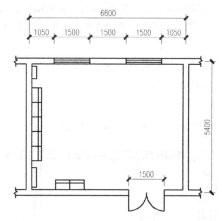

图 6-86　放置 IDC 配线架 2

④ 放置"接地板"、"配电箱"和"UPS 电源"。

使用"矩形"命令绘制一个 460mm×400mm 的矩形作为"配电箱";使用"复制"命令,将其向右复制得到一个复制体,作为"UPS 电源";使用"移动"命令,将这两个矩形移动到房间上侧墙的中间位置。

使用"矩形"命令在房间上侧墙的合适位置绘制一个 300mm×100mm 的矩形作为"接地板",得到如图 6-87 所示的图形。

⑤ 放置机柜 2（程控交换机、网络交换机等）。

使用"插入块"命令,在空白处插入图块"机柜 2";然后使用"阵列"命令,将插入的图块进行阵列复制,设置参数为"3"行、"1"列,行间距为"600mm";使用"移动"命令,将阵列所得的 3 个图块移动到房间的合适位置（捕捉左上角端点作为"基点",使用对象追踪,移动到对应上面第二个 IDC 配线架右上角端点向右偏移 1000mm 的位置）,得到程控交换机柜,如图 6-88 所示。

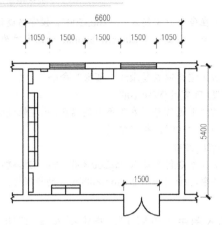

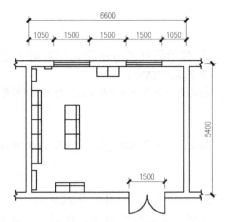

图 6-87　放置"接地板"、"配电箱"和"UPS 电源"　　　图 6-88　放置程控交换机柜

使用"旋转"命令，将程控交换机柜组旋转复制，得到网络交换机柜组。

命令: ro ROTATE　　　　　　　　　　　//在命令行中输入"ro"，按空格键，激活"旋转"命令
UCS 当前的正角方向:　ANGDIR=逆时针　ANGBASE=0
选择对象: 指定对角点: 找到 3 个　　　//选中程控交换机组的三个图块
选择对象:　　　　　　　　　　　　　//按空格键结束选择
指定基点:　　　　　　　　　　　　　//捕捉中间图块右侧铅垂线的中点作为基点
指定旋转角度，或 [复制(C)/参照(R)] <0>: c //在命令行中输入"c"，按空格键选择复制选项
指定旋转角度，或 [复制(C)/参照(R)] <0>:　-180
　　　　　　　　　　　　　　　　　//输入"-180"，按空格键，得到如图 6-89 所示的图形

使用"移动"命令，将复制所得的 3 个图块向右移动 1200mm，得到网络交换机柜组，如图 6-90 所示。

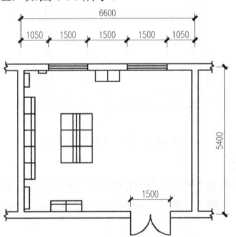

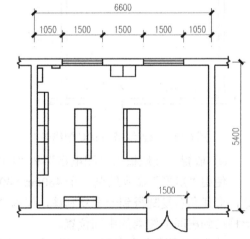

图 6-89　旋转复制程控交换机柜组　　　　　　图 6-90　放置网络交换机柜

使用"复制"命令，将网络交换机柜组向右平行移动 1400mm 得到复制体，将其作为其他设备机柜组，如图 6-91 所示。

4．添加文字注释和尺寸标注

（1）添加文字注释。

① 使用"单行文字"和"复制"命令在如图 6-92 所示位置添加设备注释标注文字。

② 使用"直线"绘制注释文字的引出线；双击一个文字，激活"编辑文字"命令，将图中的注释文字修改成如图 6-93 所示的内容。

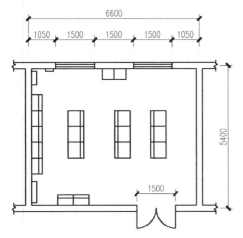

图 6-91　复制得到其他设备机柜组

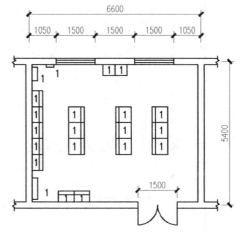

图 6-92　添加设备注释文字的位置

（2）添加设备排列尺寸标注。

将"标注"图层设置为当前层。使用"线型标注"和"连续标注"完成设备排列尺寸标注，如图 6-94 所示（注：对于某些标注文字，可以使用夹点适当调整其位置）。

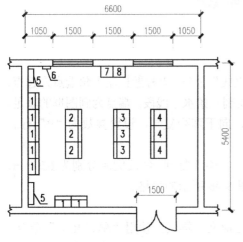

图 6-93　修改注释文字内容

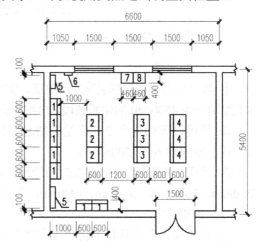

图 6-94　添加设备排列尺寸标注

▶ 5．添加图框和标题栏

① 将"图框"图层设置为当前层，使用"设计中心"将样板图"综合布线系统图.dwt"中的图块 A3 和"标题栏"拖到图中，然后删除。

② 使用"插入块"命令，分别插入图块 A3 和"标题栏"，将比例设置为"50"，得到如图 6-95 所示的图形。

③ 双击"标题栏"图块，在打开的"编辑块定义"对话框中单击"确定"按钮，进入"块编辑器"窗口，双击"图纸名称"，激活"文字编辑"命令，将文字内容改为"设备间平面布置图"，单击"保存块定义"按钮 🖫 保存修改，然后关闭"块编辑器"窗口。

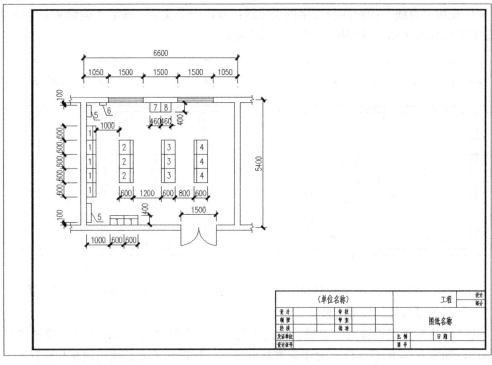

图 6-95 添加图框和标题栏

6. 绘制设备明细表

（1）绘制表格。

① 将"设备明细"图层设为当前层，使用"直线"命令，以标题栏左上角端点为起点，向上绘制一条 4500mm 的铅垂线段，再继续向右绘制一条水平线段，端点为到图框的垂足。

② 使用"阵列"命令，将绘制的水平线段，向下阵列复制，设置参数为"9"行、"1"列，行间距为"-500mm"。

③ 使用"偏移"命令，将绘制的铅垂线段，向右偏移复制，线段间距分别为 650mm、3250mm、1650mm、650mm、650mm，得到如图 6-96 所示的表格。

（2）添加文字。

① 在"样式"工具栏中将"工程字"设为当前文字样式，使用"单行文字"命令，在上面第一行第一个格中添加文字"编号"，设置"对正"为"中间"，文字高度为"300mm"。

② 使用"复制"命令，将文字"编号"在第一行的每个格中都复制一个，如图 6-97 所示。

③ 双击一个文字，激活"编辑文字"命令，将文字内容修改为如图 6-98 所示的图形。

④ 使用"单行文字"和"复制"命令，添加第二行的文字，设置"编号"和"数量"列的文字样式为"Romans"，设置"对正（J）"为"中间（M）"，文字高度为"250mm"；其他列文字样式为"工程字"，对正方式为"左对齐"（默认），文字高度为"300mm"；修改文字内容，如图 6-99 所示。

⑤ 使用"阵列"命令，将第二行的文字（除备注外）向下阵列为"8"行，设置行间距为"-450mm"，得到如图 6-100 所示的图形。

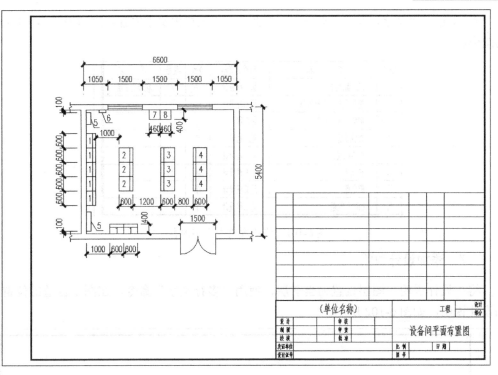

图 6-96　绘制表格

编号	编号	编号	编号	编号	编号

图 6-97　添加文字"编号"并复制

编号	名　称	型号及规格	单位	数量	备　注

图 6-98　修改文字内容

编号	名　称	型号及规格	单位	数量	备　注
1	IDC配线架	见工程设计	个	7	在墙上安装

图 6-99　添加第二行文字

编号	名　称	型号及规格	单位	数量	备　注
1	IDC配线架	见工程设计	个	7	在墙上安装
1	IDC配线架	见工程设计	个	7	
1	IDC配线架	见工程设计	个	7	
1	IDC配线架	见工程设计	个	7	
1	IDC配线架	见工程设计	个	7	
1	IDC配线架	见工程设计	个	7	
1	IDC配线架	见工程设计	个	7	
1	IDC配线架	见工程设计	个	7	

图 6-100　阵列第二行文字

⑥ 双击一个文字，激活"编辑文字"命令，将表格内文字内容修改为如图 6-101 所示的图形。

编号	名 称	型号及规格	单位	数量	备 注
1	IDC配线架	见工程设计	个	7	在墙上安装
2	程控用户交换机机柜	见工程设计	个	3	
3	网络交换机机柜	见工程设计	个	3	
4	其他设备	见工程设计	个	3	
5	电缆线槽	见工程设计	m	2	
6	接线板	见工程设计	块	1	
7	配电箱	见工程设计	个	1	
8	UPS电源	见工程设计	个	1	

图 6-101　修改表格内文字内容

7. 添加设计说明

将"设计说明"图层设置为当前层，使用"多行文字"命令，在图中合适的位置添加设计说明，如图 6-102 所示。

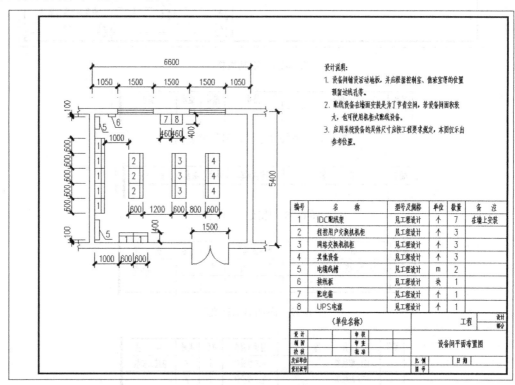

图 6-102　添加设计说明

8. 添加图纸名称等

① 将"标题"图层设置为当前层，在"样式"工具栏中将"标题"设为当前文字样式，使用"单行文字"命令，在图中合适的位置添加文字"设备间平面布置图"，设置字高为"450mm"。

② 使用"多段线"命令，在文字下绘制一条宽度为 50mm 的水平线；使用"偏移"

命令，将其向下偏移 100mm，获得一条平行线；使用"分解"命令，将下面的线段分解。

③ 使用"单行文字"命令，在水平线的右侧添加文字"1：50"，设置字高为"300mm"。得到如图 6-103 所示的图形。

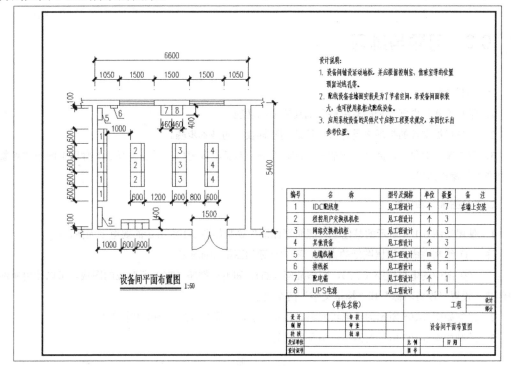

图 6-103　添加图纸名称等

④ 使用"清理"命令，清理图纸垃圾。

⑤ 按【Ctrl+S】快捷键或单击工具栏中的"保存"按钮，对图纸进行保存。

6.5　小结

本章介绍了建筑电气图的基本知识，并以电气照明平面图、综合布线系统图和设备间布置图为例，介绍了常见建筑电气图的绘制方法。

通过本章学习应掌握 AutoCAD 快速选择的方法、样板图的创建和使用，以及多线的使用等，在使用时应注意合理使用以下技巧。

（1）在建筑电气制图和看图中经常会需要统计或修改某一类对象，使用"快速选择"或"对象选择过滤器"命令可以快速、准确地选中所有的对象。

（2）对于长期进行图纸绘制的人，建议将图纸分类创建样板图，根据图纸需要，除了前面介绍的样板图的设置内容外，有的样板图还可以包括常用的图块等，这样可以更大地发挥样板图的作用。

（3）"多线"命令的使用：默认的"标准"多线样式由偏移为+0.5 和-0.5 的两条线组成，两线之间的距离为 1mm，两线的中间位置为"无"，也就是偏移为 0 的位置。所以，建议在绘制由两条平行线组成的多线，且对正的位置为上/右、下/左或中间时，不需要创建新的多线样式，只需要指定对正位置，并将多线比例设置为两条平行线的间距即可进行绘制。

注意：多线样式一旦被使用，就不可再修改了。

6.6 习题与练习

一、问答题

1．常见的建筑电气工程图有哪些？简述它们的功能。

2．图形样板文件的扩展名是什么？简述创建样板图的基本步骤。

3．双击某一对象可以激活相应的命令或打开某一对话框或窗口，试说出双击5种以上的不同对象可以产生的操作结果。

二、绘图练习和扩展

1．使用如图6-104所示的某住宅"照明平面图"绘制如图6-105所示的弱电平面图。

注：① 绘制完成，根据图纸的大小，添加合适的图框和标题栏。

② 图中的电视插座（TV）、网络插座（TD）和电话插座（TP）所对应的图块，可以使用属性块创建，设置"设备名称"和"标记文字"两个属性。

2．绘制如图6-106所示的住宅楼网络布线系统图，并添加合适的图框和标题栏。

3．绘制如图6-107所示的网络机房平面布置图。

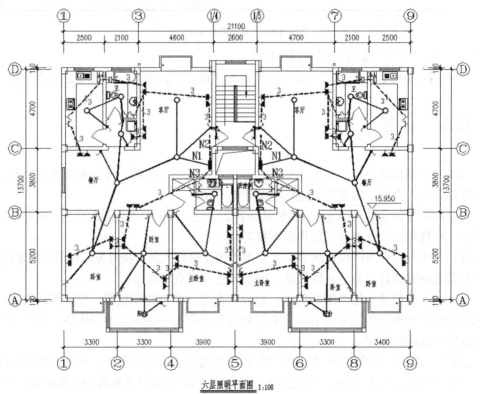

图 6-104 照明平面图

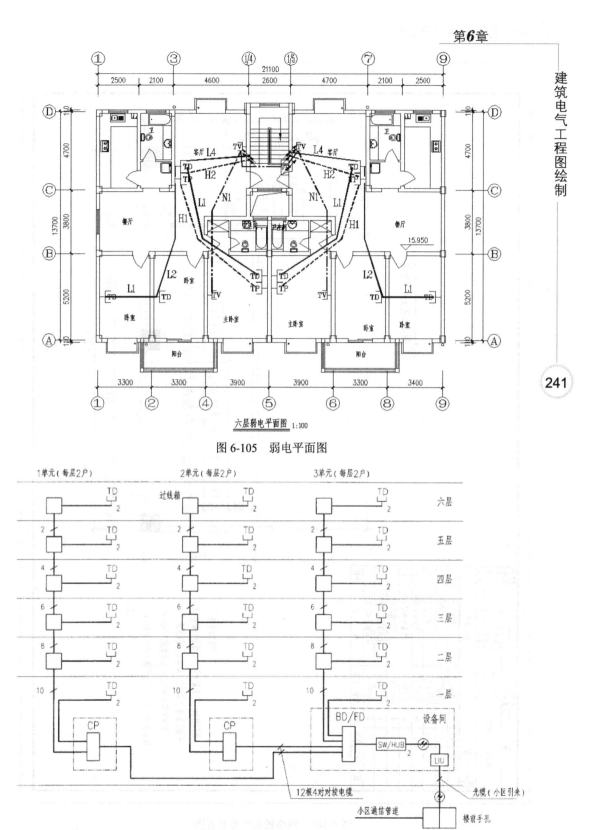

六层弱电平面图 1:100

图 6-105　弱电平面图

图 6-106　住宅楼网络布线系统图

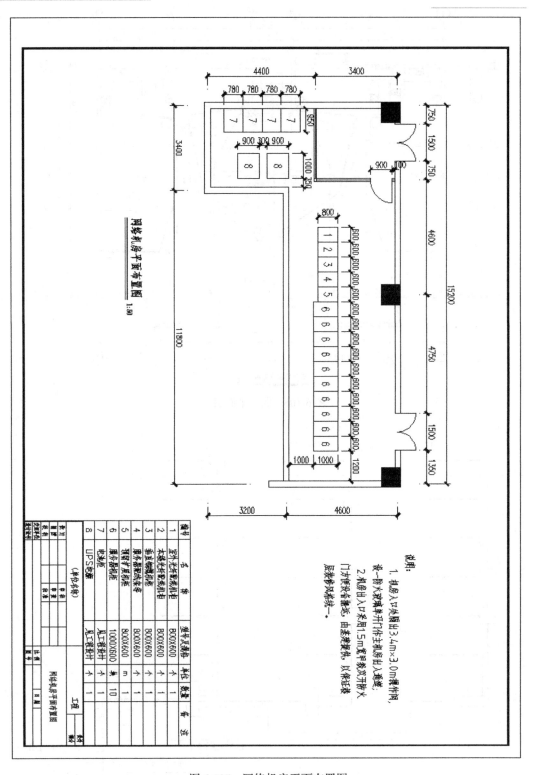

图 6-107　网络机房平面布置图

参考文献

[1] 刘秉霞. AutoCAD 电气设计. 北京：电子工业出版社，2014.

[2] 刘增良，刘国亭. 电气工程 CAD. 北京：中国水利水电出版社，2003.

[3] 何利民，尹全英. 电气制图与读图（第 3 版）. 北京：机械工业出版社，2012.

[4] 刘笙. 电气工程基础：上册. 2 版. 北京：科学出版社，2008.

[5] 胡建生. 机械制图. 北京：机械工业出版社，2013.

[6] 郭慧. AutoCAD 建筑制图教程. 北京：北京大学出版社，2012.

[7] 中国建筑标准设计研究院，中国建筑设计研究院，华东建筑设计研究院有限公司，铁道部第二勘测设计院建筑院，国家质检总局. 总图制图标准，2010.

[8] 陈琪. 基于 AutoCAD 平台的三维建筑设计系统的研究. 北京：北京工业大学，2018.

参考文献

[1] 刘秉霞. AutoCAD 电气设计. 北京：电子工业出版社，2014.

[2] 刘增良，刘国亭. 电气工程 CAD. 北京：中国水利水电出版社，2003.

[3] 何利民，尹全英. 电气制图与读图（第 3 版）. 北京：机械工业出版社，2012.

[4] 刘笙. 电气工程基础：上册. 2 版. 北京：科学出版社，2008.

[5] 胡建生. 机械制图. 北京：机械工业出版社，2013.

[6] 郭慧. AutoCAD 建筑制图教程. 北京：北京大学出版社，2012.

[7] 中国建筑标准设计研究院，中国建筑设计研究院，华东建筑设计研究院有限公司，铁道部第二勘测设计院建筑院，国家质检总局. 总图制图标准，2010.

[8] 陈琪. 基于 AutoCAD 平台的三维建筑设计系统的研究. 北京：北京工业大学，2018.